小城镇园林建设丛书
园林工程技术培训教材

园林工程项目管理

吴戈军　主编

·北京·

内 容 简 介

《园林工程项目管理》第二版全面介绍了园林工程项目概述、园林工程项目招标与投标、园林工程项目的管理组织、园林工程项目施工组织设计、园林工程项目的生产要素管理、园林工程项目施工管理、园林工程项目合同管理、园林工程项目的竣工验收、园林绿化工程项目管理等内容。

本书可作为高职高专园林技术、园林工程技术等专业的教材，还可作为园林管理人员、工程技术人员等的学习参考书。

图书在版编目（CIP）数据

园林工程项目管理/吴戈军主编．—2版．—北京：化学工业出版社，2021.5（2024.2重印）
（小城镇园林建设丛书）
园林工程技术培训教材
ISBN 978-7-122-38648-9

Ⅰ.①园… Ⅱ.①吴… Ⅲ.①园林-工程项目管理-技术培训-教材 Ⅳ.①TU986.3

中国版本图书馆CIP数据核字（2021）第039111号

责任编辑：袁海燕　　　　　　　　装帧设计：关　飞
责任校对：宋　玮

出版发行：化学工业出版社（北京市东城区青年湖南街13号　邮政编码100011）
印　　装：北京印刷集团有限责任公司
850mm×1168mm　1/32　印张11½　字数318千字
2024年2月北京第2版第4次印刷

购书咨询：010-64518888　　　　　售后服务：010-64518899
网　　址：http://www.cip.com.cn
凡购买本书，如有缺损质量问题，本社销售中心负责调换。

定　价：49.00元　　　　　　　　　　　　　　版权所有　违者必究

《园林工程项目管理》(第二版)
编写人员

主　编

吴戈军

参　编

邵　晶　齐丽丽　成育芳　李春娜　蒋传龙

王丽娟　邵亚凤　王红微　白雅君

前言

园林工程是一项综合性较高、涉及内容较广的建设工程，要保证园林工程项目在完成后达到设计的要求，就要加强对园林工程项目建设的管理。通过对园林工程项目各个环节和各项工作内容的控制管理可以提高整体工程质量，增加企业的经济效益，发挥园林工程项目的使用价值。

随着国民环保、绿色理念的增强，只有高水平的项目管理理念，才能使园林工程建设发挥持续、强劲的作用。然而目前我国园林施工管理的水平普遍不高，主要表现在各单位对项目管理理论的重要性认识不够，对园林施工管理人员的要求不高，施工管理人员的管理水平参差不齐等。对项目目标实现造成了很大的影响。所以提高园林施工项目管理水平是当前需引起重视的一个环节。因此，根据园林工程项目要求的发展以及相关法律、规范的调整，对《园林工程项目管理》进行修订，以满足园林工程建设对管理人员的要求。

本书共九章，全面有效地介绍了园林工程项目概述、园林工程项目招标与投标、园林工程项目的管理组织、园林工程项目施工组织设计、园林工程项目的生产要素管理、园林工程项目施工管理、园林工程项目合同管理、园林工程项目的竣工验收、园林绿化工程项目管理等内容。为了便于读者对所学知识的思考与巩固，本书在各章后均附有思考题。

本书内容充实，图文并茂，简明易懂，可作为高职高专园林技术、园林工程技术等专业教材，还可作为园林管理人员、工程技术人员等的学习参考书。

在本书编写过程中，尽管编写人员尽心尽力，但仍难免存在不当之处，敬请广大读者批评指正，以便及时修订与完善。

编者

2020 年 11 月

第一版前言

园林作为一种行业,才刚刚引起社会广泛重视,发展空间还相当大。目前专业人才需求正朝着多层次和多样化方向发展,技术结构已经表现出由劳动密集型向技术密集型方向转变的趋势。关键的因素就是需要具有操作能力、管理能力、观察能力和解决问题能力的专业高等技术应用人才。

项目管理是组织通过有限资源的有效计划、组织、控制来实现管理目的,最终保证项目目标实现的系统管理方法。园林项目管理体系是否先进,以及项目管理业务和技术水平的高低,都直接影响到园林工程建设的经济和社会效益。因此,系统地学习园林工程项目管理,提高读者项目管理水平,更好地满足园林绿化事业的社会需求就显得非常必要,希望本书的策划出版能提供有益的借鉴和帮助。

《园林工程项目管理》共九章,内容主要包括园林工程项目概述、园林工程项目招标与投标、园林工程项目的管理组织、园林工程项目施工准备和设计、园林工程项目的生产要素管理、园林工程项目施工管理、园林工程项目合同管理、园林工程项目的竣工验收、园林绿化工程项目管理。为了便于读者对所学知识的思考与巩固,本书在各章后均附有思考题。本书内容充实、图文并茂、简明易懂。

本书可作为高职高专园林技术、园林工程技术等专业教材,还可作为园林管理人员、工程技术人员等的学习参考书。

本书在编写过程中,编写人员尽管尽心尽力,但不当之处在所难免,敬请广大读者批评指正,以便及时修订与完善。

编者

2015 年 10 月

目录

1 园林工程项目概述 / 1

1.1 项目与项目管理 ································· 1
    1.1.1 项目 ································· 1
    1.1.2 项目管理 ································· 2
    1.1.3 项目管理知识体系 ································· 2
1.2 工程项目概述 ································· 3
    1.2.1 园林工程项目 ································· 3
    1.2.2 园林施工项目 ································· 5
    1.2.3 园林项目管理 ································· 5
    1.2.4 园林工程项目管理 ································· 6
    1.2.5 园林施工项目管理 ································· 11
    1.2.6 工程项目管理法律法规体系构成简介 ································· 12
1.3 思考题 ································· 13

2 园林工程项目招标与投标 / 14

2.1 园林工程项目招标 ································· 14
    2.1.1 招标的分类 ································· 14
    2.1.2 招标的条件 ································· 15
    2.1.3 招标的方式 ································· 17
    2.1.4 招标的范围 ································· 22
    2.1.5 招标程序 ································· 24
    2.1.6 招标公告与资格预审 ································· 26

  2.1.7 标底和招标文件 38
2.2 开标、评标、决标、中标 41
  2.2.1 开标 41
  2.2.2 评标 45
  2.2.3 决标 50
  2.2.4 中标 53
2.3 园林工程项目投标 58
  2.3.1 投标的分类 58
  2.3.2 投标的主要工作 59
  2.3.3 投标的程序 61
  2.3.4 投标决策与技巧 66
  2.3.5 投标文件的编制 74
  2.3.6 报价 82
2.4 思考题 85

3 园林工程项目的管理组织 / 86

3.1 园林工程项目的管理组织概述 86
3.2 园林工程项目管理组织的形式 87
3.3 园林工程施工项目经理、项目经理部 91
3.4 思考题 96

4 园林工程项目施工组织设计 / 97

4.1 园林工程施工组织设计概述 97
  4.1.1 园林工程施工组织设计的作用 97
  4.1.2 园林工程施工组织设计的分类 97
  4.1.3 园林工程施工组织设计的组成 99
  4.1.4 园林工程施工组织设计的原则 99
4.2 园林工程施工组织总设计 101

4.2.1　施工部署及主要方法 ………………………………… 101
　　　4.2.2　施工总进度计划 …………………………………… 105
　　　4.2.3　施工总平面图设计 ………………………………… 108
4.3　园林工程施工组织设计的编制 …………………………………… 113
　　　4.3.1　园林工程施工组织设计编制的依据 ………………… 113
　　　4.3.2　施工组织设计编制的方法 …………………………… 115
4.4　园林工程施工进度计划 …………………………………………… 132
　　　4.4.1　横道图进度计划 …………………………………… 132
　　　4.4.2　网络图进度计划 …………………………………… 135
4.5　思考题 ……………………………………………………………… 140

5　园林工程项目的生产要素管理　/ 141

5.1　人力资源管理 ……………………………………………………… 141
　　　5.1.1　人力资源概述 ……………………………………… 141
　　　5.1.2　人力资源管理概述 ………………………………… 154
　　　5.1.3　园林项目人力资源管理 …………………………… 158
5.2　技术管理 …………………………………………………………… 160
　　　5.2.1　园林工程建设施工技术管理的组成 ………………… 161
　　　5.2.2　园林工程建设技术管理的特点 ……………………… 161
　　　5.2.3　园林工程建设技术管理内容 ………………………… 162
5.3　材料管理 …………………………………………………………… 164
　　　5.3.1　园林工程施工材料的采购管理 ……………………… 164
　　　5.3.2　园林工程施工材料库存管理 ………………………… 167
　　　5.3.3　施工现场的材料管理 ………………………………… 168
5.4　机械设备管理 ……………………………………………………… 172
　　　5.4.1　选择园林工程机械设备 …………………………… 172
　　　5.4.2　园林机械设备管理分类 …………………………… 173
5.5　思考题 ……………………………………………………………… 176

6 园林工程项目施工管理 / 177

6.1 园林工程项目施工管理概述 …………………… 177
6.1.1 园林工程施工管理的程序 …………………… 177
6.1.2 园林工程施工管理的内容 …………………… 179
6.2 园林工程项目施工现场管理 …………………… 181
6.2.1 园林工程施工现场管理概述 …………………… 181
6.2.2 园林工程施工现场管理的特点 …………………… 182
6.2.3 园林工程施工现场管理的内容 …………………… 183
6.2.4 园林工程施工现场管理的方法 …………………… 184
6.3 园林工程项目施工质量管理 …………………… 189
6.3.1 园林工程施工质量概述 …………………… 189
6.3.2 施工准备阶段的质量管理 …………………… 192
6.3.3 施工阶段的质量管理 …………………… 193
6.3.4 竣工验收阶段的质量控制 …………………… 194
6.4 园林工程项目施工进度管理 …………………… 195
6.4.1 园林工程施工进度管理的原理 …………………… 195
6.4.2 园林工程施工进度管理的程序 …………………… 198
6.4.3 园林工程施工进度管理的方法和措施 …………………… 204
6.5 园林工程项目施工成本管理 …………………… 213
6.5.1 园林工程施工成本概述 …………………… 213
6.5.2 园林工程施工成本控制 …………………… 217
6.5.3 园林工程施工成本核算 …………………… 218
6.6 园林工程项目施工资料管理 …………………… 222
6.6.1 园林工程施工资料的主要内容 …………………… 222
6.6.2 施工阶段的资料管理 …………………… 238
6.7 园林工程项目施工安全管理 …………………… 243
6.8 施工项目风险管理与组织协调 …………………… 247
6.8.1 施工项目中的风险 …………………… 247

6.8.2 施工项目风险管理 ………………………………………… 253
　　6.8.3 施工项目组织协调 ………………………………………… 258
6.9 思考题 ……………………………………………………………… 263

7 园林工程项目合同管理 / 264

7.1 园林工程施工合同 …………………………………………………… 264
　　7.1.1 园林工程施工合同的概述 ………………………………… 264
　　7.1.2 园林工程施工合同谈判 …………………………………… 269
　　7.1.3 园林工程施工合同的履行 ………………………………… 281
　　7.1.4 园林工程施工合同的争议处理 …………………………… 287
7.2 园林工程施工合同索赔与反索赔 …………………………………… 293
　　7.2.1 园林工程施工索赔概述 …………………………………… 293
　　7.2.2 园林工程施工索赔的计算与处理 ………………………… 300
　　7.2.3 园林工程施工反索赔 ……………………………………… 313
7.3 思考题 ……………………………………………………………… 321

8 园林工程项目的竣工验收 / 322

8.1 园林工程项目竣工验收概述 ………………………………………… 322
　　8.1.1 园林工程竣工验收的概念和作用 ………………………… 322
　　8.1.2 园林工程竣工验收的内容和方法 ………………………… 323
　　8.1.3 园林工程竣工验收的依据和标准 ………………………… 326
　　8.1.4 园林工程竣工验收的准备工作 …………………………… 328
　　8.1.5 园林工程竣工验收程序 …………………………………… 331
　　8.1.6 竣工工程质量评定 ………………………………………… 332
8.2 园林工程项目的交接 ………………………………………………… 334
8.3 思考题 ……………………………………………………………… 337

9 园林绿化工程项目管理 / 338

- 9.1 园林绿化工程施工管理的原则 ⋯⋯⋯⋯⋯⋯⋯⋯⋯⋯⋯⋯⋯⋯⋯ 338
- 9.2 园林绿化养护管理 ⋯⋯⋯⋯⋯⋯⋯⋯⋯⋯⋯⋯⋯⋯⋯⋯⋯⋯⋯⋯ 340
    - 9.2.1 乔灌木栽植后的养护管理 ⋯⋯⋯⋯⋯⋯⋯⋯⋯⋯⋯⋯⋯ 340
    - 9.2.2 大树移植后的养护管理 ⋯⋯⋯⋯⋯⋯⋯⋯⋯⋯⋯⋯⋯⋯ 342
    - 9.2.3 草坪的养护管理 ⋯⋯⋯⋯⋯⋯⋯⋯⋯⋯⋯⋯⋯⋯⋯⋯⋯ 346
    - 9.2.4 屋顶绿化的养护管理 ⋯⋯⋯⋯⋯⋯⋯⋯⋯⋯⋯⋯⋯⋯⋯ 349
- 9.3 园林绿化植物保护的综合管理 ⋯⋯⋯⋯⋯⋯⋯⋯⋯⋯⋯⋯⋯⋯⋯ 350
- 9.4 园林工程的回访、保活养护与保修 ⋯⋯⋯⋯⋯⋯⋯⋯⋯⋯⋯⋯⋯ 352
- 9.5 思考题 ⋯⋯⋯⋯⋯⋯⋯⋯⋯⋯⋯⋯⋯⋯⋯⋯⋯⋯⋯⋯⋯⋯⋯⋯ 353

参考文献 / 354

1 园林工程项目概述

1.1 项目与项目管理

1.1.1 项目

（1）项目

项目是一个特殊的将被完成的有限任务，它是在一定时间内，满足一系列特定目标的多项相关工作的总称。

① 共同点：项目是在限定条件下，为完成特定目标要求的一次性任务。

② 含义

a. 项目是一项有待完成的任务；

b. 项目是在一定的组织机构内，利用有限资源（人、财、物等）在规定的时间内完成的任务；

c. 项目任务要满足一定性能、质量、数量、技术指标等要求。

（2）项目的特点

① 独立性；

② 一次性；

③ 目标性和约束性；

④ 生命周期性；

⑤ 系统性；

⑥ 多面性。

1.1.2 项目管理

（1）项目管理的产生和发展

① 潜意识的项目管理阶段（远古～20世纪30年代）。

② 传统的项目管理阶段（20世纪30年代初期～20世纪50年代初期）。

③ 项目管理的传播和现代化阶段（20世纪50年代初期～20世纪70年代初期）。

④ 项目管理的发展阶段（20世纪70年代末至今）。

（2）项目管理的概念

① 项目管理：是指以项目为对象，通过一个临时性的专门的柔性组织，在既定的约束条件下，对项目进行有效的计划、组织、指挥、控制，以实现项目全过程的动态管理以及项目目标的综合协调和优化的系统管理活动。

② 现代项目三维管理

a. 时间维；

b. 知识维；

c. 保障维。

（3）项目管理的特点

① 管理对象是项目。

② 管理组织具有特殊性，表现为：临时性；柔性；组织结构趋于扁平化。

③ 管理思想是系统工程思想。

④ 管理方式是目标管理。

⑤ 管理要点是创造和保持使项目顺利进行的环境。

⑥ 对项目经理有特殊要求。

1.1.3 项目管理知识体系

（1）项目的动态管理

项目的动态管理依项目的进程分为：需求确定、项目选择、项目计划、项目执行、项目监控、项目评价和项目扫尾。

（2）项目的静态管理

项目的静态管理根据项目进程各阶段的特点和所面临的主要问题，项目知识领域包括：

① 综合集成管理；

② 项目范围管理；

③ 时间管理；

④ 成本管理；

⑤ 质量管理；

⑥ 人力资源管理；

⑦ 沟通管理；

⑧ 风险管理；

⑨ 采购管理。

1.2 工程项目概述

1.2.1 园林工程项目

（1）园林工程项目的概念

园林工程项目是指园林建设领域中的项目。一般园林工程项目是指为某种特定的目的而进行投资建设并含有一定建筑或建筑安装工程的园林建设项目。

（2）园林工程项目系统

① 单项工程：指具有独立文件的、建成后可以独立发挥生产能力或效益的一组配套齐全的项目。单项工程从施工的角度看就是一个独立的交工系统，因此，一般单独组织施工和竣工验收。

② 单位工程：是单项工程的组成部分。一般指一个单体的建筑物、构筑物或种植群落。一个单位工程往往不能单独形成生产能力或发挥工程效益。例如，植物群落单位工程必须与地下排水系统、地面灌溉系统、照明系统等单位工程配套，形成一个单项工程交工系统，才能投入生产使用。

③ 分部工程：是工程按单位工程部位划分的组成部分，即单

位工程的进一步分解。如地基与基础、主体结构、建筑装饰装修、建筑屋面、建筑给排水等。

④ 分项工程：一般是按工种划分的，是形成项目产品的基本部件或构件的施工过程。如模板、钢筋、混凝土和砖砌体。

(3) 园林工程项目的特点

园林工程项目是特定的过程，具有以下特点。

① 系统性。任何工程项目都是一个系统，具有鲜明的系统特征。园林工程项目管理者必须树立起系统观念，用系统的观念分析工程项目。系统观念强调全局，即必须考虑工程项目的整体需要，进行整体管理；系统观念强调目标，把目标作为系统，必须在整体目标优化的前提下进行系统的目标管理；系统观念强调相关性，必须在考虑各个组成部分的相互联系和相互制约关系的前提下进行工程项目的运行与管理。园林工程项目系统包括：工程系统、结构系统、目标系统、关联系统等。

② 一次性。园林工程项目的一次性不仅表现在这个特殊过程有确定的开工和竣工时间，还表现为建设过程的不可逆性、设计的唯一性、生产的单件性和项目产出物位置的固定性等。

③ 功能性。每一个园林工程项目都有特定的功能和用途，这是在概念阶段策划并决策，在设计阶段具体确定，在实施阶段形成，在结束阶段必须验收交付的。

④ 露天性。园林工程项目的实施大多在露天进行，这一过程受自然条件影响大，活动条件艰难、变化多，组织管理工作繁重且复杂，目标控制和协调活动困难重重。

⑤ 长期性。园林工程项目生命周期长，从概念阶段到结束阶段，少则数月，多则数年乃至数十年。园林工程产品的使用周期也很长，其自然寿命主要是由设计寿命和植物自然生命期决定的。

⑥ 高风险性。由于园林工程项目体形庞大，需要投入的资源多，生命周期很长，投资额巨大，风险自然也很大。另外，种植工程是活生命体的施工，其资源采购、运输条件、种植地环境和气候等都构成园林工程项目的高风险性。在园林工程项目管理中必须突

出风险管理，积极预防投资风险、技术风险、自然风险和资源风险。

1.2.2 园林施工项目

（1）园林施工项目的概念

园林施工项目是园林建筑企业对一个园林建筑产品的施工过程及最终成果，也就是园林企业的生产对象。它可能是一个园林项目的施工及成果，也可能是其中的一个单项工程或单位工程的施工及成果。这个过程的起点是投标，终点是保修期满。

从园林施工项目的特征来看，只有单位园林工程、单项园林工程和园林建设项目的施工任务才称得上园林施工项目，因为单位园林工程是建筑企业的最终产品。分部、分项园林工程不是建筑企业完整的最终产品，因此不能称作园林施工项目。

（2）园林施工项目的特征

① 园林施工项目是园林建设项目或其中的单项工程或单位工程的施工任务。

② 园林施工项目作为一个管理整体，是以园林建筑企业为管理主体的。

③ 园林施工项目任务的范围是由园林工程承包合同界定的。

④ 园林施工所形成的产品具有多样性、固定性、体积庞大的特点。

1.2.3 园林项目管理

（1）园林项目管理的概念

园林项目管理是指在一定的约束条件下（在规定的时间和预算费用内），为达到园林项目目标要求的质量，而对园林项目所实施的计划、组织、指挥、协调和控制的过程。

一定的约束条件是制订园林项目目标的依据，也是对园林项目控制的依据。园林项目管理的目的就是保证项目目标的实现。园林项目管理的对象是项目，由于项目具有单件性和一次性的特点，要求园林项目管理具有针对性、系统性、程序性和科学性。只有用系统工程的观点、理论和方法对园林项目进行管理，才能保证园林项目的顺利完成。

(2) 园林项目管理的特征

① 每个项目具有特定的管理程序和管理步骤。园林项目的一次性、单件性决定了每个项目都有其特定的目标，而园林项目管理的内容和方法要针对园林项目目标而定，园林项目目标的不同决定了每个项目都有自己的管理程序和步骤。

② 园林项目管理是以项目经理为中心的管理。由于园林项目管理具有较大的责任和风险，其管理涉及人力、技术、设备、材料、资金等多方面因素，为了更好地进行计划、组织、指挥、协调和控制，必须实施以项目经理为中心的管理模式。在园林项目实施过程中应授予项目经理较大的权力，以使其能及时处理园林项目实施过程中出现的各种问题。

③ 应用现代管理方法和技术手段进行园林项目管理。现代项目的大多数属于先进科学的产物或者是一种涉及多学科的系统工程，要使园林项目圆满地完成，就必须综合运用现代化管理方法和科学技术，如决策技术、网络计划技术、价值工程、系统工程、目标管理、样板管理等。

④ 园林项目管理过程中实施动态控制。为了保证园林项目目标的实现，在项目实施过程中采用动态控制的方法，阶段性地检查实际完成值与计划目标值的差异，采取措施纠正偏差，制订新的计划目标值，使园林项目的实施结果逐步向最终目标逼近。

1.2.4 园林工程项目管理

(1) 园林工程项目管理的概念

园林工程项目管理是指在一定的约束条件下（在规定的时间和预算费用内），以最优的结果实现园林项目目标为目的，对园林项目进行有效的计划、控制、组织、协调、指挥的系统管理活动。

一定的约束条件是制订园林项目目标的依据，也是对园林项目控制的依据。园林项目管理的目的就是保证项目目标的实现。园林项目管理的对象是项目，由于项目具有单件性和一次性的特点，要求园林项目管理具有针对性、系统性、程序性和科学性。只有用系统工程的观点、理论和方法对园林项目进行管理，才能保证园林项目的顺利完成。

（2）园林工程项目管理过程

战略策划过程→配合管理过程→与范围有关的过程→与时间有关的过程→与成本有关的过程→与资源有关的过程→与人员有关的过程→与沟通有关的过程→与风险有关的过程→与采购有关的过程。

（3）园林工程项目管理模式

① 建设单位自行组织建设。在工程项目的全生命周期内，一切管理工作都由建设单位临时组建的管理班子自行完成。这是一种小生产方式，常常只有一次性的教训，很难形成经验的积累。

② 工程指挥部模式。这种模式将军事指挥方式引入到生产管理中。工程指挥部代表行政领导，用行政手段管理生产，此种模式下的项目实施难以全面符合生产规律和经济规律的要求。

③ 设计—招标—建造模式。这是国际上最为通用的模式，世界银行援助或贷款项目、FIDIC施工合同条件、我国的工程项目法人责任制等都采用这种模式。这种模式的特点是：建设单位进行工程项目的全过程管理，将设计和施工过程通过招标发包给设计单位和施工单位完成，施工单位通过竣工验收交付给建设单位工程项目产品。这种模式具有长期积累的丰富管理经验，有利于合同管理、风险管理和节约投资。

④ CM模式。CM模式是一种新型管理模式，不同于设计完成后进行施工发包的模式，而是边设计边发包的阶段性发包方式，可以加速建设速度。

它有以下两种类型。第一种是代理型。在这种模式下，业主、业主委托的CM经理和建筑师组成联合小组，共同负责组织和管理工程的规划、设计和施工，CM经理对规划设计起协调作用，完成部分设计后即进行施工发包，由业主与承包人签订合同，CM经理在实施中负责监督和管理，CM 经理与业主是合同关系，与承包人是监督、管理与协调的关系。第二种是非代理型。CM 单位以承包人的身份参与工程项目实施，并根据自己承包的范围进行分包的发包，直接与分包人签订合同。

⑤ 管理承包（MC）模式。MC 模式是业主直接找一家公司进行管理承包，并签订合同。设计承包人负责设计，施工承包人负责施工、采购和对分包人进行管理。设计承包人和施工承包人与管理承包人签订合同，而不与业主签订合同。这种方式加强了业主的管理，并使施工与设计做到良好结合，可缩短建设期限。

⑥ BOT 模式。BOT 模式即建造—运营—移交模式，又称为"特许经营权融资方式"。它适用于需要大量资金进行建设的工程项目。为了获得足够的资金进行工程项目建设，政府开放市场，吸收外来资金，授给工程项目公司以特许权，由该公司负责融资和组织建设，建成后负责运营和偿还贷款，在特许期满时将工程无条件移交给政府。这种形式的优点是：既可解决资金不足，又可强化全过程的项目管理，大大提高工程项目的整体效益。

（4）园林工程项目管理的任务

① 合同管理。园林工程合同是业主和参与项目实施各主体之间明确责任、权利关系的具有法律效力的协议文件，也是运用市场经济体制、组织项目实施的基本手段。从某种意义上讲，园林项目的实施过程就是园林工程合同订立和履行的过程。一切合同所赋予的责任、权利履行到位之日，也就是园林工程项目实施完成之时。

园林工程合同管理主要是指对各类园林合同的依法订立过程和履行过程的管理，包括合同文本的选择，合同条件的协商、谈判，合同书的签署，合同履行、检查、变更、违约、纠纷的处理，总结评价等。

② 组织协调。组织协调是实现园林项目目标必不可少的方法和手段。在园林项目实施过程中，各个项目参与单位需要处理和调整众多复杂的业务组织关系。

③ 目标控制。目标控制是园林项目管理的重要职能，它是指园林项目管理人员在不断变化的动态环境中为保证既定计划目标的实现而进行的一系列检查和调整活动。园林工程项目目标控制的主要任务就是在项目前期策划、勘察设计、施工、竣工交付等各个阶段采用规划、组织、协调等手段，从组织、技术、经济、合同等方面采取措施，确保园林项目总目标的顺利实现。

④ 风险管理。风险管理是一个确定和度量项目风险，以及制订、选择和管理风险处理方案的过程。其目的是通过风险分析减少项目决策的不确定性，以便决策更加科学，并在项目实施阶段保证目标控制的顺利进行，更好地实现园林项目质量、进度和投资目标。

⑤ 信息管理。信息管理是园林工程项目管理的基础工作，是实现项目目标控制的保证。只有不断提高信息管理水平，才能更好地承担起项目管理的任务。

园林工程项目的信息管理是对园林工程项目的各类信息的收集、储存、加工整理、传递与使用等一系列工作的总称。信息管理的主要任务是及时、准确地向项目管理各级领导、各参与单位及各类人员提供所需的综合程度不同的信息，以便在项目进展的全过程中动态地进行项目规划，迅速正确地进行各种决策，并及时检查决策执行的结果，反映园林工程实施中暴露出的各类问题，为项目总目标服务。

⑥ 环境保护。项目管理者必须充分研究和掌握国家和地区有关环保的法规和规定，对环保方面有要求的园林工程建设项目，在项目可行性研究和决策阶段必须提出环境影响报告及其对策措施，并评估其措施的可行性和有效性，严格按建设程序向环保管理部门报批。在园林项目实施阶段，做到主体工程与环保措施工程同步设计、同步施工、同步投入运行。在园林工程施工承发包中，必须把依法做好环保工作列为重要的合同条件加以落实，并在施工方案的审查和施工过程中始终把落实环保措施、克服建设公害作为重要的内容予以密切关注。

1 园林工程项目概述

（5）园林工程项目管理的分类

① 按管理层次分。

a. 宏观项目管理。政府作为主体对项目活动进行的管理。

b. 微观项目管理。项目法人或其他参与主体。

② 按管理范围和内涵不同层次分。

a. 广义项目管理。包括从投资意向、项目建议书、可行性研究、建设准备、设计、施工、竣工验收到项目后期评估的全过程管理。

b. 狭义项目管理。从项目可行性研究报告批准后到项目竣工验收、建设准备、设计、施工、竣工验收到项目后期评估的全过程管理。

③ 按管理主体不同分。

a. 建设方项目管理。

b. 监理方项目管理。

c. 承包方项目管理。总承包方项目管理、设计方项目管理、施工方项目管理、供应方项目管理。

（6）园林项目管理的特征

① 每个项目具有特定的管理程序和管理步骤。园林项目的一次性、单件性决定了每个项目都有其特定的目标，而园林项目管理的内容和方法要针对园林项目目标而定，园林项目目标的不同决定了每个项目都有自己的管理程序和步骤。

② 园林项目管理是以项目经理为中心的管理。由于园林项目管理具有较大的责任和风险，其管理涉及人力、技术、设备、材料、资金等多方面因素，为了更好地进行计划、组织、指挥、协调和控制，必须实施以项目经理为中心的管理模式。在园林项目实施过程中应授予项目经理较大的权利，以使其能及时处理园林项目实施过程中出现的各种问题。

③ 应用现代管理方法和技术手段进行园林项目管理。现代项目的大多数属于先进科学的产物，或者是一种涉及多种学科的系统工程，要使园林项目圆满地完成，就必须综合运用现代化管理方法

和科学技术，如决策技术、网络计划技术、价值工程、系统工程、目标管理、样板管理等。

④ 园林项目管理过程中实施动态控制。为了保证园林项目目标的实现，在项目实施过程中采用动态控制的方法，阶段性地检查实际完成值与计划目标值的差异，采取措施纠正偏差，制订新的计划目标值，使园林项目的实施结果逐步走向最终目标。

1.2.5 园林施工项目管理

（1）园林施工项目管理的概念

园林施工项目管理是指建筑企业运用系统的观点、理论和方法对园林施工项目进行的决策、计划、组织、控制、协调等全过程的全面管理。

（2）园林施工项目管理的特征

① 园林施工项目管理的主体是建筑企业。建设单位和设计单位都不能进行园林施工管理，它们对项目的管理分别称为园林建设项目管理、园林设计项目管理。

② 园林施工项目管理的对象是园林施工项目。园林施工项目管理周期包括园林工程投标、签订施工合同、施工准备、施工以及交工验收、保修等。由于施工项目的多样性、固定性及体形庞大等特点，园林施工项目管理具有先有交易活动后有生产成品，生产活动和交易活动很难分开等特殊性。

③ 园林施工项目管理的内容是按阶段变化的。由于园林施工项目各阶段管理内容差异大，因此要求管理者必须进行有针对性的动态管理，使资源优化组合，以提高施工效率和效益。

④ 园林施工项目管理要求强化组织协调工作。由于园林施工项目生产活动具有独特性（单件性）、流动性、露天工作、工期长、需要资源多等特点，且施工活动涉及复杂的经济关系、技术关系、法律关系、行政关系和人际关系，因此，必须通过强化组织协调工作才能保证施工活动顺利进行。主要强化办法是优选项目经理，建立调度机构，配备称职的调度人员，努力使调度工作科学化、信息

化,建立动态的控制体系。

1.2.6 工程项目管理法律法规体系构成简介

(1) 工程项目管理法律法规体系构成

按立法权限分为以下5个层次。

① 建设法律:《中华人民共和国规划法》《中华人民共和国合同法》《中华人民共和国招标投标法》《中华人民共和国劳动法》《中华人民共和国安全生产法》。

② 建设行政法规:由国务院依法制定并颁布的属于中华人民共和国住房和城乡建设部主管业务范围内的各种法规,如《建设工程质量管理条例》《建设工程勘察设计管理条例》等。

③ 建设部部门规章:指中华人民共和国住房和城乡建设部或与国务院有关部门联合制定并发布的规章,如《房屋建筑和市政基础设施工程施工招标投标管理办法》《工程建设项目施工招标投标管理办法》等。

④ 地方性建设法规:指由省、市、自治区、直辖市人大及其常委会制定并发布的建设方面的规章。

⑤ 地方性建设规章:指由省、自治区、直辖市以及省会城市和经国务院批准的较大城市的人民政府制定并颁布建设方面的规章。

(2) 工程项目管理技术标准体系

工程项目管理技术标准由国家制定或认可,由国家强制力保证其实施的有关规划、勘查、设计、施工、安装、检测、验收等的技术标准、规范、规程、条例、办法、定额等规范性文件,如《建筑工程施工质量验收统一标准》《建筑施工安全检查标准》《网络计划技术标准》《建设工程项目管理规范》《建设工程监理规范》《建设工程工程量清单计价规范》和《工程网络计划技术规程》等。

建设技术法规体系包括强制性和推荐性两类。

① 强制性标准。涉及工程结构质量和生命安全,具有法规性、强制性和权威性,必须执行。

② 推荐性标准。具有规定性、权威性和推荐性，推荐执行。工程项目管理技术标准，按适用范围分四级：国家级、部（委）级、省（直辖市、自治区）级和企业级。

1.3 思 考 题

1. 项目管理有哪些特点？
2. 园林工程项目的特征是什么？
3. 什么是园林工程项目管理？园林工程项目管理的步骤是什么？
4. 项目管理有哪些知识体系？
5. 园林工程项目管理有哪些分类方式？

园林工程项目招标与投标

2.1 园林工程项目招标

2.1.1 招标的分类

(1) 按工程项目建设程序分类

根据园林工程项目建设程序,招标可分为三类,即园林工程项目开发招标、园林工程勘察设计招标和园林工程施工招标。

① 园林工程项目开发招标。园林工程项目开发招标是建设单位(业主)邀请工程咨询单位对建设项目进行可行性研究,其"标的物"是可行性研究报告。中标的工程咨询单位必须对自己提供的研究成果认真负责,可行性研究报告应得到建设单位认可。

② 园林工程勘察设计招标。园林工程勘察设计招标是指招标单位就拟建园林工程勘察和设计任务发布通告,以法定方式吸引勘察单位或设计单位参加竞争。经招标单位审查获得投标资格的勘察、设计单位,按照招标文件的要求,在规定的时间内向招标单位填报投标书,招标单位从中择优确定中标单位完成工程勘察或设计任务。

③ 园林工程施工招标。园林工程施工招标则是针对园林工程施工阶段的全部工作开展的招标,根据园林工程施工范围大小及专业不同,可分为全部工程招标、单项工程招标和专业工程招标等。

(2) 按工程承包的范围分类

① 园林项目总承包招标。这种招标可分为两种类型：一种是园林工程项目实施阶段的全过程招标；另一种是园林工程项目全过程招标。前者是在设计任务书已经审完，从项目勘察、设计到交付使用进行一次性招标。后者是从项目的可行性研究到交付使用进行一次性招标，业主提供项目投资和使用要求及竣工、交付使用期限。其可行性研究、勘察设计、材料和设备采购、施工安装、职工培训、生产准备和试生产、交付使用都由一个总承包商负责承包，即所谓"交钥匙工程"。

② 园林专项工程承包招标。在对园林工程承包招标中，对其中某项比较复杂或专业性强、施工和制作要求特殊的单项工程，可以单独进行招标，称为专项工程承包招标。

(3) 按园林工程建设项目的构成分类

按照园林工程建设项目的构成，可以将园林建设工程招标投标分为全部园林工程招标投标、单项工程招标投标、单位工程招标投标、分部工程招标投标、分项工程招标投标。全部园林工程招标投标，是指对园林工程建设项目的全部工程进行的招标投标。单项工程招标投标，是指对园林工程建设项目中所包含的若干单项工程进行的招标投标。单位工程招标投标，是指对一个园林单项工程所包含的若干单位工程进行的招标投标。分部工程招标投标，是指对一个园林单位工程所包含的若干分部工程进行的招标投标。分项工程招标投标，是指对一个园林分部工程所包含的若干分项工程进行的招标投标。

2.1.2 招标的条件

园林工程项目招标必须符合主管部门规定的条件。这些条件分为招标人即建设单位应具备的条件和招标的工程项目应具备的条件两个方面。

(1) 建设单位招标应当具备的条件

① 招标单位是法人或依法成立的其他组织。

② 有与招标工程相适应的经济、技术、管理人员。

③ 有组织招标文件的能力。
④ 有审查投标单位资质的能力。
⑤ 有组织开标、评标、定标的能力。

不具备上述②～⑤项条件的，须委托具有相应资质的咨询、监理等单位代理招标。上述五项条件中，①、②两项是对招标单位资格的规定，③～⑤项则是对招标人能力的要求。

(2) 招标的工程项目应当具备的条件

① 概算已获批准。
② 建设项目已经正式列入国家、部门或地方的年度固定资产投资计划。
③ 建设用地的征用工作已经完成。
④ 有能够满足施工需要的施工图纸及技术资料。
⑤ 建设资金和主要建筑材料、设备的来源已经落实。
⑥ 已经由建设项目所在地规划部门批准，施工现场"三通一平"已经完成或一并列入施工招标范围。

对不同性质的园林工程项目，招标的条件可有所不同或有所偏重，见表2-1所示。

表2-1 园林工程项目性质不同导致招标条件有所不同

序号	园林工程项目	招标条件
1	园林建设工程勘察设计	①设计任务书或可行性研究报告已获批准 ②具有设计所必需的可靠基础资料
2	园林工程施工	①园林工程已列入年度投资计划 ②建设资金(含自筹资金)已按规定存入银行 ③园林工程施工前期工作已基本完成 ④有持证设计单位设计的施工图纸和有关设计文件
3	园林工程监理	①设计任务书或初步设计已获批准 ②工程建设的主要技术工艺要求已确定
4	园林工程材料设备供应	①建设项目已列入年度投资计划 ②建设资金(含自筹资金)已按规定存入银行 ③具有批准的初步设计或施工图设计所附的设备清单,专用、非标设备应有设计图纸、技术资料等
5	园林工程总承包	①计划文件或设计任务书已获批准 ②建设资金和地点已经落实

2.1.3 招标的方式

2.1.3.1 招标方式

(1) 公开招标

公开招标是指招标人以招标公告的方式邀请不特定的法人或者其他组织投标，采用这种形式，可由招标单位通过国家指定的报刊、信息网络或其他媒介发布，招标公告应当载明招标人的名称和地址，招标项目的性质、数量、实施地点和时间以及获取招标文件的办法等事项。不受地区限制，各承包企业凡是对此感兴趣者，一律机会均等。通过按国家对投标人资格条件预审后的投标人，都可积极参加投标活动。招标单位则可在众多的承包企业中优选出理想的施工承包企业为中标单位。招标人也可根据项目本身要求，在招标公告中，要求潜在投标人提供有关资质证明文件和业绩情况。

公开招标的优点是可以给一切有法人资格的承包商以平等竞争的机会参加投标。招标单位有较大的选择范围，有助于开展竞争，打破垄断，能促使承包商努力提高工程（或服务）质量，缩短工期和降低造价。但是，建设单位审查投标者资格及其标书的工作量比较大，招标费用支出也多。

(2) 邀请招标

邀请招标是指招标人以投标邀请书的方式邀请特定的法人或其他组织投标。应当向三个以上具备承担招标项目能力、资信良好的特定法人或其他组织发出投标邀请书。同样在邀请书中应当载明招标人的名称，招标项目的性质、数量、实施地点和时间以及获取招标文件的办法等事宜。应注意国务院发展计划部门确定的国家重点项目和省、自治区、直辖市人民政府确定的地方重点项目不宜公开招标。但经相应各级政府批准，可以进行邀请招标。

采用邀请招标的方式，由于被邀请参加竞争的投标者为数有限，不仅可以节省招标费用，而且能提高每个投标者的中标概率，所以对招标投标双方都有利。不过，这种招标方式限制了竞争范围，把许多可能的竞争者排除在外，被认为不完全符合自由竞争机会均等的原则。

(3) 议标

议标（又称非竞争性招标或谈判招标）是指由招标人选择两家以上的承包商，以议标文件或拟议合同草案为基础，分别与其直接协商谈判，选择自己满意的一家，达成协议后将工程任务委托给这家承包商承担。

议标是一种特殊的招标方式，是公开招标、邀请招标的例外情况。一个规范、完整的议标概念，在其适用范围和条件上，应当同时具备以下四个基本要点：

① 议标方式适用面较窄，只适用于保密性要求或者专业性、技术性较高等特殊工程。

② 直接进入谈判并通过谈判确定中标人。参加投标者为两家以上，一家不中标再寻找下一家，直到达成协议为止。

③ 程序的随意性太大且缺乏透明度。

④ 议标不同于直接发包。从形式上看，直接发包没有"标"，而议标则有标。议标招标人须事先编制议标招标文件或拟议合同草案，议标投标人也须有议标投标文件，议标也必须经过一定的程序。

议标应按下列程序进行：

① 招标人向有权的招标投标管理机构提出议标申请。申请中应当说明发包工程任务的内容、申请议标的理由、对议标投标人的要求及拟邀请的议标投标人等，并且应当同时提交能证明其要求议标的工程符合规定的有关证明文件材料。

② 招标投标管理机构对议标申请进行审批。招标投标管理机构在接到议标申请之日起 15 天内，调查核实招标人的议标申请、证明文件和材料、议标投标人的条件等，对照有关规定，确认其是否符合议标条件。符合条件的，方可批准议标。

③ 议标文件的编制与审查。议标申请批准后，招标人编写议标文件或者拟议合同草案，并报招标投标管理机构审查。招标投标管理机构应在 5 天内审查完毕，并给予答复。

④ 协商谈判。招标人与议标投标人在招标投标管理机构的监

督下，就议标文件的要求或者商议合同草案进行协商谈判。招标人以议标方式发包施工任务，应该编制标底，作为议标文件或者拟议合同草案的组成部分，并经招标投标管理机构审定。议标工程的中标价格原则上不得高于审定后的标底价格。招标人不得以垫资、垫材料作为议标的条件，也不允许以一个议标投标人的条件要求或者限制另一个议标投标人。

⑤ 授标。议标双方达成一致意见后，招标投标管理机构在自收到正式合同草案之日起2天内进行审查，确认其与议标结果一致后，签发《中标通知书》。未经招标投标管理机构审查同意，擅自进行议标或者议标双方在议标过程中弄虚作假的，议标结果无效。

2.1.3.2 公开招标和邀请招标的区别

公开招标和邀请招标，既是我国法定的招标方式，也是目前世界上通行的招标方式。这两种方式的主要区别如下。

① 邀请和发布信息的方式不一样。公开招标采用刊登资格预审公告或招标公告的形式；邀请招标不发布招标公告，只采用投标邀请书的形式。

② 选择和邀请的范围不一样。公开招标采用招标公告的形式，针对的是一切潜在的对招标项目感兴趣的法人或者其他组织，招标人事先不知道投标人的数量，也不填写投标人名单，范围宽广；邀请招标只针对已经了解的法人或者其他组织，事先已经知道潜在投标人的数量，要填写投标人、投标单位具体名单，范围要比公开招标窄得多。

③ 发售招标文件的限制不一样。公开招标时，凡愿意参加投标的单位都可以购买招标文件，对发售单位不受限制；邀请招标时，只有已接到投标邀请书并表示愿意参加投标的邀请单位，才能购买招标文件，对发售单位受到严格限制。

④ 竞争程度不一样。由于公开招标使所有符合条件的法人或其他组织都有机会参加投标，竞争的范围较广，竞争性体现得也比较充分，招标人拥有选择的余地较宽，容易获得良好的招标效果。邀请招标中，投标人的数量有限，竞争的范围也窄，招标人拥有的选择余地相对较小，工作稍有不慎，有时可能提高中标的合同价，

如果市场调查不充分，还有可能将某些在技术上或报价上更有竞争力的供应商或承包商遗漏在外。

⑤ 公开程度不一样。公开招标中，所有的活动都必须严格按照预先指定并为大家所知的程序、标准和办法公开进行，大大减少了作弊的可能性；相比而言，邀请招标的公开程度远不如公开招标，若不严格监督管理，产生不法行为的机会也就多一些。

⑥ 时间和费用不一样。邀请招标不发招标公告，招标文件只售有限的几家，使整个招投标的过程时间大大缩短，招标费用也相应减少；公开招标的程序比较复杂、范围广、工作量大，因而所需时间较长，费用也比较高。

⑦ 政府的控制程度与管理方式不一样。政府对国家重点建设项目、地方重点项目以及机电设备国际招标中采用邀请招标的方式是要进行严格控制的。国家重点建设项目的邀请招标须经国家发展计划部门批准，地方重点项目须得到省级人民政府批准。机电设备在进行国际招标时，对国家管理的必须招标产品目录内的产品，如若需要采用邀请招标的方式，必须事前得到外经贸部的批准。公开招标则没有这方面的限制。

公开招标和邀请招标的七个不一样中，最重要的实质性的区别是竞争程度不一样，公开招标要比邀请招标的竞争程度强得多，效果好。

2.1.3.3 园林工程招标方式的选择

与邀请招标相比，公开招标可以在较大的范围内优选中标人，有利于投标竞争，然而，公开招标花费的费用较高、时间较长。因此，采用何种形式招标应在招标准备阶段进行认真研究，主要分析哪些项目对投标人有吸引力，可以在市场中展开竞争。对于明显可以展开竞争的项目，应首先考虑采用打破地域和行业界限的公开招标。

为了符合市场经济要求和规范招标人的行为，《中华人民共和国建筑法》规定："依法必须进行施工招标的工程，全部使用国有资金投资或者国有资金投资占控股或主导地位的，应当公开招标。"《招标投标法》进一步明确规定："国务院发展计划部门确定的国家重点项目和省、自治区、直辖市人民政府确定的地方重点项目不适宜公开招标的，经国务院发展计划部门或者省、自治区、直辖市人民政府批准，可以进行邀请招标。"采用邀请招标方式时，招标人应当向三个以上具备承担该工程施工能力、资信良好的施工企业发出投标邀请书。

采用邀请招标的项目通常属于以下几种情况之一：

① 涉及保密的工程项目。

② 专业性要求较强的工程，一般施工企业缺少技术、设备和经验，采用公开招标响应者较少。

③ 工程量较小、合同金额不高的施工项目，对实力较强的施工企业缺少吸引力。

④ 地点分散且属于劳动密集型的施工项目，对本地域之外的施工企业缺少吸引力。

⑤ 工期要求紧迫的施工项目，没有时间进行公开招标。

2.1.3.4 园林工程招标的工作机构

（1）我国招标工作机构的主要形式

我国招标工作机构主要有三种形式。

① 由招标人的基本建设主管部门（处、科、室、组）或实行建设项目业主责任制的业主单位负责有关招标的全部工作。

② 由政府主管部门设立"招标领导小组"或"招标办公室"之类的机构，统一处理招标工作。

③ 招标代理机构，受招标人委托，组织招标活动。

（2）园林招标工作机构人员构成

园林招标工作机构人员通常由以下三类人员构成。

① 决策人，即主管部门任命的招标人或授权代表。

② 专业技术人员，包括建筑师，结构、设备、工艺等专业工程师和估算师等，他们的职能是向决策人提供咨询意见和进行招标的具体事务工作。

③ 助理人员，即决策和专业技术人员的助手，包括文秘、资料、档案、广告牌、绘图等工作人员。

（3）园林招标工作小组需具备的条件

园林招标工作小组由建设单位或建设单位委托的具有法人资格的建设工程招标代理机构负责组建。园林招标工作小组必须具备以下条件。

① 由建设单位法人代表或其委托的代理人参加。

② 有与园林工程规模相适应的技术、预算、财务和工程管理人员。

③ 有对投标企业进行资格评审的能力。

园林招标工作小组成员组成要与园林工程规模和技术复杂程度相适应，一般以5～7人为宜。招标工作小组组长应由建设单位法人代表或其委托的代理人担任。

2.1.4 招标的范围

依法必须进行招标的工程建设项目的具体范围和规模标准，由国务院发展改革部门会同国务院有关部门制订，报国务院批准后公布施行。

2.1.4.1 应当实行招标的范围

(1) 我国《招标投标法》中规定，下列三类工程建设项目必须进行招标：

① 大型基础设施、公用事业等关系社会公众利益、公众安全的项目。

② 全部使用或者部分使用国有资金投资或者国家融资的项目。

③ 使用国际组织或者外国政府贷款、援助资金的项目。

(2) "必须招标的工程项目规定"中规定：在强制招标范围的各类工程建设项目，其勘察、设计、施工、监理以及与工程建设有关的重要设备、材料等的采购，达到下列标准之一的，必须招标：

① 施工单项合同估算价在400万元人民币以上的。

② 重要设备、材料等货物的采购，单项合同估算价在200万元人民币以上的。

③ 勘察、设计、监理等服务的采购，单项合同估算价在100万元人民币以上，同一项目中可以合并进行的勘察、设计、施工、监理以及与工程建设有关的重要设备、材料等的采购，合同估算价

合计达到前款规定标准的，必须招标。

招标人可以依法对工程以及与工程建设有关的货物、服务全部或者部分实行总承包招标。以暂估价形式包括在总承包范围内的工程、货物、服务属于依法必须进行招标的项目范围且达到国家规定规模标准的，应当依法进行招标。所称暂估价，是指总承包招标时不能确定价格而由招标人在招标文件中暂时估定的工程、货物、服务的金额。

2.1.4.2 应当实行公开招标的范围

《工程建设项目施工招标投标办法》指出：国务院发展计划部门确定的同家重点建设项目和各省、自治区、直辖市人民政府确定的地方重点建设项目，以及全部使用国有资金投资或者国有资金投资占控股或者主导地位的工程建设项目，应当公开招标。

2.1.4.3 经批准后可以采用邀请招标的范围

对于强制招标的工程项目，能够满足下列情形之一的，经批准可以进行邀请招标：

① 技术复杂、有特殊要求或者受自然环境限制，只有少量潜在投标人可供选择。

② 涉及国家安全、国家秘密或者抢险救灾，适宜招标但不宜公开招标的。

③ 采用公开招标方式的费用占项目合同金额的比例过大。

④ 法律、法规规定不宜公开招标的。

国家重点建设项目的邀请招标，应当经国务院发展计划部门批准；地方重点建设项目的邀请招标，应当经各省、自治区、直辖市人民政府批准。

全部使用国有资金投资或者国有资金投资占控股或者主导地位的，并需要审批、核准手续的工程建设项目的邀请招标，应当报项目审批、核准部门审批、核准。

2.1.4.4 经批准后可以采用议标的范围

对于强制招标的工程项目，适用议标的工程范围为：

① 工程有保密性要求的。

② 施工现场位于偏远地区，且现场条件恶劣，愿意承担此任务的单位少的。

③ 工程专业性、技术性高，有能力承担相应任务的单位有一家，或者虽有少量几家，但从专业性、技术性和经济性角度比较其中一家有明显优势的。

④ 工程中所需的技术、材料性质在专利保护期之内的。

⑤ 主体工程完成后为发挥整体效能所追加的小型附属工程。

⑥ 单位工程停建、缓建或恢复建设的。

⑦ 公开招标或者邀请招标失败，不宜再次公开招标或者邀请招标的工程。

⑧ 其他特殊性工程。

2.1.5 招标程序

建设工程施工招标一般程序，如图2-1所示。

招标准备阶段和招标阶段的一般工作有以下几方面。

（1）向政府招标投标管理部门提出招标申请

申请主要内容是：第一，园林建设单位的资质；第二，招标工程项目是否具备了条件；第三，招标拟采用的方式；第四，对投标企业的资质要求；第五，初步拟订的招标工作日程等。

（2）建立招标班子，开展招标工作

在招标申请被批准后，园林建设单位应组织临时性招标机构，统一安排和部署招标工作。招标机构工作人员的组成，一般由分管园林建设或基建的领导同志负责，由工程技术、预算、物资供应、财务、质量等部门派人组成，具体人数可根据招标项目的规模和工作繁简而定。工作人员必须懂业务、懂管理和作风正派，在招标过程中必须保守机密，不得泄露标底。

招标工作机构的主要任务是：根据招标项目的特点和需要，编制招标文件。负责向招标管理机构办理招标文件的审批手续；组织或委托标底的编制，按规定报有关单位审查，报招标投标管理机构审定；发布招标公告或邀请书，对投标单位进行资质审查，发放招标文件、图纸和技术资料、组织潜在投标人踏勘项目现场并答疑；

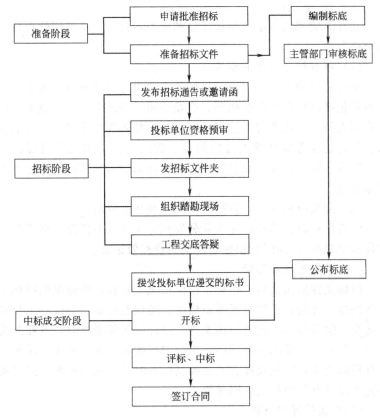

图 2-1　工程施工招标一般程序

提出评标委员会名单,向招标投标管理机构核准;发出中标通知;退还押金;组织签订承包合同;其他该办理的事项。

(3) 编制招标文件

招标文件是招标单位行动的指南,也是投标企业必须遵循的准则,招标文件应当包括招标项目的技术要求、对投标人资格审查标准、投标报价要求和评标标准等所有实质性要求以及拟签订合同的主要条款(如招标项目需要划分标段),则应在标书文件中载明。

(4) 标底的编制和审定

(5) 发布招标公告或招标邀请书

2　园林工程项目招标与投标

(6) 投标申请

投标人应当具备承担招标项目的能力，具有国家规定的投标人的资格条件。

(7) 审查投标企业的资质

在投标申请截止后对申请投标的企业进行资质审查。审查的主要内容包括投标企业营业执照、企业资质等级证书、工程技术人员和管理人员、企业拥有的施工机械设备等是否符合承担本工程的要求。同时还应考察其承担过的同类工程质量、工期及合同履约情况。审查合格后，通知其参加投标，不合格的通知其停止参加工程招标活动。

(8) 分发招标文件，包括设计图纸和技术资料

向资质审查合格的投标企业分发招标文件（包括设计图纸和有关技术资料等），同时向招标单位交纳投标保证金。

(9) 踏勘现场及答疑

招标文件发出之后，招标单位应按规定日程，按时组织投标企业踏勘施工现场，介绍现场准备情况。还应召开专门会议对工程进行交底，解答投标企业对招标文件、设计图纸等提出的疑点和有关问题。交底或答疑的主要问题，应以纪要或补充文件形式书面通知所有投标企业，以便投标企业在编制标书时掌握同一标准。纪要或补充文件具有与招标文件同等效力。

(10) 接受标书（投标）

投标企业应按招标文件的要求认真组织编制标书，标书编好密封后，按招标文件规定的投标截止日期前，送达招标单位。招标单位应逐一验收，出具收条，并妥善保存，开标前任何单位和个人不准启封标书。

2.1.6 招标公告与资格预审

2.1.6.1 招标公告

按照规定，招标人采用公开招标方式的，应当发布招标公告。依法必须进行招标的园林工程项目的招标公告，应当通过国家指定的报刊、信息网络或者其他媒介发布。招标人以招标公告的方式邀

请不特定的法人或者其他组织投标是公开招标的一个最显著的特性。

园林工程招标公告的内容主要包括以下几点。

① 招标人的名称、地址以及联系人的姓名、电话,如果是委托代理机构进行招标的,还应注明该委托代理机构的名称和地址。

② 园林工程情况简介,其中主要包括项目名称、建设规模、工程地点、质量要求以及工期要求。

③ 承包方式:材料、设备供应方式。

④ 对投标人资质的要求及应提供的有关文件。

⑤ 招标日程安排。

⑥ 招标文件的获取办法,包括发售招标文件的地点、文件的售价及开始和截止出售的时间。

《中华人民共和国房屋建筑和市政工程标准施工招标文件》(2010年版)(以下简称《行业标准施工招标文件》)中推荐使用的招标公告样式,见表2-2所示。园林工程招标公告的样式可参照此进行编制。

表2-2 招标公告(未进行资格预审)格式范例

招标公告(未进行资格预审)
_____(项目名称)_____标段施工招标公告
1. 招标条件
本招标项目_____(项目名称)已由_____(项目审批、核准或备案机关名称)以_____(批文名称及编号)批准建设,招标人(项目业主)为_____,建设资金来自_____(资金来源),项目出资比例为_____。项目已具备招标条件,现对该项目的施工进行公开招标。
2. 项目概况与招标范围
_____[说明本次招标项目的建设范围地点、规模、合同估算价、计划工期、招标范围、标段划分(如果有)等]。
3. 投标人资格要求
3.1 本次招标要求投标人须具备_____资质,_____(类似项目描述)业绩,并在人员、设备、资金等方面具有相应的施工能力,其中,招标人拟派项目经理须具备_____专业_____级注册建造师执业资格,具备有效的安全生产考核合格证书,且未担任其他在施建设工程项目的项目经理。
3.2 本次招标_____(接受或不接受)联合体投标。联合体投标时应满足下列要求:_____。

续表

3.3 各投标人均可就本招标项目上述标段中的_____(具体数量)个标段投标,但最多允许中标_____(具体数量)个标段(适用于分标段的招标项目)。

4. 招标报名

凡有意参加投标者,请于___年___月___日至___年___月___日(法定公休日、法定节假日除外),每日上午___时至___时,下午___时至___时(北京时间,下同),在_____(有形建筑市场/交易中心名称及地址)报名。

5. 招标文件的获取

5.1 凡通过上述报名者,请于___年___月___日至___年___月___日(法定公休日、法定节假日除外),每日上午___时至___时,下午___时至___时(北京时间,下同),在_____(详细地址)持单位介绍信购买招标文件。

5.2 招标文件每套售价_____元,售后不退。图纸押金_____元,在退还图纸时退还(不计利息)。

5.3 邮购招标文件时,需另加手续费(含邮费)_____元。招标人在收到单位介绍信和邮购款(含手续费)后_____日内寄送。

6. 投标文件的递交

6.1 投标文件递交的截止时间(投标截止时间,下同)为___年___月___日___时___分,地点为_____(有形建筑市场/交易中心名称及地址)。

6.2 逾期送达的或者未送达指定地点的投标文件,招标人不予受理。

7. 发布公布的媒介

本次招投标公告同时在_____(发布公告的媒介名称)上发布。

8. 联系方式

招 标 人:_____	招标代理机构:_____
地　　址:_____	地　　址:_____
邮　　编:_____	邮　　编:_____
联 系 人:_____	联 系 人:_____
电　　话:_____	电　　话:_____
传　　真:_____	传　　真:_____
电子邮件:_____	电子邮件:_____
网　　址:_____	网　　址:_____
开户银行:_____	开户银行:_____
账　　号:_____	账　　号:_____

___年___月___日

2.1.6.2 资格预审

(1) 资格预审的概念

资格预审是指招标人通过发布招标资格预审公告,向不特定的潜在投标人发出投标邀请,并组织招标资格审查委员会按照招标资格预审公告和资格预审文件确定的资格预审条件、标准和方法,对投标申请人的经营资格、专业资质、财务状况、类似项目业绩、履约信誉、企业认证体系等条件进行评审,确定合格的潜在投标人。资格预审的办法包括合格制和有限数量制,一般情况下应采用合格制,潜在投标人过多的,可采用有限数量制。

资格预审可以减少评标阶段的工作量、缩短评标时间、减少评审费用、避免不合格投标人浪费不必要的投标费用,但因设置了招标资格预审环节,而延长了招标投标的过程,增加了招标投标双方资格预审的费用。资格预审方法比较适合于技术难度较大或投标文件编制费用较高,且潜在投标人数量较多的招标项目。

资格预审应当按照资格预审文件载明的标准和方法进行。国有资金占控股或者主导地位的依法必须进行招标的项目,招标人应当组建资格审查委员会审查资格预审申请文件。

(2) 园林工程资格预审的种类

园林工程招标资格预审主要可以分为以下两种:

① 定期资格预审

定期资格预审是指在固定的时间内集中进行全面的资格预审。大多数国家的政府采购使用定期资格预审的方法。审查合格者将被资格审查机构列入资格审查合格者名单。

② 临时资格预审

临时资格预审是指招标人在招标开始之前或者开始之初,由招标人对申请参加投标的潜在投标人进行资质条件、业绩、信誉、技术以及资金等方面的情况进行资格审查。

(3) 园林工程资格审查的程序

① 基本程序

资格审查活动通常按以下五个步骤进行:

a. 审查准备工作。

b. 初步审查。
　　c. 详细审查。
　　d. 澄清、说明或补正。
　　e. 确定通过资格预审的申请人及提交资格审查报告。
　② 审查准备工作
　　a. 审查委员会成员签到。审查委员会成员到达资格审查现场时应在签到表上签到以证明其出席。
　　b. 审查委员会的分工。审查委员会首先推选一名审查委员会主任。招标人也可以直接指定审查委员会主任。审查委员会主任负责评审活动的组织领导工作。
　　c. 熟悉文件资料

　● 招标人或招标代理机构应向审查委员会提供资格审查所需的信息和数据，包括资格预审文件及各申请人递交的资格预审申请文件，经过申请人签认的资格预审申请文件递交时间和密封及标识检查记录，有关的法律、法规、规章以及招标人或审查委员会认为必要的其他信息和数据。

　● 审查委员会主任应组织审查委员会成员认真研究资格预审文件，了解和熟悉招标项目基本情况，掌握资格审查的标准和方法，熟悉资格审查表格的使用。如果表格不能满足所需时，审查委员会应补充编制资格审查工作所需的表格。未在资格预审文件中规定的标准和方法不得作为资格审查的依据。

　● 在审查委员会全体成员在场见证的情况下，由审查委员会主任或审查委员会成员推荐的成员代表检查各个资格预审申请文件的密封和标识情况并打开密封。密封或者标识不符合要求的，资格审查委员会应当要求投标人做出说明。必要时，审查委员会可以就此向相关申请人发出问题澄清通知，要求相关申请人进行澄清和说明，申请人的澄清和说明应附上由招标人签发的"申请文件递交时间和密封及标识检查记录表"。如果审查委员会与招标人提供的"申请文件递交时间和密封及标识检查记录表"核对比较后，认定密封或者标识不符合要求系由于招标人保管不善所造成的，审查委员会应当要求相关申请人对其所递交的申请文件内容进行检查确认。

d. 对申请文件进行基础性数据分析和整理工作：

• 在不改变申请人资格预审申请文件实质性内容的前提下，审查委员会应当对申请文件进行基础性数据分析和整理，从而发现并提取其中可能存在的理解偏差、明显文字错误、资料遗漏等存在明显异常、非实质性问题，决定需要申请人进行书面澄清或说明的问题，准备问题澄清通知。

• 申请人接到审查委员会发出的问题澄清通知后，应按审查委员会的要求提供书面澄清资料并按要求进行密封，在规定的时间递交到指定地点。申请人递交的书面澄清资料由审查委员会开启。

③ 初步审查

a. 审查委员会根据规定的审查因素和审查标准，对申请人的资格预审申请文件进行审查，并记录审查结果。

b. 提交和核验原件。

• 如果申请人提交规定的有关证明和证件的原件，审查委员会应当将提交时间和地点书面通知申请人。

• 审查委员会审查申请人提交的有关证明和证件的原件。对存在伪造嫌疑的原件，审查委员会应当要求申请人给予澄清或者说明或者通过其他合法方式核实。

c. 澄清、说明或补正。在初步审查过程中，审查委员会应当就资格预审申请文件中不明确的内容，以书面形式要求申请人进行必要的澄清、说明或补正。申请人应当根据问题澄清通知，以书面形式予以澄清、说明或补正，并不得改变资格预审申请文件的实质性内容。

d. 申请人有任何一项初步审查因素不符合审查标准的，或者未按照审查委员会要求的时间和地点提交有关证明和证件的原件、原件与复印件不符或者原件存在伪造嫌疑且申请人不能合理说明的，不能通过资格预审。

④ 详细审查

a. 只有通过了初步审查的申请人可进入详细审查。

b. 审查委员会根据规定的程序、标准和方法，对申请人的资格预审申请文件进行详细审查，并记录审查结果。

c. 联合体申请人

（a）联合体申请人的资质认定：

• 两个以上资质类别相同但资质等级不同的成员组成的联合体申请人，以联合体成员中资质等级最低者的资质等级作为联合体申请人的资质等级。

• 两个以上资质类别不同的成员组成的联合体，按照联合体协议中约定的内部分工分别认定联合体申请人的资质类别和等级，不承担联合体协议约定由其他成员承担的专业工程的成员，其相应的专业资质和等级不参与联合体申请人的资质和等级的认定。

（b）联合体申请人的可量化审查因素（如财务状况、类似项目业绩、信誉等）的指标考核，首先分别考核联合体各个成员的指标，在此基础上，以联合体协议中约定的各个成员的分工占合同总工作量的比例作为权重，加权折算各个成员的考核结果，作为联合体申请人的考核结果。

d. 澄清、说明或补正。在详细审查过程中，审查委员会应当就资格预审申请文件中不明确的内容，以书面形式要求申请人进行必要的澄清、说明或补正。申请人应当根据问题澄清通知，以书面形式予以澄清、说明或补正，并不得改变资格预审申请文件的实质性内容。

e. 审查委员会应当逐项核查申请人是否存在规定的不能通过资格预审的任何一种情形。

申请人有任何一项详细审查因素不符合审查标准的，或者存在的任何一种情形的，均不能通过详细审查。

⑤ 确定通过资格预审的申请人

a. 汇总审查结果。详细审查工作全部结束后，审查委员会应按照规定的格式填写审查结果汇总表。

b. 确定通过资格预审的申请人。凡通过初步审查和详细审查的申请人均应确定为通过资格预审的申请人。通过资格预审的申请人均应被邀请参加投标。

c. 通过资格预审申请人的数量不足三个。通过资格预审申请人的数量不足三个的,招标人应当重新组织资格预审或不再组织资格预审而直接招标。招标人重新组织资格预审的,应当在保证满足法定资格条件的前提下,适当降低资格预审的标准和条件。

d. 编制及提交书面审查报告。审查委员会根据规定向招标人提交书面审查报告。审查报告应当由全体审查委员会成员签字。审查报告应当包括以下内容:

- 基本情况和数据表。
- 审查委员会成员名单。
- 不能通过资格预审的情况说明。
- 审查标准、方法或者审查因素一览表。
- 审查结果汇总表。
- 通过资格预审的申请人名单。
- 澄清、说明或补正事项纪要。

资格预审结束后,招标人应当及时向资格预审申请人发出资格预审结果通知书。未通过资格预审的申请人不具有投标资格。通过资格预审的申请人少于3个的,应当重新招标。

(4) 园林工程招标资格预审文件

园林工程招标资格预审文件是告知投标申请人资格预审条件、标准和方法,并对投标申请人的经营资格、履约能力进行评审,确定合格投标人的依据。工程招标资格预审文件的基本内容和格式可依据《中华人民共和国房屋建筑和市政工程标准施工招标资格预审文件》(2010年版) (以下简称《行业标准施工标准资格预审文件》),招标人应结合招标项目的技术管理特点和需求,按照以下基本内容和要求编制招标资格预审文件。

① 资格预审公告

资格预审公告包括招标条件、项目概况与招标范围、申请人资格要求、资格预审方法、申请报名、资格预审文件的获取、资格预审申请文件的递交、发布公告的媒介、联系方式等内容。

② 申请人须知

a. 申请人须知前附表。前附表编写内容及要求:

- 招标人及招标代理机构的名称、地址、联系人与电话,便于申请人联系。

- 工程建设项目基本情况，包括项目名称、建设地点、资金来源、出资比例、资金落实情况、招标范围、标段划分、计划工期、质量要求，使申请人了解项目基本概况。
- 申请人资格条件：告知投标申请人必须具备的工程施工资质、近年类似业绩、资金财务状况、拟投入人员、设备等技术力量等资格能力要素条件和近年发生诉讼、仲裁等履约信誉情况以及是否接受联合体投标等要求。
- 时间安排：明确申请人提出澄清资格预审文件要求的截止时间，招标人澄清、修改资格预审文件的截止时间，申请人确认收到资格预审文件澄清、修改文件的时间和资格预审申请截止时间，使投标申请人知悉资格预审活动的时间安排。
- 申请文件的编写要求：明确申请文件的签字或盖章要求、申请文件的装订及文件份数，使投标申请人知悉资格预审申请文件的编写格式。
- 申请文件的递交规定：明确申请文件的密封和标识要求、申请文件递交的截止时间及地点、是否退还，以使投标人能够正确递交申请文件。
- 简要写明资格审查采用的方法，资格预审结果的通知时间及确认时间。

b. 总则。总则编写要把招标工程建设项目概况、资金来源和落实情况、招标范围和计划工期及质量要求叙述清楚，声明申请人资格要求，明确预审申请文件编写所用的语言，以及参加资格预审过程的费用承担者。

c. 资格预审文件。包括资格预审文件的组成、澄清及修改。

（a）资格预审文件由资格预审公告、申请人须知、资格审查办法、资格预审申请文件格式、项目建设概况以及对资格预审文件的澄清和修改构成。

（b）资格预审文件的澄清。要明确申请人提出澄清的时间、澄清问题的表达形式，招标人的回复时间和回复方式，以及申请人对收到答复的确认时间及方式。

● 申请人通过仔细阅读和研究资格预审文件，对不明白、不理解的意思表达，模棱两可或错误的表述，或遗漏的事项，可以向招标人提出澄清要求，但澄清必须在资格预审文件规定的时间以前，以书面形式发送给招标人。

● 招标人认真研究收到的所有澄清问题后，应在规定时间前以书面澄清的形式发送给所有购买了资格预审文件的潜在投标人。

● 申请人应在收到澄清文件后，在规定的时间内以书面形式向招标人确认已经收到。

(c) 资格预审文件的修改。明确招标人对资格预审文件进行修改、通知的方式及时间，以及申请人确认的方式及时间。

● 招标人可以对资格预审文件中存在的问题、疏漏进行修改，但必须在资格预审文件规定的时间前，以书面形式通知申请人。如果不能在该时间前通知，招标人应顺延资格申请截止时间，使申请人有足够的时间编制申请文件。

● 申请人应在收到修改文件后进行确认。

(d) 资格预审申请文件的编制。招标人应在本处明确告知资格预审申请人，资格预审申请文件的组成内容、编制要求、装订及签字要求。

(e) 资格预审申请文件的递交。招标人一般在此阶段明确资格预审申请文件应按统一的规定和要求进行密封和标识，并在规定的时间和地点递交。对于没有在规定地点、时间递交的申请文件，一律拒绝接收。

(f) 资格预审申请文件的审查。资格预审申请文件由招标人依法组建的审查委员会按照资格预审文件规定的审查办法进行审查。

(g) 通知和确认。明确审查结果的通知时间及方式，以及合格申请人的回复方式及时间。

(h) 纪律与监督。对资格预审期间的纪律、保密、投诉以及对违纪的处置方式进行规定。

③ 资格审查办法

a. 选择资格审查办法。资格预审的合格制与有限数量制两种办法适用于不同的条件。

• 合格制：一般情况下，应当采用合格制，凡符合资格预审文件规定资格条件标准的投标申请人，即取得相应投标资格。

合格制中，满足条件的投标申请人均获得投标资格。其优点是：投标竞争性强，有利于获得更多、更好的投标人和投标方案；对满足资格条件的所有投标申请人公平、公正。缺点是：投标人可能较多，从而加大投标和评标工作量，浪费社会资源。

• 有限数量制：当潜在投标人过多时，可采用有限数量制。招标人在资格预审文件中既要规定投标资格条件、标准和评审方法，应明确通过资格预审的投标申请人数量。并按规定的限制数量择优选择通过资格预审的投标申请人。目前除各行业部门规定外，尚未统一规定合格申请人的最少数量，原则上满足3家以上。

采用有限数量制一般有利于降低招标投标活动的社会综合成本，但在一定程度上可能限制了潜在投标人的范围。

b. 审查标准，包括初步审查和详细审查的标准，采用有限数量制时的评分标准。

c. 审查程序，包括资格预审申请文件的初步审查、详细审查、申请文件的澄清以及有限数量制的评分等内容和规则。

d. 审查结果，资格审查委员会完成资格预审申请文件的审查，确定通过资格预审的申请人名单，向招标人提交书面审查报告。

④ 资格预审申请书及附表

a. 资格预审申请函。资料预审申请函是申请人响应招标人、参加招标资格预审的申请函，同意招标人或其委托代表对申请文件进行审查，并应对所递交的资格预审申请文件及有关材料内容的完整性、真实性和有效性做出声明。

b. 法定代表人身份证明或其授权委托书。

• 法定代表人身份证明，是申请人出具的用于证明法定代表人合法身份的证明。内容包括申请人名称、单位性质、成立时间、经营期限、法定代表人姓名、性别、年龄、职务等。

• 授权委托书，是申请人及其法定代表人出具的正式文书，明确授权其委托代理人在规定的期限内负责申请文件的签署、澄清、递交、撤回、修改等活动，其活动的后果，由申请人及其法定代表人承担法律责任。

c. 联合体协议书。适用于允许联合体投标的资格预审。联合体各方联合声明共同参加资格预审和投标活动签订的联合协议。联合体协议书中应明确牵头人、各方职责分工及协议期限，承诺对递交文件承担法律责任等。

d. 申请人基本情况。

● 申请人的名称、企业性质、主要投资股东、法人治理结构、法定代表人、经营范围与方式、营业执照、注册资金、成立时间、企业资质等级与资格声明，技术负责人、联系方式、开户银行、员工专业结构与人数等。

● 申请人的施工、制造或服务能力：已承接任务的合同项目总价，最大年施工、生产或服务规模能力（产值），正在施工、生产或服务的规模数量（产值），申请人的施工、制造或服务质量保证体系，拟投入本项目的主要设备仪器情况。

e. 近年财务状况。申请人应提交近年（一般为近3年）经会计师事务所或审计机构审计的财务报表，包括资产负债表、损益表、现金流量表等，用于招标人判断投标人的总体财务状况以及盈利能力和偿债能力，进而评估其承担招标项目的财务能力和抗风险能力。申请工程招标资格预审者，特别需要反映申请人近3年每年的营业额、固定资产、流动资产、长期负债、流动负债、净资产等。必要时，应由开户银行出具金融信誉等级证书或银行资信证明。

f. 近年完成的类似项目情况。申请人应提供近年已经完成与招标项目性质、类型、规模标准类似的工程名称、地址，招标人名称、地址及联系电话，合同价格，申请人的职责定位、承担的工作内容、完成日期，实现的技术、经济和管理目标和使用状况，项目经理、技术负责人等。

g. 拟投入技术和管理人员状况。申请人拟投入招标项目的主要技术和管理人员的身份、资格、能力，包括岗位任职、工作经历、职业资格、技术或行政职务、职称，完成的主要类似项目业绩等证明材料。

h. 未完成和新承接项目情况。填报信息内容与"近年完成的类似项目情况"的要求相同。

i. 近年发生的诉讼及仲裁情况。申请人应提供近年来在合同履行中，因争议或纠纷引起的诉讼、仲裁情况，以及有无违法违规行为而被处罚的相关情况，包括法院或仲裁机构做出的判决、裁决、行政处罚决定等法律文书复印件。

j. 其他材料。申请人提交的其他材料包括两部分：一是资格预审文件的须知、评审办法等有要求，但申请文件格式中没有表达的内容；二是资格预审文件中没有要求提供，但申请人认为对自己通过预审比较重要的资料。

⑤ 工程建设项目概况

工程建设项目概况的内容应包括项目说明、建设条件、建设要求和其他需要说明的情况。各部分具体编写要求如下：

a. 项目说明。首先应概要介绍工程建设项目的建设任务、工程规模标准和预期效益；其次说明项目的批准或核准情况；再次介绍该工程的项目业主，项目投资人出资比例，以及资金来源；最后概要介绍项目的建设地点、计划工期、招标范围和标段划分情况。

b. 建设条件。主要是描述建设项目所处位置的水文气象条件、工程地质条件，地理位置及交通条件等。

c. 建设要求。概要介绍工程施工技术规范、标准要求，工程建设质量、进度、安全和环境管理等要求。

d. 其他需要说明的情况。需结合项目的工程特点和项目业主的具体管理要求提出。

2.1.7 标底和招标文件

(1) 标底

标底是招标工程的预期价格。标底的作用：一是使建设单位预先明确自己在拟建工程上应承担的财务义务；二是给上级主管部门提供核实投资规模的依据；三是作为衡量投标报价的准绳，也就是评标的主要尺度之一。工程施工招标必须编制标底。标底由招标单位自行编制或委托主管部门认定具有编制标底能力的咨询、监理单位编制。标底必须报经招标投标办事机构审定。标底一经审定应密封保存至开标时,所有接触过标底的人员均负有保密责任,不得泄露。

① 编制标底应遵循的原则。

a. 根据设计图纸及有关资料、招标文件,参照国家规定的技术、经济标准定额及规范,确定工程量和编制标底。

b. 标底价格应由成本、利润、税金组成,一般应控制在批准的总概算(或修正概算)及投资包干的限额内。

c. 标底价格作为建设单位的期望计划价,应力求与市场的实际变化吻合,要有利于竞争和保证工程质量。

d. 标底价格应考虑人工、材料、机械台班等价格变动因素,还应包括施工不可预见费、包干费和措施费等。工程要求优良的,还应增加相应费用。

e. 一个工程只能编制一个标底。

② 标底的编制方法:标底的编制方法与工程概、预算的编制方法基本相同,但应根据招标工程的具体情况,尽可能考虑下列因素,并确切反映在标底中。

a. 根据不同的承包方式,考虑适当的包干系数和风险系数。

b. 根据现场条件及工期要求,考虑必要的技术措施费。

c. 对建设单位提供的以暂估价计算但可按实调整的材料、设备,要列出数量和估价清单。

d. 主要材料数量可在定额用量基础上加以调整,使其反映实际情况。

③ 在实践中应用的标底编制方法主要有以下三种。

a. 以施工图预算为基础,即根据设计图纸和技术说明,按预算定额规定的分部分项工程子目,逐项计算出工程量,再套用定额单价确定直接费,然后按规定的系数计算间接费、独立费、计划利润以及不可预见费等,从而计算出工程预期总造价,即标底。

b. 以概算为基础,即根据扩大初步设计和概算定额计算工程造价。概算定额是在预算定额基础上将某些次要子目归并于主要工程子目之中,并综合计算其单价。用这种方法编制标底可以减少计算工作量，提高编制工作效率，且有助于避免重复和漏项。

c. 以最终成品单位造价包干为基础。这种方法主要适用于采用标准设计大量兴建的工程，如通用住宅、市政管线等。一般住宅工程按每平方米建筑面积实行造价包干；园林建设中的植草工程、喷灌工程也可按每平方米面积实行造价包干。具体工程的标底即以此为基础，并考虑现场条件、工期要求等因素来确定。

(2) 招标文件

招标文件是作为建设项目需求者的建设单位向可能的承包商详细阐明项目建设意图的一系列文件，也是投标单位编制投标书的主要客观依据。通常包括下列基本内容。

① 工程综合说明。其主要内容包括：工程名称、规模、地址、发包范围、设计单位、场地和地基土质条件（可附工程地质勘察报告和土壤检测报告）、给排水、供电、道路及通信情况以及工期要求等。

② 设计图纸和技术说明书。目的在于使投标单位了解工程的具体内容和技术要求，能据以拟定施工方案和进度计划。设计图纸的深度可与招标阶段相应的设计阶段而有所不同。园林建设工程初步设计阶段招标，应提供总平面图，园林用地竖向设计图，给排水管线图，供电设计图，种植设计总平面图，园林建筑物、构筑物和小品单体平面、立面、剖面图和主要结构图，以及装修、设备的做法说明等。施工图阶段招标，则应提供全部施工图纸（可不包括大样）。技术说明书应满足下列要求。

a. 必须对工程的要求做出清楚而详尽的说明，使各投标单位能有共同的理解，能比较有把握地估算出造价。

b. 明确招标工程适用的施工验收技术规范，保修期及保修期内承包单位应负的责任。

c. 明确承包单位应提供的其他服务，诸如监督其他承包商的工作，防止自然灾害的特别保护措施、安全保护措施。

d. 有关专门施工方法及指定材料产地或来源以及代用品的说明。

e. 有关施工机械设备、临时设施、现场清理及其他特殊要求的说明。

2.2 开标、评标、决标、中标

2.2.1 开标

园林工程开标是指招标人将所有投标人的投标文件启封揭晓。开标应当在招标通告中约定的地点，招标文件确定的提交投标文件截止时间的同一时间公开进行。开标由招标人主持，邀请所有投标人参加。开标时，要当众宣读投标人名称、投标价格、有无撤标情况以及招标单位认为合适的其他内容。

(1) 开标时间和开标地点

① 开标时间：开标时间及提交投标文件截止时间应为同一时间，其时间应具体确定到某年某月某日的几时几分，并应在招标文件中明示。

招标人和招标代理机构必须按照招标文件中的规定，按时开标，不得擅自提前或拖后开标，更不能不开标就进行评标。

② 开标地点：开标地点可以是招标人的办公地点或指定的其他地点，且开标地点应在招标文件中具体明示。开标地点应具体确定到要进行开标活动的房间，以便于投标人和有关人员准时参加开标。

若招标人需要修改开标的时间和地点，则应以书面形式通知所有招标文件的收受人。招标文件的澄清和修改均应在通知招标文件收受人的同时，报工程所在地的县级以上地方人民政府建设行政主管部门备案。

(2) 开标程序

开标时，由投标人或者其推选的代表检查投标文件的密封情况，也可以由招标人委托的公证机构检查并公证；经确认无误后，由工作人员当众拆封，宣读投标人名称、投标价格和投标文件的其他主要内容。招标人在招标文件要求提交投标文件的截止时间前收到的所有投标文件，开标时都应当当众予以拆封、宣读。开标过程应当记录，并存档备查。

园林工程开标的基本程序如下。

① 主持人通常按下列程序进行开标。

a. 宣布开标纪律。

b. 公布在投标截止时间前递交投标文件的所有投标人名称，并点名确认投标人是否派人到场。

c. 宣布开标人、唱标人、记录人、监标人等有关人员姓名。

d. 按照"投标人须知"前附表规定检查投标文件的密封情况。

e. 按照"投标人须知"前附表的规定确定并宣布投标文件开标顺序。

f. 设有标底的，公布标底。

g. 按照宣布的开标顺序当众开标，公布投标人名称、投标保证金的递交情况、投标报价、质量目标、工期及其他内容，并记录在案。

h. 规定最高投标限价计算方法的，计算并公布最高投标限价。

i. 投标人代表、招标人代表、监标人、记录人等有关人员在开标记录上签字确认。

j. 主持人宣布开标会议结束，进入评标阶段。

② 具有下列情况之一者，其投标文件可判为无效，并不能进入评标阶段。

a. 投标文件未按照招标文件的要求予以密封。

b. 投标文件中的投标函未加盖投标人的企业及企业法定代表人印章，或者企业法定代表人委托代理人没有合法、有效的委托书及委托代理人盖章。

c. 投标文件的关键内容字迹模糊、无法辨认。

d. 投标人未按照招标文件的要求提供投标保函或者投标保证金。

e. 投标文件未按规定的时间、地点送达。

f. 组成联合体投标，其投标文件却未附联合体各方共同投标协议。联合体各方必须指定牵头人，授权其代表所有联合体成员负责投标和合同实施阶段的主办、协调工作，并应向招标人提交由所有联合体成员法定代表人签署的授权书。此外联合体投标，应当在联合体各方或者联合体中牵头人的名义提交投标保证金。以联合体中牵头人名义提交的投标保证金，对联合体各成员具有约束力。

（3）开标的主要内容

① 密封情况检查。由投标人或者其推选的代表，当众检查投标文件密封情况。若招标人委托了公证机构对开标情况进行公证，也可以由公证机构检查并公证。若投标文件未密封或存在拆开过的痕迹，则不能进入后续的程序。

② 拆封。招标人或者其委托的招标代理机构的工作人员，应当对所有在投标文件截止时间之前收到的合格的投标文件，在开标现场当众拆封。

③ 唱标。经检查密封情况完好的投标文件，由工作人员当众逐一启封，当场高声宣读各投标人的投标要素（如名称、投标价格和投标文件的其他主要内容），视为唱标。这主要是为了保证投标人及其他参加人了解所有投标人的投标情况，增加开标程序的透明度。

开标会议上，一般不允许提问或作任何解释，但允许记录或录音。投标人或其代表应在会议签到簿上签名以证明其在场。

在招标文件要求提交投标文件的截止时间前收到的所有投标文件（已经有效撤回的除外），其密封情况被确定无误后，均应向在场者公开宣布。开标后，不得要求也不允许对投标进行实质性修改。

④ 会议过程记录长期存档。唱标完毕，开标会议即结束。

招标人对开标的整个过程需要做好记录，形成开标记录或纪要，并存档备查。开标记录一般应记载以下事项，并由主持人和其他工作人员签字确认：开标日期、时间、地点；开标会议主持者；出席开标会议的全体工作人员名单；招标项目的名称、招标号、标号或标段号；到场的投标人代表和各有关部门代表名单；截标前收到的标书、收到日期和时间及其报价一览表；对截标后收到的投标文件（如果有的话）的处理；其他必要的事项等。

开标记录表格式范例，见表2-3。

表 2-3 _____（项目名称）开标记录表

开标时间：____年____月____日____时____分

序号	投标人	密封情况	投标保证金	投标报价/元	质量标准	工期	备注	签名
投标人编制的标底/最高限价								

投标人代表：_____ 记录人：_____ 监标人：_____

____年____月____日

⑤ 无效的投标。投标单位法定代表人或授权代表未参加开标会议的视为自动弃权。投标文件有下列情形之一的将视为无效。

a. 投标文件未按照招标文件的要求予以密封的。

b. 投标文件中的投标函，未加盖投标人的企业及企业法定代表人印章的，或者企业法定代表人委托代理人没有合法、有效的委托书（原件）及委托代理人印章的。

c. 投标文件的关键内容字迹模糊、无法辨认的。

d. 投标人未按照招标文件的要求提供投标保函或者投标保证金的。

e. 组成联合体投标的，投标文件未附联合体各方共同投标协议的。

f. 逾期送达。对未按规定送达的投标书，应视为废标，原封退回。但对于因非投标者的过失（因邮政、战争、罢工等原因）而在开标之前未送达的，投标单位可考虑接受该迟到的投标书。

2.2.2 评标

(1) 园林工程评标

园林工程评标是指按照规定的评标标准和方法，对各投标人的投标文件进行评价、比较和分析，从中选出最佳投标人的过程。评标是招标投标活动中十分重要的阶段，评标决定着整个招标投标活动的公平和公正与否。评标的质量决定着能否从众多投标竞争者中选出最能满足招标项目各项要求的中标者。

(2) 评标原则

评标原则是招标投标活动中相关各方应遵守的基本规则。每个具体的招标项目，均涉及招标人、投标人、评标委员会、相关主管部门等不同主体，委托招标项目还涉及招标代理机构。评标原则主要是关于评标委员会的工作规则，但其他相关主体对涉及的原则也应严格遵守。根据有关法律规定，评标原则可以概括为四个方面。

① 公平、公正、科学、择优。为了体现"公平"和"公正"的原则，招标人和招标代理机构应在制作招标文件时，依法选择科学的评标方法和标准；招标人应依法组建合格的评标委员会；评标委员会应依法评审所有投标文件，择优推荐为中标候选人。

② 严格保密。招标人应当采取必要的措施，保证评标在严格保密的情况下进行。严格保密的措施涉及多方面，包括：评标地点保密；评标委员会成员的名单在中标结果确定之前保密；评标委员会成员在封闭状态下开展评标工作，评标期间不得与外界有任何接触，对评标情况承担保密义务；招标人、招标代理机构或相关主管部门等参与评标现场工作的人员，均应承担保密义务。

③ 独立评审。任何单位和个人不得非法干预、影响评标的过程和结果。评标是评标委员会受招标人委托，由评标委员会成员依法运用其知识和技能，根据法律规定和招标文件的要求，独立对所有投标文件进行评审和比较，以评标委员会的名义出具评标报告，推荐中标候选人的活动。评标委员会虽然由招标人组建并受其委托评标，但是，一经组建并开始评标工作，评标委员会即应依法独立开展评审工作。不论是招标人，还是有关主管部门，均不得非法干

预、影响或改变评标过程和结果。

④ 严格遵守评标方法。评标委员会应当按照招标文件确定的评标标准和方法对投标文件进行评审和比较；设有标底的，应当参考标底。评标工作虽然在严格保密的情况下，由评标委员会独立评审，但是，评标委员会应严格遵守招标文件中确定的评标标准和方法。

(3) 评标程序

园林工程评标工作通常可以按以下程序进行。

① 招标人宣布评标委员会成员名单并确定主任委员。

② 招标人宣布有关评标纪律。

③ 在主任委员主持下，根据需要，讨论通过成立有关专业组和工作组。

④ 听取招标人介绍招标文件。

⑤ 组织评标人员学习评标标准和方法。

⑥ 提出需澄清的问题：经评标委员会讨论，并经 1/2 以上委员同意，提出需投标人澄清的问题，以书面形式送达投标人。

⑦ 澄清问题。对需要文字澄清的问题，投标人应当以书面形式送达评标委员会。

⑧ 评审、确定中标候选人。评标委员会按招标文件确定的评标标准和方法，对投标文件进行评审，确定中标候选人推荐顺序。

⑨ 提出评标工作报告。在评标委员会 2/3 以上委员同意并签字的情况下，通过评标委员会工作报告，并报招标人。

(4) 评标的方法

对于通过资格预审的投标者，对他们的财务状况、技术能力、经验及信誉在评标时可不必再评审。评标时主要考虑报价、工期、施工方案、施工组织、质量保证措施、主要材料用量等方面的条件。对于在招标过程中未经过资格预审的，在评标中首先进行资格后审，剔除在财务、技术和经验方面不能胜任的投标者。在招标文件中应加入资格审查的内容，投标者在递交投标书时，同时递交资格审查的资料。

评标方法的科学性对于实施平等的竞争、公正合理地选择中标者是极其重要的。评标涉及的因素很多,应在分门别类、有主有次的基础上,结合工程的特点确定科学的评标方法。

评标的方法,目前国内外采用较多的是专家评议法、低标价法和打分法。

① 专家评议法。评标委员会根据预先确定的评审内容,如报价、工期、施工方案、企业的信誉和经验以及投标者所建议的优惠条件等,对各标书进行认真的分析比较后,评标委员会的各成员进行共同的协商和评议,以投票的方式确定中选的投标者。这种方法实际上是定性的优选法。由于缺少对投标书的量化的比较,因而易产生众说纷纭,意见难于统一的现象。但是其评标过程比较简单,在较短时间内即可完成,一般适用于小型工程项目。

② 低标价法。所谓低标价法,也就是以标价最低者为中标者的评标方法,世界银行贷款项目多采用这种方法。但该标价是指评估标价,也就是考虑了各评审要素以后的投标报价,而非投标者投标书中的投标报价。采用这种方法时,一定要进行严谨的招标程序,严格的资格预审,所编制招标文件一定要严密,详评时对标书的技术评审等工作要扎实全面。

这种评标办法有两种方式,一种方式是将所有投标者的报价依次排队,取其3个或4个,对其低报价的投标者进行其他方面的综合比较,择优定标;另一种方式是"$A+B$值评标法",即以低于标底一定百分数以内的报价的算术平均值为A,以标底或评标小组确定的更合理的标价为B,然后以"$A+B$"的均值为评标标准价,选出低于或高于这个标准价的某个百分数的报价的投标者进行综合分析比较,择优选定。

③ 打分法。打分法是由评标委员会事先将评标的内容进行分类,并确定其评分标准,然后由每位委员无记名打分,最后统计投标者的得分。得分超过及格标准分最高者为中标单位。这种定量的评标方法,是在评标因素多而复杂,或投标前未经资格预审就投标时,常采用的一种公正、科学的评标方法,能充分体现平等竞争、一视同仁的原则,定标后分歧意见较小。根据目前国内招标的经验,可按下式进行计算

$$P = Q + \frac{B-b}{B} \times 200 + \sum_{i=1}^{7} m_i$$

式中　　P——最后评定分数；

　　　　Q——标价基数，一般取 40～70 分；

　　　　B——标底价格；

　　　　b——分析标价，分析标价＝报价－优惠条件折价；

$\frac{B-b}{B} \times 200$——当报价每高于或低于标底 1% 时，增加或扣减 2 分，该比例的大小，应根据项目招标时投标价格应占的权重来确定，此处仅是给予建议；

　　　　m_1——工期评定分数，分数上限一般取 15～40 分，当招标项目为盈利项目（如旅馆、商店、厂房等）时，工程提前交工，则业主可少付贷款利息并早日营业或投产，从而产生盈利，则工期权重可大些；

　　　　m_2，m_3——技术方案和管理能力评审得分，分数上限可分别为 10～20 分；当项目技术复杂、规模大时，权重可适当提高；

　　　　m_4——主要施工机械配备评审得分，如果工程项目需要大量的施工机械，如水电工程、土方开挖等，则其分数上限可取为 10～30 分，一般的工程项目，可不予考虑；

　　　　m_5——投标者财务状况评审得分，上限可为 5～15 分，如果业主资金筹措遇到困难，需承包者垫资时，其权重可加大；

　　　　m_6，m_7——投标者社会信誉和施工经验得分，其上限可分别为 5～15 分。

（5）提交评标报告

评标委员会在对所有投标文件进行各方面评审之后，须编写一份评审结论报告——评标报告，提交给招标人，并抄送有关行政监督部门。该报告作为评审结论，应提出推荐意见和建议，并说明其授予合同的具体理由，供招标人作授标决定时参考。

评标委员会从合格的投标人中排序推荐的中标候选人必须符合下列条件之一。

① 能够最大限度满足招标文件中规定的各项综合评价标准。

② 能够满足招标文件的实质性要求,并且经评审的投标价格最低,但是投标价格低于成本的除外。

评标报告应当如实记载的内容,见表2-4所示。

表2-4 评标报告应当如实记载的内容

序号	内容
1	基本情况和数据表
2	评标委员会成员名单
3	开标记录
4	符合要求的投标一览表
5	废标情况说明
6	评标标准、评标方法或者评标因素一览表
7	经评审的价格或者评分比较一览表
8	经评审的投标人排序
9	推荐的中标候选人名单与签订合同前要处理的事宜
10	澄清、说明、补正事项纪要

评标报告由评标委员会全体成员签字。对评标结论持有异议的评标委员会成员可以书面方式阐述其不同意见和理由。评标委员会成员拒绝在评标报告上签字且不陈述其不同意见和理由的,视为同意评标结论。评标委员会应当对此做出书面说明并记录在案。

向招标人提交书面评标报告后,评标委员会即告解散。评标过程中使用的文件、表格以及其他资料应当及时归还招标人。

(6) 评标过程的注意事项

① 标价合理。当前一般是以标底价格为中准价,采用接近标

底的价格的报价为合理标价。如果采用低的报价中标者,应弄清下列情况:第一,是否采用了先进技术确实可以降低造价或有自己的廉价建材采购基地,能保证得到低于市场价的建筑材料,或是在管理上有什么独特的方法;第二,了解企业是否出于竞争的长远考虑,在一些非主要工程上让利承包,以便提高企业知名度和占领市场,为今后在竞争中获利打下基础。

② 工期适当。国家规定的建设工程工期定额是建设工期参考标准,对于盲目追求缩短工期的现象要认真分析,是否经济合理。要求提前工期,必须要有可靠的技术措施和经济保证。要注意分析投标企业是否是为了中标而迎合业主无原则要求缩短工期的情况。

③ 要注意尊重业主的自主权。在市场经济的条件下,特别是在建设项目实行业主负责制的情况下,业主不仅是工程项目的建设者、投资的使用者,而且也是资金的偿还者。评标组织是业主的参谋,要对业主负责,业主要根据评标组织的评标建议做出决策,这是理所当然的。但是评标组织要防止来自行政主管部门和招标管理部门的干扰。政府行政部门、招投标管理部门应尊重业主的自主权,不应参加评标决标的具体工作,主要从宏观上监督和保证评标决标工作的公正、科学、合理、合法,为招投标市场的公平竞争创造一个良好的环境。

④ 注意研究科学的评标方法。评标组织要依据本工程特点,研究科学的评标方法,保证评标不"走过场",防止假评、暗定等不正之风出现。

2.2.3 决标

决标又称定标。评标委员会按评标办法对投标书进行评审后,应提出评标报告,推荐中标单位,经招标单位法定代表人或其指定代理人认定后报上级主管部门同意、当地招标投标管理部门批准后,由招标单位发出中标和未中标通知书,要求中标单位在规定期限内签订合同,未中标单位退还招标文件,领回投标保证金,招标即告圆满结束。

从开标至决标的期限,小型园林建设工程一般不超过10天,大、中型工程不超过 30 天,特殊情况可适当延长。

中标单位确定后,招标单位应于 7 天内发出中标通知书。中标通知书发出 30 天内,中标单位应与招标单位签订工程承发包合同。

评标报告、中标通知书和未中标通知书的参考格式,见表 2-5～表 2-7 所示。

表 2-5 _____ 工程评标报告

建设单位:								
建筑面积:		m²		开标日期:		年 月 日		
主要数据								
序号	投标单位	总造价/元	总工期/日历天	计划开工日期	计划竣工日期	工程质量标准	主要材料用量及单价		
							钢材	水泥	草皮
1									
2									
3									
…									
核定标底									
评定中标单位:				评标日期:		年 月 日			
评标情况及评定中标理由: 评标委员会代表(签名) 招标单位(印) 法定代表人(签名) 上级主管部门(印) 招标投标管理部门(印)									

表 2-6 _____ 工程中标通知书

中标单位：	
中标工程内容：	
中标条件：	1. 承包范围及承包方式： 2. 中标总造价 3. 总工期及开竣工时间 总工期：　　　　日历天；开工：　　　；竣工： 4. 工程质量标准： 5. 主要材料且量及单价：
签订合同期限：	年　　月　　日以前

决标单位(印)　　　　　　　　　　　　　　　法定代表人(签名)
　　　　　　　　　　　　　　　　　　　　　　　年　月　日

表 2-7 _____ 工程未中标通知书

(投标单位名称)
　　我单位(招投标工程名称)工程招标,经评标委员会评议、上级主管理部门核准,已由(中标单位名称)中标。请接到本通知后,于__年__月__日以前,来我单位交还全部招标文件和图纸,并领回投标保证金,以清手续。

招标单位(印)
年　月　日

2.2.4 中标

2.2.4.1 中标人的确定原则

(1) 确定中标人的权利归属原则

招标人根据评标委员会提出的书面评标报告和推荐的中标候选人确定中标人。一般情况下，评标委员会只负责推荐合格中标候选人，中标人应当由招标人确定。确定中标人的权利，招标人可以自己直接行使，也可以授权评标委员会直接确定中标人。

(2) 确定中标人的权利受限原则

虽然确定中标人的权利属于招标人，但这种权利受到很大限制。按照国家有关部门规章规定，使用国有资金投资或者国家融资的工程建设勘察设计和货物招标项目、依法必须进行招标的工程建设施工招标项目、政府采购货物和服务招标项目等，招标人只能确定排名第一的中标候选人为中标人。

2.2.4.2 中标人的确定程序

(1) 评标委员会推荐合格中标候选人

① 依法必须招标的工程建设项目，评标委员会推荐的中标候选人应当限定在1～3人，并标明排列顺序。

② 政府采购货物和服务招标，评标委员会推荐中标候选供应商数量应当根据采购需要确定，但必须按顺序排列中标候选供应商。评标委员会应当根据不同的评标方法，采取不同的推荐方法。

a. 采用最低评标价法的，按投标报价由低到高顺序排列。投标报价相同的，按技术指标优劣顺序排列。评标委员会认为，排在前面的中标候选供应商的最低投标价或者某些分项报价明显不合理或者低于成本，有可能影响商品质量和不能诚信履约的，应当要求其在规定的期限内提供书面文件予以解释说明，并提交相关证明材料；否则，评标委员会可以取消该投标人的中标候选资格，按顺序由排在后面的中标候选供应商递补，以此类推。

b. 采用综合评分法的，按评审后得分由高到低顺序排列。得分相同的，按投标报价由低到高顺序排列。得分且投标报价相同的，按技术指标优劣顺序排列。

c. 采用性价比法的，按商数得分由高到低顺序排列。商数得分相同的，按投标报价由低到高顺序排列。商数得分且投标报价相同的，按技术指标优劣顺序排列。

(2) 招标人自行或者授权评标委员会确定中标人

招标人应当接受评标委员会推荐的中标候选人，不得在评标委员会推荐的中标候选人之外确定中标人。特殊项目，招标人应按照以下原则确定中标人。

① 使用国有资金投资或者国家融资的项目，招标人应当确定排名第一的中标候选人为中标人。排名第一的中标候选人放弃中标、因不可抗力提出不能履行合同，或者招标文件规定应当提交履约保证金而在规定的期限内未能提交的，招标人可以确定排名第二的中标候选人为中标人。排名第二的中标候选人因前款规定的同样原因不能签订合同的，招标人可以确定排名第三的中标候选人为中标人。

② 依法必须进行招标的项目，招标人应当确定排名第一的中标候选人为中标人。排名第一的中标候选人放弃中标、因不可抗力提出不能履行合同，或者招标文件规定应当提交履约保证金而在规定的期限内未能提交的，招标人可以确定排名第二的中标候选人为中标人。

③ 政府采购货物和服务工程采购人，应当按照评标报告中推荐的中标候选供应商顺序确定中标供应商。即首先应当确定排名第一的中标候选供应商为中标人，并与之订立合同。中标供应商因不可抗力或者自身原因不能履行政府采购合同的，采购人可以与排位在中标供应商之后第一位的中标候选供应商签订政府采购合同，以此类推。因此，在政府采购项目的招标中，采购人（即招标人）也只能与排名第一的中标候选人订立合同。

(3) 中标结果公示或者公告

为了体现招标投标中的公平、公正、公开的原则，且便于社会的监督，确定中标人后，中标结果应当公示或者公告。

各地应当建立中标候选人的公示制度。采用公开招标的,在中标通知书发出前,要将预中标人的情况在该工程项目招标公告发布的同一信息网络和建设工程交易中心予以公示,公示的时间最短应当不少于2个工作日。

(4) 发出中标通知书

公示结束后,招标人应当向中标人发出中标通知书,告知中标人中标的结果。《中华人民共和国招标投标法》(以下简称《招标投标法》第四十五条规定,中标人确定后,招标人应当向中标人发出中标通知书,并同时将中标结果通知所有未中标的投标人。

《招标投标法实施条例》第五十六条规定,中标候选人的经营、财务状况发生较大变化或者存在违法行为,招标人认为可能影响其履约能力的,应当在发出中标通知书前由原评标委员会按照招标文件规定的标准和方法审查确认。

2.2.4.3 中标通知书

(1) 中标通知书的性质

按照合同法的规定,发出招标公告和投标邀请书是要约邀请,递交投标文件是要约,发出中标通知书是承诺。投标符合要约的所有条件:它具有缔结合同的主观目的;一旦中标,投标人将受投标书的拘束;投标书的内容具有足以使合同成立的主要条件。而招标人向中标的投标人发出的中标通知书,则是招标人同意接受中标的投标人的投标条件,即表示同意接受该投标人的要约,属于承诺。因此,中标通知书的发出不但是将中标的结果告知投标人,还将直接导致合同的成立。

(2) 中标通知书的法律效力

《招标投标法》第四十五条规定,中标通知书对招标人和中标人具有法律效力。中标通知书发出后,招标人改变中标结果的,或者中标人放弃中标项目的,应当依法承担法律责任。

中标通知书发出后,合同在实质上已经成立,招标人改变中标结果,或者中标人放弃中标项目,都应当承担违约责任。需要注意的是,与《中华人民共和国合同法》(以下简称《合同法》)一般性的规定"承诺生效时合同成立"不同,中标通知书发生法律效力的时间为发出后。由于招标投标是合同的一种特殊订立方式，因此，《招标投标法》是《合同法》的特别法，按照"特别法优于普通法"的原则，中标通知书发生法律效力的规定应当按照《招标投标法》执行，即中标通知书发出后即发生法律效力。

① 中标人放弃中标项目。中标人一旦放弃中标项目，必将给招标人造成损失，如果没有其他中标候选人，招标人一般需要重新招标，完工或者交货期限肯定要推迟。即使有其他中标候选人，其他中标候选人的条件也往往不如原定的中标人。因为招标文件往往要求投标人提交投标保证金，如果中标人放弃中标项目，招标人可以没收投标保证金，实质是双方约定投标人以这一方式承担违约责任。如果投标保证金不足以弥补招标人的损失，招标人可以继续要求中标人赔偿损失。因为按照《合同法》的规定，约定的违约金低于造成的损失的，当事人可以请求人民法院或者仲裁机构予以增加。

② 招标人改变中标结果。招标人改变中标结果，拒绝与中标人订立合同，也必然给中标人造成损失。中标人的损失既包括准备订立合同的支出，甚至有可能有合同履行准备的损失。因为中标通知书发出后，合同在实质上已经成立，中标人应当为合同的履行进行准备，包括准备设备、人员、材料等。但除非在招标文件中明确规定，否则不能把投标保证金同时视为招标人的违约金，即投标保证金只有单向的保证投标人不违约的作用。因此，中标人要求招标人承担赔偿损失的责任，只能按照中标人的实际损失进行计算，要求招标人赔偿。

③ 招标人的告知义务。中标人确定后，招标人不但应当向中标人发出中标通知书，还应当同时将中标结果通知所有未中标的投标人。招标人的这一告知义务是《招标投标法》要求招标人承担的。规定这一义务的目的是让招标人能够接受监督，同时，如果招标人有违法情况，损害中标人以外的其他投标人利益的，其他投标人也可以及时主张自己的权利。

《标准施工招标文件》中中标通知书、中标结果通知书、确认通知的格式，见表2-8～表2-10。

表2-8　中标通知书格式

中标通知书

_____（中标人名称）：

　　你方于_____（投标日期）所递交的_____（项目名称）投标文件已被我方接受,被确定为中标人。

　　中标价：_____元。

　　工期：_____日历天。

　　工程质量:符合_____标准。

　　项目经理：_____（姓名）。

　　请你方在接到本通知书后的_____日内到_____（指定地点）与我方签订承包合同,在此之前按招标文件中"投标人须知"的规定向我方提交履约担保。

　　随附的澄清、说明、补正事项纪要,是本中标通知书的组成部分。

　　特此通知。

　　附:澄清、说明、补正事项纪要

招标人：_____（盖单位章）
法定代表人：_____（签字）
____年____月____日

表2-9　中标结果通知书格式

中标结果通知书

_____（未中标人名称）：

　　我方已接受_____（中标人名称）于_____（投标日期）所递交的_____（项目名称）投标文件,确定_____（中标人名称）为中标人。

　　感谢你单位对我们工作的大力支持！

招标人：_____（盖单位章）
法定代表人：_____（签字）
____年____月____日

表 2-10 确认通知格式

确认通知 ＿＿＿＿＿＿＿＿（招标人名称）： 　　你方于＿＿年＿＿月＿＿日发出的＿＿＿＿＿＿（项目名称）关于＿＿＿＿＿＿的通知,我方于＿＿年＿＿月＿＿日收到。 　　特此确认。   　　　　　　　　　　　　　　　　　　　　　投标人：＿＿＿＿＿＿＿（盖单位章） 　　　　　　　　　　　　　　　　　　　　　　　　＿＿年＿＿月＿＿日

2.3 园林工程项目投标

2.3.1 投标的分类

（1）按效益分类

投标按效益的不同园林工程投标项目可分为盈利标、保本标和亏损标三种。

① 盈利标：如果招标工程既是本企业的强项，又是竞争对手的弱项；或建设单位意向明确；或本企业任务饱满，利润丰厚，才考虑让企业超负荷运转。此种情况下的投标，称投盈利标。

② 保本标：当企业无后继工程，或已出现部分窝工，必须争取投标中标。但招标的工程项目对于本企业又无优势可言，竞争对手又是"强手如林"的局面，此时，宜投保本标，至多投薄利标。

③ 亏损标：亏损标是一种非常手段，一般是在下列情况下采

用，即：本企业已大量窝工，严重亏损，若中标后至少可以使部分人工、机械运转、减少亏损；或者为在对手林立的竞争中夺得头标，不惜血本压低标价；或是为了在本企业一统天下的地盘里，为挤垮企图插足的竞争对手；或为打入新市场，取得拓宽市场的立足点而压低标价。以上这些，虽然是不正常的。但在激烈的投标竞争中有时也这样投标。

(2) 按性质分类

投标按性质的不同园林工程投标项目可分为风险标和保险标两种。

① 风险标：是指明知工程承包难度大、风险大，且技术、设备、资金上都有未解决的问题，但由于队伍窝工，或因为工程盈利丰厚，或为了开拓新技术领域而决定参加投标，同时设法解决存在的问题，即为风险标。投标后，如果问题解决得好，可取得较好的经济效益；可锻炼出一支好的施工队伍，使企业更上一层楼。否则，企业的信誉、准备金就会因此受到损害，严重者将导致企业严重亏损甚至破产。因此，投风险标必须审慎从事。

② 保险标：保险标是指对可以预见的情况，包括技术、设备、资金等重大问题都有了解决的对策之后再投标。企业经济实力较弱，经不起失误的打击，则往往投保险标。当前，我国施工企业多数都愿意投保险标，特别是在国际工程承包市场上去投保险标。

2.3.2 投标的主要工作

投标过程主要是指从投标人填写资格预审申报资格预审时开始，至将正式投标文件递交招标人为止所进行的全部工作。招标过程中通常需要完成以下工作：

(1) 投标初步决策

企业管理层分析工程类型、中标概率、盈利情况，决定是否参与投标。

(2) 成立投标团队

投标团队的成员主要包括：经营管理类人才、专业技术人才、财经类人才。

(3) 参加资格预审，购买标书

投标企业按照招标公告或投标邀请函的要求向招标企业提交相关资料。资格预审通过后，购买投标书及工程资料。

(4) 参加现场踏勘和投标预备会

现场踏勘是指招标人组织投标人对项目实施现场的地理、地质、气候等客观条件和环境进行的现场调查。

(5) 进行工程所在地环境调查

主要进行自然环境和人文环境调查，了解拟建工程当地的风土人情、经济发展情况以及建筑材料的采购运输等。

(6) 编制施工组织设计

施工组织设计是针对投标工程具体施工中的具体设想和安排，主要有人员机构、施工机具、安全措施、技术措施、施工方案以及节能降耗措施等。

(7) 编制施工图预算

根据招标文件的规定，详实认真地做出施工图预算，仔细核对，确保其无误，并注意保密，供决策层参考。

(8) 投标最终决策

企业高层根据收集到的招标人情况、竞争环境、主观因素、法律法规以及招标条件等信息，做出最终投标报价和响应性条款的决策。

(9) 投标书成稿

投标团队汇总所有投标文件，按照招标文件的规定整理成稿，并检查遗漏和瑕疵。

(10) 标书装订和密封

对已经成稿的投标书进行美工设计，装订成册，按照商务标和技术标分开装订。为了保守商业秘密，应在商务标密封前由企业高层手工填写决策后的最终投标报价。

(11) 递交投标书、保证金，参加开标会

《招标投标法》规定投标截止时间即是开标时间。为了投标顺利，通常的做法是在投标截止时间前1～2个小时递交投标书及投标保证金，然后准时参加开标会议。

2.3.3 投标的程序

(1) 向招标人申报资格审查，提供有关文件资料

投标人在获悉招标公告或投标邀请后，应当按照招标公告或投标邀请书所提出的资格审查要求，向招标人申报资格审查。资格审查是投标过程中的第一关。

资格预审文件应包括的主要内容见表2-11。

表2-11 资格预审文件包括的内容

序号	主要内容	序号	主要内容
1	投标人组织与机构	6	下一年度财务预测报告
2	近3年完成工程的情况	7	施工机械设备情况
3	目前正在履行的合同情况	8	各种奖励或处罚资料
4	过去2年经审计过的财务报表	9	与本合同资格预审有关的其他资料。如是联合体投标应填报联合体每一成员的以上资料
5	过去2年的资金平衡表和负债表		

邀请招标一般是通过对投标人按照投标邀请书的要求提交或出示的有关文件和资料进行验证，确认自己的经验和所掌握的有关投标人的情况是否可靠、有无变化。邀请招标资格审查的主要内容见表2-12。

表2-12 邀请招标资格审查的内容

序号	主要内容
1	投标人组织与机构、营业执照、资质等级证书
2	近3年完成工程的情况
3	目前正在履行的合同情况
4	资源方面的情况，包括财务、管理、技术、劳力、设备等情况
5	受奖罚的情况和其他有关资料

(2) 购领招标文件和有关资料，缴纳投标保证金

投标人经资格审查合格后，便可向招标人申购园林工程招标文

件和有关资料，同时要缴纳投标保证金。

投标保证是为防止投标人对其投标活动不负责任而设定的一种担保形式，是招标文件中要求投标人向招标人缴纳的一定数额的金钱。投标保证金的收取和缴纳办法应在招标文件中说明，并按招标文件的要求进行。一般来说，投标保证金可以采用现金，也可以采用支票、银行汇票，还可以是银行出具的银行保函。银行保函的格式应符合招标文件提出的格式要求。投标保证金的额度，根据工程投资大小由业主在招标文件中确定。

(3) 组成投标班子，委托投标代理人

投标人在通过资格审查、购领了招标文件和有关资料之后，就要按招标文件确定的投标准备时间着手开展各项投标准备工作。投标准备时间是指从开始发放招标文件之日起至投标截止时间为止的期限，它由招标人根据工程项目的具体情况确定，一般为28d之内。而为按时进行投标，并尽最大可能使投标获得成功，投标人在购领招标文件后就需要有一个有经验的投标小组，以便对投标的全部活动进行通盘筹划、多方沟通和有效组织实施。承包商的投标小组一般都是常设的，但也有的是针对特定项目临时设立的。

投标人委托投标代理人必须签订代理合同，办理有关手续，明确双方的权利和义务关系。投标代理人的一般职责，见表2-13。

表2-13 投标代理人的一般职责

序号	主要内容
1	向投标人传递并帮助分析招标信息，协助投标人办理、通过招标文件所要求的资格审查
2	以投标人名义参加招标人组织的有关活动，传递投标人与招标人之间的对话
3	提供当地物资、劳动力、市场行情及商业活动经验，提供当地有关政策法规咨询服务，协助投标人做好投标书的编制工作，帮助递交投标文件
4	在投标人中标时，协助投标人办理各种证件申领手续，做好有关承包工程的准备工作
5	按照协议的约定收取代理费用。通常，如代理人协助投标人中标的，所收的代理费用会高一些，一般为合同总价的1%～3%

(4) 参加踏勘现场和投标预备会

投标人拿到招标文件后,应进行全面细致的调查研究。若有疑问或不清楚的问题需要招标人予以澄清和解答的,应在收到招标文件后的 7 日内以书面形式向招标人提出。为获取与编制投标文件有关的必要的信息,投标人要按照招标文件中注明的现场踏勘(亦称现场勘察、现场考察)和投标预备会的时间和地点,积极参加现场踏勘和投标预备会。

投标人进行现场踏勘的内容,见表 2-14。

表 2-14 投标人进行现场踏勘的内容

序号	主要内容
1	园林工程的范围、性质以及与其他园林工程之间的关系
2	投标人参与投标的那一部分园林工程与其他承包商或分包商之间的关系
3	现场地貌、地质、水文、气候、交通、电力、水源等情况,有无障碍物等
4	进出现场的方式,现场附近有无食宿条件、料场开采条件、其他加工条件、设备维修条件等
5	现场附近治安情况

(5) 编制和递交投标文件

经过现场踏勘和投标预备会后,投标人可以着手编制投标文件。投标人着手编制和递交投标文件的具体步骤和要求,见表 2-15。

(6) 出席开标会议,参加评标期间的澄清会议

投标人在编制、递交了投标文件后,要积极准备出席开标会议。参加开标会议对投标人来说,既是权利也是义务。

在评标期间,评标组织要求澄清投标文件中不清楚问题的,投标人应积极予以说明、解释、澄清招标文件,一般可以采用向投标人发出书面询问,由投标人书面做出说明或澄清的方式,也可以采用召开澄清会的方式。澄清会是评标组织为有助于对投标文件的审查、评价和比较,而个别地要求投标人澄清其投标文件(包括单价分析表)而召开的会议。在澄清会上,评标组织有权对投标文件中不清楚的问题,向投标人提出询问。有关澄清的要求和答复,最后均应以书面形式进行。

表 2-15　着手编制和递交投标文件的具体步骤和要求

序号	主要内容
1	结合现场踏勘和投标预备会的结果,进一步分析招标文件。招标文件是编制投标文件的主要依据
2	校核招标文件中的工程量清单。投标人是否校核招标文件中的工程量清单或校核得是否准确,直接影响到投标报价和中标的机会
3	根据园林工程类型编制施工规划或施工组织设计。施工规划和施工组织设计都是关于施工方法、施工进度计划的技术经济文件,是指导施工生产全过程组织管理的重要设计文件,是确定施工方案、施工进度计划和进行现场科学管理的主要依据之一
4	根据园林工程价格构成进行工程估价,确定利润方针,计算和确定报价。投标报价是投标的一个核心环节,投标人要根据园林工程价格构成对园林工程进行合理估价,确定切实可行的利润方针,正确计算和确定投标报价。投标人不得以低于成本的报价竞标
5	形成、制作投标文件。投标文件应完全按照招标文件的各项要求编制。投标文件应当对招标文件提出的实质性要求和条件做出响应,一般不能带任何附加条件,否则将导致投标无效
6	递送投标文件,也称递标,是指投标人在招标文件要求提交投标文件的截止时间前,将所有准备好的投标文件密封送达投标地点。招标人收到投标文件后,应当签收保存,不得开启。投标人在递交投标文件以后,投标截止时间之前,可以对所递交的投标文件进行补充、修改或撤回,并书面通知招标人;但所递交的补充、修改或撤回通知必须按招标文件的规定编制、密封和标志。补充、修改的内容为投标文件的组织部分

(7) 接受中标通知书,签订合同,提供履约担保,分送合同副本

经评标,投标人被确定为中标人后,应接受招标人发出的中标通知书。未中标的投标人有权要求招标人退还其投标保证金。中标人收到中标通知书后,应在规定的时间和地点与招标人签订合同。在合同正式签订之前,应先将合同草案报招标投标管理机构审查。经审查后,中标人与招标人在规定的期限内签订合同。

(8) 投标的程序

园林工程投标程序,如图 2-2 所示。

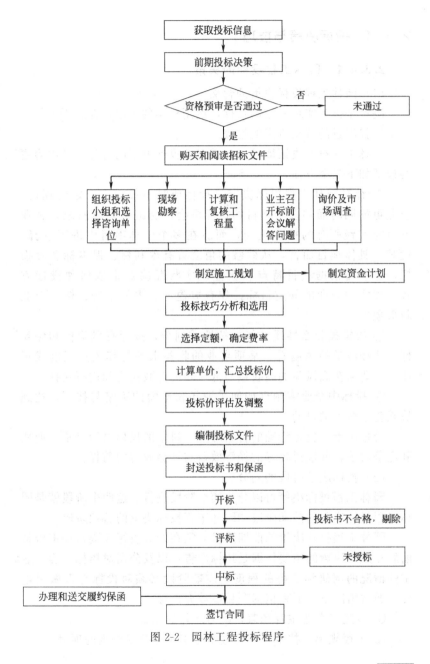

图 2-2 园林工程投标程序

2.3.4 投标决策与技巧

2.3.4.1 园林工程投标的决策

(1) 园林工程投标决策的含义

决策是指为实现一定的目标,运用科学的方法,在若干可行方案中寻找满意的行动方案的过程。

园林工程投标决策即是寻找满意的投标方案的过程。其内容主要包括如下三个方面。

① 针对园林工程招标决定是投标或是不投标。一定时期内,企业可能同时面临多个项目的投标机会,受施工能力所限,企业不可能实践所有的投标机会,而应在多个园林项目中进行选择;就某一具体项目而言,从效益的角度看有盈利标、保本标和亏损标,企业需根据项目特点和企业现实状况决定采取何种投标方式,以实现企业的既定目标,如获取盈利、占领市场、树立企业新形象等。

② 决定投什么性质的标。按性质划分,投标有风险标和保险标。从经济学的角度看,某项事业的收益水平与其风险程度成正比,企业需在高风险的高收益与低风险的低收益之间进行抉择。

③ 投标中企业需制订如何采取扬长避短的策略与技巧,达到战胜竞争对手的目的。

投标决策是投标活动的首要环节,科学的投标决策是承包商战胜竞争对手,并取得较好的经济效益与社会效益的前提。

(2) 投标决策阶段的划分

园林工程投标决策可以分为两个阶段进行。这两个阶段就是园林工程投标决策的前期阶段和园林工程投标决策的后期阶段。

园林工程投标决策的前期阶段必须在购买投标人资格预审资料前后完成。决策的主要依据是招标广告,以及公司对招标工程、业主的情况的调研和了解的程度。前期阶段必须对投标与否做出论证。通常情况下,下列招标项目应放弃投标。

① 本施工企业主管和兼营能力之外的项目。

② 工程规模、技术要求超过本施工企业技术等级的项目。

③ 本施工企业生产任务饱满,而招标工程的盈利水平较低或风险较大的项目。

④ 本施工企业技术等级、信誉、施工水平明显不如竞争对手的项目。如果决定投标,即进入投标决策的后期阶段,它是指从申报资格预审至投标报价(封送投标书)前完成的决策研究阶段。主要研究是投什么性质的标,以及在投标中采取的策略问题。

(3) 投标类型

① 投标按性质分类。

a. 风险标。风险标是指明知工程承包难度大、风险大,且技术、设备、资金上都有未解决的问题,但由于队伍窝工,或因为工程盈利丰厚,或为了开拓新技术领域而决定参加投标,同时设法解决存在的问题,即为风险标。投标后,如果问题解决得好,可取得较好的经济效益,锻炼出一支好的施工队伍,使企业更上一层楼。反之,企业的信誉、效益就会因此受到损害,严重者将导致企业严重亏损甚至破产。因此,投风险标必须审慎从事。

b. 保险标。保险标是指对可以预见的情况从技术、设备、资金等重大问题方面都有了解决的对策之后再投标,称为保险标。企业经济实力较弱,经不起失误的打击,则往往投保险标。当前,我国施工企业多数都愿意投保险标,特别是在国际工程承包市场上去投保险标。

② 投标按效益分类。

a. 盈利标。如果招标工程既是本企业的强项,又是竞争对手的弱项;或建设单位意向明确;或本企业任务饱满、利润丰厚,才考虑让企业超负荷运转,此种情况下的投标,称投盈利标。

b. 保本标。当企业无后继工程,或已出现部分窝工,必须争取投标中标。但招标的工程项目对于本企业又无优势可言,竞争对手又是实力较强的企业,此时,宜投保本标,至多投薄利标,称为保本标。

c. 亏损标。亏损标是一种非常手段,一般是在下列情况下采用,即本企业已大量窝工,严重亏损,若中标后至少可以使部分人工、机械运转、减少亏损;或者为在对手林立的竞争中夺得头标,不惜血本压低标价；或是为了占领市场，取得拓宽市场的立足点而压低标价。以上这些，虽然是不正常的，但在激烈的投标竞争中有时也这样做。

(4) 影响园林工程投标决策的主要因素

① 影响园林工程投标决策的企业外部因素。

a. 业主和监理工程师的情况。主要应考虑业主的合法地位、支付能力、履约信誉；监理工程师处理问题的公正性、合理性及与本企业间的关系等。

b. 竞争对手和竞争形势。是否投标，应注意竞争对手的实力、优势及投标环境的优劣情况。另外，竞争对手的在建园林工程情况也十分重要。如果对手的在建园林工程即将完工，可能急于获得新承包项目，投标报价不会很高；如果对手在建工程规模大、时间长，如仍参加投标，则标价可能很高。从总的竞争形势来看，大型工程的承包公司技术水平高，善于管理大型复杂园林工程，其适应性强，可以承包大型园林工程；中小型园林工程由中小型工程公司或当地的工程公司承包可能性大。因为当地的中小型公司在当地有自己熟悉的材料、劳力供应渠道，管理人员相对比较少，有自己惯用的特殊施工方法等优势。

c. 法律、法规的情况。对于国内园林工程承包，自然适用本国的法律和法规。而且，其法制环境基本相同。因为，我国的法律、法规具有统一或基本统一的特点。法律适用的原则有以下五条。

- 强制适用工程所在地法的原则。
- 意思自治原则。
- 最密切联系原则。
- 适用国际惯例原则。
- 国际法效力优于国内法效力的原则。

d. 风险问题。园林工程承包，由于影响因素众多，因而存在很大的风险性。从来源的角度看，风险可分为政治风险、经济风险、技术风险、商务及公共关系风险和管理方面的风险等。投标决策中对拟投标项目的各种风险进行深入研究，进行风险因素辨识，以便有效规避各种风险，避免或减少经济损失。

②影响投标决策的企业内部因素。影响投标决策的企业内部因素主要包括如下四个方面。

a. 技术方面的实力。

- 有精通本行业的估算师、建筑师、工程师、会计师和管理专家组成的组织机构。
- 有园林工程项目设计、施工专业特长，能解决技术难度大的问题和各类园林工程施工中的技术难题的能力。
- 具有同类工程的施工经验。
- 有一定技术实力的合作伙伴，如实力强的分包商、合营伙伴和代理人等。技术实力是实现较低的价格、较短的工期、优良的园林工程质量的保证，直接关系到企业投标中的竞争能力。

b. 经济方面的实力。

- 具有一定的垫付资金的能力。
- 具有一定的固定资产和机具设备，并能投入所需资金。
- 具有一定的资金周转用来支付施工用款。因为，对已完成的工程量需要监理工程师确认后并经过一定手续、一定的时间后才能拨工程款。
- 具有支付各种担保的能力。
- 具有支付各种纳税和保险的能力。
- 由于不可抗力带来的风险。即使是属于业主的风险，承包商也会有损失；如果不属于业主的风险，则承包商损失更大。要有财力承担不可抗力带来的风险。
- 承担国际工程往往需要重金聘请有丰富经验或有较高地位的代理人，以及其他"佣金"，也需要承包商具有这方面的支付能力。

c. 管理方面的实力。具有高素质的项目管理人员，特别是懂技术、会经营、善管理的项目经理人选。能够根据合同的要求，高效率地完成项目管理的各项目标，通过项目管理活动为企业创造较好的经济效益和社会效益。

d. 信誉方面的实力。承包商一定要有良好的信誉，这是投标中标的一条重要标准。要建立良好的信誉,就必须遵守法律和行政法规,或按国际惯例办事。同时,要认真履约,保证园林工程的施工安全、工期和质量,而且各方面的实力要雄厚。

(5) 园林工程投标策略确定

承包商参加投标竞争,能否战胜对手而获得施工合同,在很大程度上取决于自身能否运用正确灵活的投标策略来指导投标全过程的活动。

正确的投标策略来自于实践经验的积累,对客观规律的不断深入地认识以及对具体情况的了解。同时,决策者的能力和魄力也是不可缺少的。概括起来讲,投标策略可以归纳为四大要素,即"把握形势,以长胜短,掌握主动,随机应变"。具体地讲,常见的投标策略有以下几种。

① 靠经营管理水平高取胜。这主要靠做好园林施工组织设计,采取合理的园林施工技术和施工机械,精心采购材料、设备、选择可靠的分包单位,安排紧凑的施工进度,力求节省管理费用等,从而有效地降低工程成本而获得较高的利润。

② 低利政策。主要适用于承包商任务不足时,以低利承包到一些园林工程,对企业仍是有利的。此外,承包商初到一个新的地区,为了打入这个地区的承包市场,建立信誉,也往往采用这种策略。

③ 靠缩短建设工期取胜。即采取有效措施,在招标文件要求的工期基础上,再提前若干个月或若干天完工,从而使工程早投产、早收益,这也是能吸引业主的一种策略。

④ 虽报低价,但可以通过施工索赔,从而得到高额利润。即利用图纸、技术说明书与合同条款中不明确之处寻找索赔机会。一般索赔金额可达标价的 $10\%\sim20\%$。不过这种策略很有局限性。

⑤ 靠改进园林工程设计取胜。即仔细研究原设计图纸,发现有不够合理之处,提出能降低造价的措施。

⑥ 着眼于发展,谋求将来的优势。承包商为了掌握某种有发展前途的园林工程施工技术,就可能采用这种策略。

在选择投标对象时要注意避免以下两种情况:一是园林工程项

目不多时，为争夺园林工程任务而压低标价，结果使得盈利的可能性很小，甚至要亏损；二是园林工程项目较多时，企业想多得标而到处投标，结果造成投标工作量大大增加而导致考虑不周，承包了一些盈利可能性甚微或本企业并不擅长的园林工程，而失去可能盈利较多的园林工程。

2.3.4.2 园林工程投标的技巧

园林工程投标技巧研究，其实质是在保证园林工程质量与工期条件下，寻求一个好的报价的技巧问题。

投标人为了中标和取得期望的效益，必须在保证满足招标文件各项要求的条件下，研究和运用投标技巧，这种研究与运用贯穿在整个投标程序过程中。一般以开标作为分界，将投标技巧研究分为开标前和开标后两个阶段。

(1) 开标前的投标技巧研究

① 不平衡报价。不平衡报价指在总价基本确定的前提下，如何调整内部各个子项的报价，以其既不影响总报价，又可以使投标人在中标后可尽早收回垫支于园林工程中的资金和获取较好的经济效益。但要注意避免不正常的调高或压低现象，避免失去中标机会。通常采用的不平衡报价有下列几种情况。

a. 对能早期结账收回工程款的项目（如土方、基础等）的单价可报以较高价，以利于资金周转；对后期项目（如装饰、电气设备安装等）单价可适当降低。

b. 估计今后工程量可能增加的项目，其单价可提高，而工程量可能减少的项目，其单价可降低。

但上述两点要统筹考虑。对于工程量数量有错误的早期园林工程，如不可能完成工程量表中的数量，则不能盲目抬高单价，需要具体分析后再确定。

c. 园林图纸内容不明确或有错误，估计修改后工程量要增加的，其单价可提高；而工程内容不明确的，其单价可降低。

d. 暂定项目又叫任意项目或选择项目，对这类项目要作具体分析。因为这一类项目要开工后由发包人研究决定是否实施，由哪一家承包人实施。如果工程不分标，只由一家承包人施工，则其中肯定要做的单价可高些，不一定要做的则应低些。如果工程分标，该暂定项目也可能由其他承包人施工时，则不宜报高价，以免抬高总报价。

e. 单价包干混合制合同中，发包人要求有些项目采用包干报价时，宜报高价。一则这类项目多半有风险，二则这类项目在完成后可全部按报价结账，即可以全部结算回来。而其余单价项目则可适当降低。

f. 有的招标文件要求投标者对工程量大的项目报"单价分析表"，投标时可将单价分析表中的人工费及机械设备费报得较高，而将材料费报得较低。这主要是为了在今后补充项目报价时可以参考选用"单价分析表"中的较高的人工费和机械、设备费，而材料则往往采用市场价，因而可获得较高的收益。

g. 在议标时，承包人一般都要压低标价。这时应该首先压低那些园林工程量小的单价，这样即使压低了很多个单价，总的标价也不会降低很多，而给发包人的感觉却是工程量清单上的单价大幅度下降，承包人很有让利的诚意。

h. 如果是单纯报计日工或计台班机械单价，则可以高些，以便在日后发包人用工或使用机械时可多盈利。但如果计日工表中有一个假定的"名义工程量"时，则需要具体分析是否报高价，以免抬高总报价。总之，要分析发包人在开工后可能使用的计日工数量，然后确定报价技巧。

不平衡报价一定要建立在对工程量表中工程量风险仔细核对的基础上。特别是对于报低单价的项目，如工程量一旦增多，将造成承包人的重大损失。同时一定要控制在合理幅度内（一般可在10%左右），以免引起发包人反对，甚至导致废标。如果不注意这一点，有时发包人会挑选出报价过高的项目，要求投标者进行单价分析，而围绕单价分析中过高的内容压价，以致承包人得不偿失。

② 计日工的报价。分析业主在开工后可能使用的计日工数量确定报价方针。较多时则可适当提高，可能很少时，则下降。另外，如果是单纯报计日工的报价，可适当报高，如果关系到总价水平则不宜提高。

③ 多方案报价法。有时招标文件中规定，可以提一个建议方案；或对于一些招标文件，如果发现园林工程范围不很明确，条款不清楚或很不公正，或技术规范要求过于苛刻时，则要在充分估计风险的基础上，按多方案报价法处理。即先按原招标文件报一个价，然后再提出如果某条款作某些变动，报价可降低的额度。这样可以降低总价，吸引发包人。

投标者这时应组织一批有经验的园林设计和施工工程师，对原招标文件的设计和园林施工方案仔细研究，提出更理想的方案以吸引发包人，促成自己的方案中标。这种新的建议可以降低总造价或提前竣工或使工程运用更合理，但要注意的是对原招标方案一定也要报价，以供发包人比较。

增加建议方案时，不要将方案写得太具体，保留方案的技术关键，防止发包人将此方案交给其他承包人。同时要强调的是，建议方案一定要比较成熟，或过去有这方面的实践经验。因为投标时间往往较短，如果仅为中标而提出一些没有把握的建议方案，可能引起很多后患。

④ 突然袭击法。由于投标竞争激烈，为迷惑对方，有意泄露一些假情报。如不打算参加投标，或准备投高标，表现出无利可图不干等假象，到投标截止之前几个小时，突然前往投标，并压低投标价，从而使对手措手不及而失败。

⑤ 低投标价夺标法。此种方法是非常情况下采用的非常手段。比如企业大量窝工，为减少亏损；或为打入某一建筑市场；或为挤走竞争对手保住自己的地盘，于是制订了严重亏损标，力争夺标。若企业无经济实力，信誉不佳，此法也不一定会奏效。

⑥ 先亏后盈法。对大型分期建设工程，在第一期工程投标时，可以将部分间接费分摊到第二期工程中去，少计算利润以争取中标。这样在第二期工程投标时，凭借第一期工程的经验、临时设施以及创立的信誉，比较容易拿到第二期工程。但第二期工程遥遥无期时，则不宜这样考虑，以免承担过高的风险。

⑦ 开口升级法。把报价视为协商过程，把园林工程中某项造价高的特殊工作内容从报价中减掉，使报价成为竞争对手无法相比

的"低价"。利用这种"低价"来吸引发包人，从而取得了与发包人进一步商谈的机会，在商谈过程中逐步提高价格。当发包人明白过来当初的"低价"实际上是个钓饵时，往往已经在时间上处于谈判弱势，丧失了与其他承包人谈判的机会。利用这种方法时，要特别注意在最初的报价中说明某项工作的缺项，否则可能会弄巧成拙，真的以"低价"中标。

⑧ 联合保标法。在竞争对手众多的情况下，可以采取几家实力雄厚的承包商联合起来的方法来控制标价，一家出面争取中标，再将其中部分项目转让给其他承包商二包，或轮流相互保标。但此种报价方法实行起来难度较大，一方面要注意联合保标几家公司间的利益均衡，又要保密；否则一旦被业主发现，有取消投标资格的可能。

（2）开标后的投标技巧研究

投标人通过公开开标这一程序可以得知众多投标人的报价，但低报价并不一定中标，需要综合各方面的因素、反复考虑，并经过议标谈判，方能确定中标者。所以，开标只是选定中标候选人，而非已确定中标者。投标人可以利用议标谈判施展竞争手段，从而改变自己原投标书中的不利因素而成为有利因素，以增加中标的机会。

2.3.5 投标文件的编制

（1）投标文件的组成

建设工程投标文件，是建设工程投标人单方面阐述自己响应招标文件要求，旨在向招标人提出愿意订立合同的意思，是投标人确定和解释有关投标事项的各种书面表达形式的统称。从合同订立过程来分析，建设工程投标文件在性质上属于一种要约，其目的在于向招标人提出订立合同的意愿。

建设工程投标文件是由一系列有关投标方面的书面资料组成的。一般来说，投标文件由以下部分组成。

① 投标函。投标函（表2-16）的主要内容为投标报价、质量、工期目标、履约保证金数额等。

表 2-16　投标函

_____（招标人名称）：

1. 我方已仔细研究_____（项目名称）_____标段施工招标文件的全部内容，愿意以人民币（大写）_____元（¥_____）的投标总报价，工期_____日历天，按合同约定实施和完成承包工程，修补工程中的任何缺陷，工程质量达到_____。

2. 我方承诺在投标有效期内不修改、撤销投标文件。

3. 随同本投标函提交投标保证金一份，金额为人民币（大写）_____元（¥____）。

4. 如我方中标：

(1) 我方承诺在收到中标通知书后，在中标通知书规定的期限内与你方签订合同。

(2) 随同本投标函递交的投标函附录属于合同文件的组成部分。

(3) 我方承诺按照招标文件规定向你方递交履约担保。

(4) 我方承诺在合同约定的期限内完成并移交全部合同工程。

5. 我方在此声明，所递交的投标文件及有关资料内容完整、真实和准确。

6. _____（其他补充说明）。

投标人：_____（盖章单位）
法定代表人或其委托代理人：_____
地址：_____
网址：_____
电话：_____
传真：_____
邮编编码：_____

____年____月____日

② 投标函附录。投标函附录（表 2-17、表 2-18）内容为投标人对开工日期、履约保证金、违约金以及招标文件规定的其他要求的具体承诺。

表 2-17 项目投标函附录

序号	条款名称	合同条款号	约定内容	备注
1	项目经理	1.1.2.4	姓名：	
2	工期	1.1.4.3	天数：_____日历天	
3	缺陷责任期	1.1.4.5		
4	分包	4.3.4		
5	价格调整差额计算	16.1.1	见价格指数权重表	
…	…	…		

表 2-18 价格指数权重表

名称		基本价格指数		权重			价格指数来源
		代号	指数值	代号	允许范围	投标人建议值	
定值部分				A			
变值部分	人工费	F_{01}		B_1	至		
	钢材	F_{02}		B_2	至		
	水泥	F_{03}		B_3	至		
	…	…		…	…		
合计					1.00		

③ 授权委托书。授权委托书（表2-19）在诉讼中，是指委托代理人取得诉讼代理资格给被代理人进行诉讼的证明文书，其记载的内容主要包括委托事项和代理权限，并由委托人签名或盖章。

表2-19 授权委托书

本人_____（姓名）系_____（投标人名称）的法定代表人，现委托_____（姓名）为我方代理人。代理人根据授权，以我方名义签署、澄清、说明、补正、递交、撤回、修改____（项目名称）_____标段施工投标文件、签订合同和处理有关事宜，其法律后果由我方承担。

委托期限：_____

代理人无转委托权。

附：法定代表人身份证明。

投标人：_____（盖章单位）

法定代表人：_____（签字）

身份证号：_____

委托代理人：_____（签字）

身份证号码：_____

___年___月___日

④ 投标保证金。投标保证金（表2-20）的形式有现金、支票、汇票和银行保函，但具体采用何种形式应根据招标文件规定。

表 2-20　投标保证金

_____(招标人名称)：
　　鉴于_____(投标人名称)(以下称"投标人")于___年___月___日参加_____(项目名称)_____标段施工的投标，_____(担保人名称，以下简称"我方")无条件地、不可撤销地保证：投标人在规定的投标文件有效期内撤销或修改其投标文件的，或者投标人在收到中标通知书后无正当理由拒签合同或拒交规定履约担保的，我方承担保证责任。收到你方书面通知后，在 7 日内无条件向你方支付人民币(大写)___元。

担保人名称：_____(盖章单位)
法定代表人或其委托代理人：_____(签字)
地址：_____
邮政编码：_____
电话：_____
传真：_____

　　　___年___月___日

⑤ 法定代表人身份证明书（表 2-21）。

表 2-21　法定代表人身份证明

投标人名称：_____
单位性质：_____
地址：_____
成立时间：___年___月___日
经营期限：_____
姓名：_____性别：___年龄：___职务：_____
系：_____(投标人名称)的法定代表人。
特此证明。

投标人：_____(盖章单位)

　　　___年___月___日

⑥ 联合体协议书（表2-22）。

表2-22　联合体协议书

_____（所有成员单位名称）自愿组成_____（联合体名称）联合体，共同参加_____（项目名称）_____标段施工投标。现就联合体投标事宜订立如下协议。

1. _____（某成员单位名称）为_____（联合体名称）牵头人。
2. 联合体牵头人合法代表联合体各成员负责本招标项目投标文件编制和合同谈判活动，并代表联合体提交和接收相关的资料、信息及指示，并处理与之有关的一切事务，负责合同实施阶段的主办、组织和协调工作。
3. 联合体将严格按照招标文件的各项要求，递交投标文件，履行合同，并对外承担连带责任。
4. 联合体各成员单位内部的职责分工如下：_____。
5. 本协议书自签署之日起生效，合同履行完毕后自动失效。
6. 本协议书一式_____份，联合体成员和招标人各执一份。

注：本协议书由委托代理人签字的，应附法定代表人签字的授权委托书。

牵头人名称：_____（盖章单位）
法定代表人或其委托代理人：_____（签字）

成员一名称：_____（盖章单位）
法定代表人或其委托代理人：_____（签字）

成员二名称：_____（盖章单位）
法定代表人或其委托代理人：_____（签字）

____年____月____日

⑦ 施工组织设计。投标人编制施工组织设计的要求：编制时应采用文字并结合图表形式说明施工方法；拟投入本标段的主要施工设备情况、拟配备本标段的试验和检测仪器设备情况、劳动力计划等；结合工程特点提出切实可行的工程质量、安全生产、文明施工、工程进度、技术组织措施，同时应对关键工序、复杂环节重点提出相应技术措施，如冬雨期施工技术、减少噪声、降低环境污

染、地下管线及其他地上地下设施的保护加固措施等。

（2）投标文件的编制要求

① 一般要求

a. 投标人编制投标文件时必须使用招标文件提供的投标文件表格格式，但表格可以按同样格式扩展。投标保证金、履约保证金的方式，按招标文件有关条款的规定可以选择。投标人根据招标文件的要求和条件填写投标文件的空格时，凡要求填写的空格都必须填写，不得空着不填，否则，即被视为放弃意见。实质性的项目或数字（如工期、质量等级、价格等）未填写的，将被为无效或作废的投标文件处理。将投标文件按规定的日期送交招标人，等待开标、决标。

b. 应当编制的投标文件"正本"仅一份，"副本"则按招标文件前附表所述的份数提供，同时要在标书封面标明"投标文件正本"和"投标文件副本"字样。投标文件正本和副本如有不一致之处，以正本为准。

c. 投标文件正本和副本均应使用不能擦去的墨水打印或书写，各种投标文件的填写字迹都要清晰、端正，补充设计图纸要整洁、美观。

d. 所有投标文件均由投标人的法定代表人签署、加盖印鉴，并加盖法人单位公章。

e. 填报投标文件应反复校核，保证分项和汇总计算均无错误。全套投标文件均应无涂改和行间插字，除非这些删改是根据招标人的要求进行的，或者是投标人造成的必须修改的错误。修改处应由投标文件签字人签字证明并加盖印鉴。

f. 如招标文件规定投标保证金为合同总价的某百分比时，开投标保函不要太早，以防泄漏己方报价。但有的投标商提前开出并故意加大保函金额，以麻痹竞争对手的情况也是存在的。

g. 投标人应将投标文件的技术标和商务标分别密封在内层包封，再密封在一个外层包封中，并在内封上标明"技术标"和"商务标"。标书包封的封口处都必须加贴封条，封条贴缝应全部加盖密封章或法人章。内层和外层包封都应由投标人的法定代表人签署、加盖印鉴，并加盖法人单位公章。内层和外层包封都应写明投标人名称和地址、工程名称、招标编号，并注明开标时间以前不得开封。在内层和外层包封上还应写明投标人的名称与地址、邮政编码，以便投标出现逾期送达时能原封退回。如果内外层包封没有按上述规定密封并加写标志，投标文件将被拒绝，并退还给投标人。投标文件应按时递交至招标文件前附表所述的单位和地址。

h. 投标文件的打印应力求整洁、悦目，避免评标专家产生反感。投标文件的装订也要力求精美，使评标专家从侧面产生对投标人企业实力的认可。

② 技术标编制要求。技术标的重要组成部分是施工组织设计，虽然二者在内容上是一致的，但在编制要求上却有一定差别。施工组织设计的编制一般注重管理人员和操作人员对规定和要求的理解和掌握。而技术标则要求能让评标委员会的专家们在较短的时间内，发现标书的价值和独到之处，从而给予较高的评价。因此，编制技术标时应注意以下问题。

a. 针对性。在评标过程中，常常会发现为了使标书比较"上规模"，以体现投标人的水平，投标人往往把技术标做得很厚。而其中的内容往往都是对规范标准的成篇引用，或对其他项目标书的成篇抄袭，因而使标书毫无针对性。该有的内容没有，无需有的内容却充斥标书。这样的标书容易引起评标专家的反感，最终导致技术标严重失分。

b. 全面性。对技术标的评分标准一般都分为许多项目，这些项目都分别被赋予一定的评分分值。这就意味着这些项目不能发生缺项，一旦发生缺项，该项目就可能被评为零分，这样中标概率将会大大降低。

另外，对一般项目而言，评标的时间往往有限，评标专家没有时间对技术标进行深入分析。因此，只要有关内容齐全，且无明显的低级错误或理论上的错误，技术标一般不会扣很多分。所以，对一般工程来说，技术标内容的全面性比内容的深入细致更重要。

c. 先进性。技术标要获得高分，一般来说也不容易。没有技术亮点，没有特别吸引招标人的技术方案，是不大可能得高分的。

因此，标书编制时，投标人应仔细分析招标人的热衷点，在这些点上采用先进的技术、设备、材料或工艺，使标书对招标人和评标专家产生更强的吸引力。

d. 可行性。技术标的内容最终都是要付诸实施的，因此，技术标应有较强的可行性。为了突出技术标的先进性，盲目提出不切实际的施工方案、设备计划，都会给今后的具体实施带来困难，甚至导致建设单位或监理工程师提出违约指控。

e. 经济性。投标人参加投标承揽业务的最终目的都是为了获取最大的经济利益，而施工方案的经济性，直接关系到投标人的效益，因此必须十分慎重。另外，施工方案也是投标报价的一个重要影响因素，经济合理的施工方案能降低投标报价，使报价更具竞争力。

2.3.6 报价

报价是投标全过程的核心工作，它不仅是能否中标的关键，而且对中标后能否盈利和盈利多少，也在很大程度上起着决定性的作用。

（1）报价的基础工作

首先应详细研究招标文件中的工程综合说明、设计图纸和技术说明，了解工程内容、场地情况和技术要求。其次应熟悉施工方案，核算工程量。通常可对招标文件中的工程量清单做重点抽查；如果没有工程量清单，则需按图纸计算。工程量清单核算无误之后，即可根据以造价管理部门统一制订的概（预）算定额为依据进行投标报价。目前各企业投标也可以自主报价，不一定受统一定额的制约，如有的大型园林施工企业有自己的企业定额，则可以此为依据。此外还应确定现场经费、间接费率和预期利润率。其中现场经费、间接费率是以直接费或人工费为基础，利润率则以工程直接费和间接费之和为基础，确定一个适当的百分数。根据企业的技术和经营管理水平，并考虑投标竞争的形势，可以有一定的伸缩余地。

（2）报价的内容

国内园林建设工程投标报价的内容，就是园林建设工程费的全部内容。如表2-23所列。

表2-23　我国现行园林建设工程费用构成

项目	费用项目		参考计算方法
直接工程费	直接费	人工费 材料费 施工机械使用费	$\sum$人工工日概预算定额×工资单价×实物工程量 $\sum$材料概预算定额×材料预算价格×实物工程量 $\sum$机械概预算定额×机械台班预算单价×实物工程量
	其他直接费		按定额
	现场经费	临时设施费 现场管理费	土建工程：(人工费＋材料费＋机械使用费)×取费率 绿化工程：(人工费＋材料费＋机械使用费)×取费率 安装工程：人工费×取费率
间接费	企业管理费 财务费用 其他费用		土建工程：直接工程费×取费率 绿化工程：直接工程费×取费率 安装工程：人工费×取费率
盈利	计划利润		(直接工程费＋间接费)×计划利润率
税金	含营业税、城乡维护建设税、教育费附加税		(直接工程费＋间接费＋计划利润)×计划利润率

① 直接工程费由直接费、其他直接费和现场经费组成。

a. 直接费包括人工费、材料费和施工机械使用费，是施工过程中耗费的构成工程实体和有助于工程形成的各项费用。

b. 其他直接费指直接费以外的施工过程中发生的其他费用。同材料费、人工费、施工机械使用费相比，具有较大弹性。包括冬、雨季施工增加费，夜间施工增加费，因施工场地狭小等特殊情况而发生的材料二次搬运费，工程定位复测、工程点交、场地清理等费用,特殊工种培训费等。就具体单位工程来讲,可能发生,也可能不发生,需要根据现场施工条件加以确定。

c. 现场经费,指为施工准备、组织施工生产和管理所需的费用,包括临时设施费和现场管理费两方面内容。

② 园林建设工程间接费,指虽不直接由施工的工艺过程所引起,但却与工程的总体条件有关的园林施工企业为组织施工和进行经营管理以及间接为园林施工生产服务的各项费用。按现行规定,园林建设工程间接费由企业管理费、财务费用和其他费用组成。

③ 计划利润,指按规定应计入园林建设工程造价的利润。

④ 税金,指按国家税法规定应计入园林建设工程造价内的营业税、城乡维护建设费及教育附加费。

(3) 报价决策

报价决策就是确定投标报价的总水平。这是投标胜负的关键环节,通常由投标工作班子的决策人在主要参谋人员的协助下做出决策。

报价决策的工作内容,首先是计算基础标价,即根据工程量清单和报价项目单价表,进行初步测算,其间可能对某些项目的单价做必要的调整,形成基础标价。其次做风险预测和盈亏分析,即充分估计施工过程中的各种有关因素和可能出现的风险,预测对工程造价的影响程度。第三步测算可能的最高标价和最低标价,也就是测定基础标价可以上下浮动的界限。完成这些工作以后,决策人就可以靠自己的经验和智慧,做出报价决策。然后,方可编制正式标书。

基础标价、可能的最低标价和最高标价可分别按下式计算

基础标价 = $\sum$ 报价项目 × 单价

最低标价 = 基础标价 − (估计盈利 × 修正系数)

最高标价 = 基础标价 + (风险损失 × 修正系数)

考虑到在一般情况下,无论各种盈利因素或者风险损失,很少有可能在一个工程上百分之百地出现,所以应加一修正系数,这个系数凭经验一般取 0.5~0.7。

2.4 思 考 题

1. 建设单位应该具备哪些条件?
2. 投标文件的组成要素是什么?
3. 公开招标一般都有哪些程序?
4. 评标的原则是什么?
5. 园林工程有哪些投标技巧?
6. 编制标底应该遵循哪些原则?
7. 园林工程招标与投标活动中恶性竞争主要表现在哪些方面?

园林工程项目的管理组织

3.1 园林工程项目的管理组织概述

(1) 园林工程项目的管理组织的概念

组织是按照一定的宗旨和系统建立起来的集团，它是构成整个社会经济系统的基本单位。

组织的第一层含义是作为名词出现的，是指组织机构，组织机构是按一定领导体制、部门设置、层次划分、职责分工、规章制度和信息系统等构成的有机整体，是社会人的结合体，可以完成一定的任务，并为此而处理人和人、人和事、人和物之间的关系。

第二层含义是作为动词出现的，指组织行为（活动），即通过一定权力和影响力，为达到一定目标，对所需资源进行合理配置，处理人和人、人和事、人和物之间的关系的行为（活动）。

施工项目管理的组织，是指为进行施工项目管理、实现组织职能而进行的组织系统的设计与建立、组织运行和组织调整等三个方面工作的总称。

(2) 园林工程项目管理组织的作用

① 组织机构是施工项目管理的组织保证。项目经理在启动项目管理之前，首先要做好组织准备，即建立一个能完成管理任务、令项目经理指挥灵便、运转自如、效率很高的项目组织机构——项目经理部，其目的就是为了提供进行施工项目管理的组织保障。

② 形成一定的权力系统以便进行集中统一指挥。权利由法定和拥戴产生。法定来自于授权，拥戴来自于信赖。法定或拥戴都会产生权力和组织力。组织机构的建立，首先是以法定的形式产生权力。权力是工作的需要，是管理地位形成的前提，是组织活动的反映和保障。没有组织机构，便没有权力，也没有权力的运用。权力取决于组织机构内部是否团结一致，越团结，组织就越有权力和组织力，所以施工项目组织机构的建立要伴随着授权，以便使权力的使用更好地为实现施工项目管理的目标服务。

③ 形成责任制和信息沟通体系。责任制是施工项目组织中的核心问题。没有责任就不称其为项目管理机构，也就不存在项目管理。一个项目组织能否有效地运转，取决于是否有健全的岗位责任制。施工项目组织的每个成员都应肩负一定的责任，责任是项目组织对每个成员规定的一部分管理活动和生产活动的具体内容。

(3) 园林工程项目管理组织的设置原则

① 目的性原则；

② 精干高效原则；

③ 管理跨度和分层统一的原则；

④ 业务系统化管理原则；

⑤ 弹性和流动性原则；

⑥ 项目组织与企业组织一体化原则。

3.2 园林工程项目管理组织的形式

(1) 工作队式项目组织

① 特征

a. 按照特定对象原则，由企业各职能部门抽调人员组建项目管理组织机构（工作队），不打乱企业原建制。

b. 项目管理组织机构由项目经理领导，有较大独立性。在工程施工期间，项目组织成员与原单位中断领导与被领导关系，不受其干扰，但企业各职能部门可为之提供业务指导。

c. 项目管理组织与项目施工同寿命。项目中标或确定项目承包后,即组建项目管理组织机构;企业任命项目经理;项目经理在企业内部选聘职能人员组成管理机构;竣工交付使用后,机构撤销,人员返回原单位。

② 适用范围。这种项目组织类型适用于大型项目、工期要求紧迫的项目、要求多工种多部门密切配合的项目。

③ 优、缺点

a. 优点

• 项目组织成员来自企业各职能部门和单位熟悉业务的人员,各有专长,可互补长短,协同工作,能充分发挥其作用。

• 各专业人员集中现场办公,减少了扯皮和等待时间,工作效率高,解决问题快。

• 项目经理权力集中,行政干预少,决策及时,指挥得力。

• 由于这种组织形式弱化了项目与企业职能部门的结合部,因而项目经理便于协调关系而开展工作。

b. 缺点

• 组建之初来自不同部门的人员彼此之间不够熟悉,可能配合不力。

• 由于项目施工一次性的特点,有些人员可能存在临时观点。

• 当人员配置不当时,专业人员不能在更大范围内调剂余缺,往往造成忙闲不均,人才浪费。

• 对于企业来讲,专业人员分散在不同的项目上,相互交流困难,职能部门的优势难以发挥。

(2) 部门控制式项目组织

① 特征

a. 按照职能原则建立项目管理组织。

b. 不打乱企业现行建制,即由企业将项目委托其下属某一专业部门或某一施工队。被委托的专业部门或施工队领导在本单位组织人员,并负责实施项目管理。

c. 项目竣工交付使用后,恢复原部门或施工队建制。

② 适应范围。一般适用于小型的、专业性较强的、不需涉及

众多部门配合的施工项目。

③ 优、缺点

a. 优点

● 利用企业下属的原有专业队伍承建项目,可迅速组建施工项目管理组织机构。

● 人员熟悉,职责明确,业务熟练,关系容易协调,工作效率高。

b. 缺点

● 不适应大型项目管理的需要。

● 不利于精简机构。

(3) 矩阵式项目组织

① 特征

a. 按照职能原则和项目原则结合起来建立的项目管理组织,既能发挥职能部门的纵向优势,又能发挥项目组织的横向优势,多个项目组织的横向系统与职能部门的纵向系统形成了矩阵结构。

b. 企业专业职能部门是相对长期稳定的,项目管理组织是临时性的。职能部门负责人对项目组织中本单位人员负有组织调配、业务指导、业绩考察责任。项目经理在各职能部门的支持下,将参与本项目组织的人员在横向上有效地组织在一起,为实现项目目标协同工作,项目经理对其有权控制和使用,在必要时可对其进行调换或辞退。

c. 矩阵中的成员接受原单位负责人和项目经理的双重领导,可根据需要和可能为一个或多个项目服务,并可在项目之间调配,充分发挥专业人员的作用。

② 适用范围

a. 适用于同时承担多个工程项目管理的企业。

b. 适用于大型、复杂的施工项目。因大型、复杂的施工项目要求多部门、多技术、多工种配合实施,在不同阶段,对不同人员,有不同数量和不同搭配的需求。

③ 优、缺点

a. 优点

• 兼有部门控制式和工作队式两种项目组织形式的优点,将职能原则和项目原则结合,融为一体,而实现企业长期例行性管理和项目一次性管理的一致。

• 能通过对人员的及时调配,以尽可能少的人力实现多个项目管理的高效率。

• 项目组织具有弹性和应变能力。

b. 缺点

• 矩阵制式项目组织的结合部多,组织内部的人际关系、业务关系、沟通渠道等都较复杂,容易造成信息量膨胀,引起信息流不畅或失真,需要依靠有力的组织措施和规章制度规范管理。若项目经理和职能部门负责人双方产生重大分歧,难以统一时,还需企业领导出面协调。

• 项目组织成员接受原单位负责人和项目经理的双重领导,当领导之间发生矛盾,意见不一致时,当事人将无所适从,影响工作。在双重领导下,若组织成员过于受控于职能部门时,将削弱其在项目上的凝聚力,影响项目组织作用的发挥。

• 在项目施工高峰期,一些服务于多个项目的人员,可能应接不暇而顾此失彼。

(4) 事业部式项目组织

① 特征

a. 企业成立事业部,事业部对企业是职能部门,对外有相对独立的经营权,可以是一个独立单位。

b. 事业部下设项目经理部,项目经理由事业部选派,一般对事业部负责,有的可以直接对业主负责,是根据其授权程序决定的。

② 适用范围

a. 适合大型经营型企业承包施工项目的采用。

b. 远离企业本部的施工项目,海外工程项目。

c. 适宜在各个地区有长期市场或有多种专业化施工力量的企

业采用。

③ 优、缺点

a. 优点

• 事业部制式项目组织能充分调动发挥事业部的积极性和独立经营作用，便于延伸企业的经营职能，有利于开拓企业的经营业务领域。

• 事业部制式项目组织形式，能迅速适应环境变化，提高公司的应变能力。既可以加强公司的经营战略管理，又可以加强项目管理。

b. 缺点

• 企业对项目经理部的约束力减弱，协调指导机会减少，以至于有时会造成企业结构松散。

• 事业部的独立性强，企业的综合协调难度大，必须加强制度约束和规范化管理。

3.3　园林工程施工项目经理、项目经理部

(1) 园林工程施工项目经理

园林工程施工项目经理是受企业法定代表人委托，对工程项目施工过程全面负责的项目管理者，是建设施工企业法定代表人在工程项目上的代表人。

① 施工项目经理应具备的基本条件

a. 政治素质。施工项目经理是建筑施工企业的重要管理者，故应具备较高的政治素质和职业道德。

b. 领导素质。施工项目经理是一名领导者，应具有较高的领导和组织能力、指挥能力，要博学多识，明礼诚信；要多谋善断，灵活机变；要知人善任，团结友爱；要公道政治，勤俭自强；要铁面无私，赏罚分明。

c. 知识素质。应具有大专以上相应学历，懂得建筑施工技术

知识、经济知识、经营管理知识和法律知识。特别要精通项目管理的基本理论和方法，懂得施工项目管理的规律。每个项目经理应接受过专门的项目经理培训，并获得相应资质。

d. 实践经验。项目经理必须具有较长时间的施工实践工作经历，在同类建设管理现场担任过高级管理职务，并按规定参加过一定的专业训练。

e. 身体素质。施工项目经理应身体健康，以便在实际工作中保持充沛的精力和坚强的意志，高效地完成项目管理工作。

② 施工项目经理的责、权、利

a. 施工项目经理的任务与职责

- 施工项目经理的任务与职责主要包括两个方面：一是要保证施工项目按照规定的目标高速、优质、低耗地全面完成，另一方面是保证各生产要素在项目经理授权范围内最大限度地优化配置。

- 施工项目经理的职责。

b. 施工项目经理的权限。施工项目经理的权限由企业法人代表授予，并用制度和目标责任书的形式具体确定下来。应具有以下权限：用人权限；财务支付权限；进度计划控制权限；技术质量决策权限；物资采购管理权限；现场管理协调权限。

中华人民共和国住房和城乡建设部有关文件中对施工项目经理的管理权力作了以下规定。

- 组织项目管理班子。

- 以企业法人代表的代表身份处理与所承担的工程项目有关的外部关系，受委托签署有关合同。

- 指挥工程项目建设的生产经营活动，调配并管理进入工程项目的人力、资金、物资、机械设备等生产要素。

- 选择施工作业队伍。

- 进行合理的经济分配。

- 企业法定代表人授予的其他管理权力。

c. 施工项目经理的利益。施工项目经理实行的是承包责任制，这是以施工项目经理负责为前提,以施工图预算为依据,以承包合同为纽带而实行的一次性、全过程的施工承包经营管理。项目经理按规定的标准享受岗位效益工资和奖金,年终各项指标和总工程都达到承包合同指标要求的,按合同奖罚一次兑现,其年度奖励可分为风险抵押金的3~5倍。

(2) 园林工程施工项目经理部

建设工程施工项目经理部是由企业委托,受权代表企业履行工程承包合同,进行施工项目管理的工作班子,是企业组织生产经营的基础。

① 施工项目经理部的部门设置包括以下五个管理部门。

a. 经营核算部门;

b. 工程技术部门;

c. 物资设备部门;

d. 监控管理部门;

e. 测试计量部门。

施工项目经理部也可按控制目标进行设置,包括进度控制、质量控制、成本控制、安全控制、合同管理、信息管理和组织协调等部门。

② 施工项目经理部的作用。项目经理部是施工项目管理工作班子,置于项目经理的领导之下。为了充分发挥项目经理部在项目管理中的主体作用,必须对项目经理部的机构设置加以特别重视,设计好,组建好,运转好,从而发挥其应有功能。

a. 项目经理部在项目经理领导下,作为项目管理的组织机构,负责施工项目从开工到竣工的全过程施工生产经营的管理,是企业在某一工程项目上的管理层,同时对作业层负有管理与服务双重职能。作业层工作的质量取决于项目经理部的工作质量。

b. 项目经理部是项目经理的办事机构,为项目经理决策提供信息依据,当好参谋,同时又要执行项目经理的决策意图,向项目经理全面负责。

c. 项目经理部是一个组织体,其作用包括:完成企业所赋予的基本任务项目管理和专业管理任务等；凝聚管理人员的力量，调动其积极性，促进管理人员的合作，建立为事业的献身精神；协调部门之间、管理人员之间的关系，发挥每个人的岗位作用，为共同目标进行工作；影响和改变管理人员的观念和行为，使个人的思想、行为变为组织文化的积极因素；贯彻组织责任制，搞好管理；沟通部门之间、项目经理部与作业队之间、与公司之间、与环境之间的信息。

d. 项目经理部是代表企业履行工程承包合同的主体，也是对最终建筑产品和业主全面、全过程负责的管理主体；通过履行主体与管理主体地位的体现，使每个工程项目经理部成为企业进行市场竞争的主体成员。

③ 施工项目经理部管理制度。施工项目经理部的主要管理制度有：施工项目管理岗位责任制度；施工项目技术与质量管理制度；图样与技术档案管理制度；计划、统计与进度报告制度；施工项目成本核算制度；材料、机械设备管理制度；施工项目安全管理制度；文明生产与场容管理制度；信息管理制度；例会和组织协调制度；分包和劳务管理制度；内外部沟通与协调管理制度等。

(3) 园林工程施工项目管理规划

① 施工项目管理规划的概念。施工项目管理规划是对施工项目管理的各项工作进行的综合性的、完整的、全面的总体计划。从总体上应包括如下主要内容：项目管理目标的研究与细化；范围管理与结构分解；实施组织策略的制订；工作程序；任务的分配；采用的步骤与方法；资源的安排和其他问题的确定等。

施工项目管理规划有两类：一类是施工项目管理规划大，这是满足招标文件要求及签订合同要求的管理规划文，是企业管理层在投标之前编制的，旨在作为投标依据。

另一类是施工项目管理实施规划，这是指导施工项目实施阶段管理的规划文件，一般在开工之前由项目经理主持编制。

② 施工项目管理规划编制依据

a. 编制项目管理规划大纲应依据的资料。

b. 编制项目管理实施规划应依据的资料。

③ 施工项目管理规划的内容。施工项目管理规划的内容,见表 3-1 所示。

表 3-1 施工项目管理规划的内容

序号	分类	内容
1	施工项目管理规划大纲的内容	①项目概况描述 ②项目实施条件分析 ③管理目标描述 ④拟定的项目组织结构 ⑤质量目标规划和施工方案 ⑥工期目标规划和施工总进度计划 ⑦成本目标规划 ⑧项目风险预测和安全目标规划 ⑨项目现场管理规划和施工平面图 ⑩投标和签订施工合同规划 ⑪文明施工及环境保护规划
2	施工项目管理实施规划的内容	①工程概况的描述 ②施工部署 ③施工方案 ④施工进度计划 ⑤资源供应计划 ⑥施工准备工作计划 ⑦施工平面图 ⑧施工技术组织措施计划 ⑨项目风险管理规划 ⑩技术经济指标的计算与分析

3.4 思考题

1. 什么是园林工程项目的管理组织?
2. 矩阵式项目组织的优缺点分别是什么?
3. 事业部式项目组织与部门控制式项目组织的区别是什么?
4. 施工项目经理部的作用是什么?

园林工程项目施工组织设计

4.1 园林工程施工组织设计概述

4.1.1 园林工程施工组织设计的作用

园林工程施工组织设计是以园林工程为对象编写的用来指导工程施工的技术性文件。其核心内容是如何科学合理地安排好劳动力、材料、设备、资金和施工方法这五个主要的施工因素。根据园林工程的特点和要求,以先进的、科学的施工方法与组织手段使人力和物力、时间和空间、技术和经济、计划和组织等诸多因素合理化配置,从而保证施工任务依质量要求按时完成。其主要作用如下所述。

① 合理的施工组织设计,体现了园林工程的特点,对现场施工具有实践指导作用。

② 能够按事先设计好的程序组织施工,能保证正常的施工秩序。

③ 能及时做好施工前准备工作,并能按施工进度搞好材料、机具、劳动力资源配置。

④ 使施工管理人员明确工作职责,充分发挥主观能动性。

⑤ 能很好地协调各方面的关系,解决施工过程中出现的各种情况,使现场施工保持协调、均衡、文明。

4.1.2 园林工程施工组织设计的分类

园林建设项目具有面广、量大,涉及专业门类较多,新技术、新工艺、新材料、新设备应用比较超前的特点，与其他行业相比有其独特性。在实际工作中，根据需要，园林工程施工组织设计一般可分投标前施工组织设计和中标后施工组织设计两大类。

投标前施工组织设计是作为编制投标书的依据，是按照招标文件的要求编写的大纲型文件，追求的是中标和经济效益，主要反映企业的竞争优势。中标后施工组织设计根据设计阶段、编制广度、深度和具体作用的不同，一般可分为园林工程施工组织总设计、单项园林工程施工组织设计和分部（分项）园林工程施工组织设计（作业设计）三种，其追求的是施工效率和经济效益。

（1）施工组织总设计

施工组织总设计是以建设项目为编制对象，在有了批准的初步设计或扩大初步设计之后方可进行编制，目的是对整个工程施工进行通盘考虑，全面规划。一般应以主持该项目的总承建单位为主，有建设、设计和分包单位参加，共同编制。重点解决施工期限、施工顺序、施工方法、临时设施、材料设备以及施工现场总平面布置等关键内容。它是建设项目的总的战略部署，用以指导全现场性的施工准备和有计划地运用施工力量，开展施工活动。

（2）单项园林工程施工组织设计

它是以单位工程为编制对象，用以直接指导单位工程施工。在施工组织总设计的指导下，由直接组织施工的单位根据施工图设计进行单位工程施工组织编制，并作为施工单位编制分部作业和月、旬施工计划的依据。其编制的重点包括：工程概况和施工条件，施工方案与施工方法，施工进度计划，劳动力与其他资源配置，施工现场平面布置以及施工技术措施和主要技术经济指标、施工质量、安全及文明施工、劳动保护措施等。

（3）分部（分项）园林工程作业设计

对于工程规模大、技术复杂或施工难度大的或者缺乏施工经验的分部（分项）工程，在编制单位工程施工组织设计之后，需要编制作业设计用以指导施工。它所阐述的施工方法、施工进度、施工措施、技术要求等更详尽具体，例如园林喷水池防水工程、瀑布落水口工程、特殊健身路铺装、大型假山叠石工程、大型土方回填造型工程等。

施工组织设计的编制对施工的指导是卓有成效的,必须坚决执行,但是,在编制上必须符合客观实际,在施工过程中,由于某些因素的改变,必须及时调整,以求施工组织的科学性、合理性、减少不必要的浪费。

4.1.3 园林工程施工组织设计的组成

园林工程施工组织设计是应用于园林工程施工中的科学管理手段之一,是长期工程建设中实践经验的总结,是组织现场施工的基本文件和法定性文件。一般由五部分组成。

① 叙述园林工程项目的设计要求和特点,使其成为指导施工组织设计的指导思想,贯穿于全部施工组织设计之中。

② 充分结合施工企业和施工现场场地的条件,拟订出合理的施工方案。在方案中必须明确施工顺序、施工进度、施工方法、劳动组织及必要的技术措施等内容。

③ 在确定了施工方案后,按方案中的施工进度做好材料、机械、工具及劳动力等资源的配置。

④ 根据场地实际情况,布置临时设施、材料堆置及进场实施方法和路线等。

⑤ 组织设计出协调好各方面关系的方法和要求,统筹安排好各个施工环节中的连接,提出应做好的必要准备和及时采取的相应措施,以确保工程施工的顺利进行。

4.1.4 园林工程施工组织设计的原则

(1) 依照国家政策、法规和工程承包合同施工

与工程项目相关的国家政策、法规对施工组织设计的编制有很大的指导意义。因此,在实际编制中要分析这些政策对工程有哪些积极影响,并要遵守哪些法规,如合同法、环境保护法、森林法、园林绿化管理条例等。建设工程施工承包合同是符合合同法的专业性合同,明确了双方的权利义务,在编制时要予以特别重视。

(2) 符合园林工程的特点,体现园林综合艺术

园林工程大多是综合性工程,并具有随着时间的推移其艺术特色

才慢慢发挥和体现的特点。因此，组织设计的制订要密切配合设计图纸，要符合原设计要求，不得随意更改设计内容。同时还应对施工中可能出现的其他情况拟订防范措施。只有吃透图纸，熟识造园手法，采取针对性措施，编制出的施工组织设计才能符合施工要求。

（3）采用先进的施工技术和管理方法，选择合理的施工方案

园林工程施工中，要提高劳动生产率、缩短工期、保证工程质量、降低施工成本，减少损耗，关键是采用先进的施工技术、合理选择施工方案以及利用科学的组织方法。因此，应视工程的实际情况、现有的技术力量、经济条件，吸纳先进的施工技术。目前园林工程建设中采用的先进技术多应用于设计和材料等方面。这些新材料、新技术的选择要切合实际，不得生搬硬套，要以获得最优指标为目的，做到施工组织在技术上是先进的，经济上是合理的，操作上是安全可行的，指标上是优质高标准的。

要注意在不同的施工条件下拟订不同的施工方案，努力达到"五优"标准，即所选择的施工方法和施工机械最优，施工进度和施工成本最优，劳动资源组织最优，施工现场调度组织最优和施工现场平面最优。

（4）周密而合理的施工计划、加强成本核算，做到均衡施工的原则

施工计划产生于施工方案确定后，是根据工程特点和要求安排的，是施工组织设计中极其重要的组成部分。施工计划安排得好，能加快施工进度，保证工程质量，有利于各项施工环节的把关，消除窝工、停工等现象。

周密而合理的施工计划，应注意施工顺序的安排，避免工序重复或交叉。要按施工规律配置工程时间和空间上的次序，做到相互促进、紧密搭接；施工方式上可视实际需要适当组织交叉施工或平行施工，以加快速度；编制方法要注意应用横道流水作业和网络计划技术；要考虑施工的季节性，特别是雨季或冬季的施工条件；计划中还要正确反映临时设施设置及各种物资材料、设备的供应情况，以节约为原则，充分利用固有设施，减少临时性设施的投入；正确合理的经济核算，强化成本意识。所有这些都是为了保证施工计划的合理有效，使施工

保持连续均衡。

（5）采取切实可行的措施，确保施工质量和施工安全，重视工程收尾工作，提高工效

工程质量是决定建设项目成败的关键指标，也是施工企业参与市场竞争的根本。而施工质量直接影响工程质量，必须引起高度重视。施工组织设计中应针对工程的实际情况制订出质量保证措施，推行全面质量管理，建立工程质量检查体系。

"安全为了生产，生产必须安全"。保证施工安全和加强劳动保护是现代施工企业管理的基本原则，施工中必须贯彻"安全第一"的方针。要制订出施工安全操作规程和注意事项，搞好安全培训教育，加强施工安全检察，配备必要的安全设施，做到万无一失。

工程的收尾工作是施工管理的重要环节，但往往未被充分重视，使收尾工作不能及时完成，这实际上会导致资金积压、增加成本、造成浪费。因此，要重视后期收尾工程，尽快竣工验收交付使用。

4.2 园林工程施工组织总设计

4.2.1 施工部署及主要方法

施工部署是用文字来阐述基建施工对整个建设的设想，因此带有全局性的战略意图，是施工组织总设计的核心。主要施工方法是对一些单位（子单位）工程和主要分部（分项）工程所采用的施工制订合理的方案。

4.2.1.1 施工部署

施工部署是对项目实施过程做出的统筹规划和全面安排，包括项目施工主要目标、施工顺序及空间组织、施工组织安排等。施工部署是施工组织设计的纲领性内容，施工进度计划、施工准备与资源配置计划、施工方法、施工现场平面布置和主要施工管理计划等施工组织设计的组成内容都应该围绕施工部署的原则编制。

施工部署的正确与否，是直接决定建设项目的进度、质量和成本三大目标能否顺利实现的关键。往往由于施工部署、施工方案考虑不

周而拖延进度，影响质量，增加成本。

施工组织总设计中的施工总进度计划、施工总平面图以及各种供应计划等都是按照施工部署的设想，通过一定的计算，用图表的方式表达出来的。也就是说，施工总进度计划是施工部署在时间上的体现，而施工总平面图则是施工部署在空间方面的体现。

施工部署中应根据建设工程的性质、规模和客观条件的不同，从以下几个方面考虑。

（1）施工组织总设计应对项目总体施工做出宏观部署

① 确定项目施工总目标，包括进度、质量、安全、环境和成本目标。

明确建设项目的总成本、总工期和总质量等级，以及每个单项工程的施工成本、工期和工程质量等级要求，安全文明施工和现场施工环境的要求。这是总施工部署的前提，施工计划的制订和优化，就是以建设项目的总目标为依据的。

② 根据项目施工总目标的要求，确定项目分阶段（期）交付的计划

建设项目通常是由若干个相对独立的投产或交付使用的子系统组成，如大型工业项目有主体生产系统、辅助生产系统和附属生产系统之分；住宅小区有居住建筑、服务性建筑和附属性建筑之分。可以根据项目施工总目标的要求，将建设项目划分为分期（分批）投产或交付使用的独立交工系统。保证工期的前提下，实行分期分批建设，既可使各具体项目迅速建成，尽早投入使用，又可在全局上实现施工的连续性和均衡性，减少暂设工程数量，降低工程成本。

为了充分发挥工程建设投资的效果，对于大中型建设项目，一般在保证工期的前提下，根据生产工艺、建设单位的要求，结合工程规模的大小，施工的难易程度，资金与技术资源的情况，由建设单位和施工单位共同研究确定，进行分期分批的建设。对于小型的建设项目或大型建设项目中的某个系统，由于工期较短或工艺要求，可采用一次性建设。

③ 确定项目分阶段（期）施工的合理顺序及空间组织

根据上述确定的项目分阶段（期）交付计划，合理地确定每个单

位工程的开竣工时间,划分各参与施工单位的工作任务,明确各单位之间分工与协作的关系,确定综合的和专业化的施工组织,保证先后投产或交付使用的系统都能够正常运行。

要统筹安排各类项目施工,保证重点,兼顾其他,确保工程项目按期完成。工程项目的施工顺序一般是按照先地下、后地上,先深后浅,先干线后支线的原则进行安排的,如先铺设管线,再铺道路。同时还要考虑季节对施工的影响,如土方工程要避开雨季,种植工程尽可能选择春秋季节等。

一般优先考虑的项目如下。

a. 按生产工艺要求,需先期投入使用或起主导作用的工程项目。

b. 工程量大,施工难度大,需要工期长的项目。

c. 运输系统、动力系统等。

d. 供施工使用的工程项目,如各类加工厂、为施工服务的临时设施。

e. 先期需要使用的设施。

(2) 对于项目施工的重点和难点应进行简要分析

对于工程中的工程量大、施工难度大、工期长、在整个建设项目中起关键作用的单位工程项目以及影响全局的特殊分项工程,要拟定其施工方案。其目的是为了进行技术和资源的准备工作,同时也是为了施工进程的顺利和现场的合理布局,主要包括以下内容。

① 施工方法,要求兼顾技术的先进性和经济的合理性。

② 工程量,对资源合理安排。

③ 施工工艺流程,要求兼顾各工种各施工段的合理搭接。

④ 施工机械设备,能使主导机械满足工程需要,又能发挥其效能,使各大型机械在各工程上进行综合流水作业。

(3) 总承包单位应明确项目管理组织机构形式,并宜采用框图的形式表示

项目管理组织机构形式应根据施工项目的规模、复杂程度、专业特点、人员素质和地域范围确定。大中型项目一般设置矩阵式项目管理组织,远离企业管理层的大中型项目一般设置事业部式项目管理组织,小型项目一般设置直线职能式项目管理组织。

明确建设施工项目的机构、体制，建立施工现场统一的指挥系统及其职能部门，确定综合的和专业化的施工组织、划分施工阶段，划分各参与施工单位的任务，明确各单位分期分批的主次项目和穿插项目。

(4) 部署项目施工中开发和使用的新技术、新工艺等

根据现有的施工技术水平和管理水平，对项目施工中开发和使用的新技术、新工艺应做出规划并采取可行的技术、管理措施来满足工期和质量等要求。编制新技术、新材料、新工艺、新结构等的试制试验计划和职工技术培训计划。

(5) 对主要分包项目施工单位的资质和能力应提出明确要求

4.2.1.2　主要施工方法

施工组织总设计要制订一些单位（子单位）工程和主要分部（分项）工程所采用的施工方法，这些工程通常是建筑工程中工程量大、施工难度大、工期长，对整个项目的完成起关键作用的建（构）筑物以及影响全局的主要分部（分项）工程。尤其对脚手架工程、起重吊装工程、临时用水用电工程、季节性施工等专项工程所采用的施工方法应进行简要说明。在施工组织总设计中，施工方案一般是由总承包单位编制的。由于施工组织总设计是指导施工的全局性的文件，因此包含重大单项工程的主要施工方案以及技术关键，可作为单位工程以及分部分项工程施工方案编制的依据。

制订主要工程项目施工方法的目的是为了进行技术和资源的准备工作，同时也为了施工进程的顺利开展和现场的合理布置，对施工方法的确定要兼顾技术工艺的先进性和可操作性以及经济上的合理性。

(1) 制订施工方法的要求

在确定施工方法时应结合建设项目的特点和当地施工习惯，尽可能地采用先进的、可行的工业化、机械化的施工方法。

① 工业化施工。按照工厂预制和现场预制相结合的方针，逐步提高建筑工业化程度的原则，因地制宜，妥善安排钢筋混凝土构件生产及其制品加工、混凝土搅拌、金属构件加工、机械修理和砂石等的生产与堆放。经分析比较选定预制方法，并编制预制构件的加工计划。

② 机械化施工。要充分利用现有的机械设备，努力扩大机械化施

工的范围，制订可配套和改造更新的规划，增添新型高效能的机械，坚持大中小型机械相结合的原则，以提高机械化施工的生产效率。在安排和选用机械时，应注意以下几点。

a. 主导施工机械的型号和性能要既能满足施工的需要，又能发挥其生产效率。

b. 辅助配套施工机械的性能和生产效率要与主导施工机械相适应。

c. 尽可能使机械在几个项目中进行流水施工，以减少机械的装、拆、运的时间。

d. 在工程量大而集中时，应选用大型固定的机械；在施工面大而分散时，应选用移动灵活的机械。

（2）施工方法的主要内容

现代化施工方法的选择与优化必须以施工质量、进度和成本的控制为主要目标。根据项目施工图纸、项目承包合同和施工部署要求，分别选择主要景区、景点的绿化、建筑物和构筑物的施工方案。施工方法的基本内容包括施工流向、施工顺序、施工方法和施工机械的选择、施工措施。

其中施工流向是指施工活动在空间的展开与进程；施工顺序是指分部工程（或专业工程）以及分项工程（或工序）在时间上展开的先后顺序；施工方法和施工机械的选择要受结构形式和建筑的特征制约；施工措施是指在施工时所采取的技术指导思想、施工方法以及重要的技术措施等。

4.2.2 施工总进度计划

施工总进度计划是根据建设项目的综合计划要求和施工条件，以拟建工程的交付使用时间为目标，按照合理的施工顺序和日程安排的工程施工计划。施工进度计划是施工组织设计中的主要内容，也是现场施工管理的中心内容。如果施工进度计划编制得不合理，将导致人力、物力运用的不均衡，延误工期，甚至还会影响工程质量和施工安全。因此，正确地编制施工总进度计划是保证各项工程以及整个建设项目按期交付使用、充分发挥投资效果、降低建筑工程成本的重要条件。

施工总进度计划的编制是根据施工部署对各项工程的施工作出时间上的安排。施工总进度计划的作用在于确定各单位工程、准备工程和全工地性工程的施工期限及其开竣工日期，并确定各项工程施工的衔接关系。从而确定建设工地上的劳动力、材料、物资的需要量和调配情况；仓库和堆场的面积；供水、供电和其他动力的数量等。根据合理安排施工顺序，保证劳动力、物资、资金消耗量最少的情况下，并且采用合理施工组织方法，使建设项目施工连续、均衡，保证按期完成施工任务。施工总进度计划的编制步骤如下。

（1）计算各单位工程以及全工地性工程的工程量

按初步设计（或扩大初步设计）图纸并根据定额手册或有关资料计算工程量，并将计算出的工程量填入统一的工程量汇总表中。

（2）确定各单位工程的施工期限

各施工单位的机械化程度、施工技术和施工管理的水平、劳动力和材料供应情况等有很大差别。因此，应根据各施工单位的具体条件，考虑绿地的类型和特征、土壤条件、面积大小和现场环境等因素加以确定。

此外，也可参考有关的工期定额来确定各单位工程的施工期限。工期定额是根据我国有关部门多年来的建设经验，在调查统计的基础上，经分析对比后制订的，是签订承发包合同和确定工期目标的依据。

（3）确定各单位工程的开工、竣工时间和相互衔接关系

一般施工部署中已确定了总的施工程序、各生产系统的控制期限与搭接时间，但对每一单位工程具体在何时开工、何时完工，尚未具体确定。安排各单位工程的开竣工时间和衔接关系时，应考虑下列因素：

① 根据施工总体方案的要求分期分批安排施工项目，保证重点，兼顾一般。在安排进度时，要分清主次，抓住重点，同一时期开工的项目不宜过多，以免分散有限的人力、物力。

② 避免施工出现突出的高峰和低谷，力求做到连续、均衡的施工要求。

安排进度时，应考虑在工程项目之间组织大流水施工，使各工种

施工人员、施工机械在全工地内连续施工，同时使劳动力、施工机具和物资消耗量在全工地上达到均衡，以利于劳动力的调度和原材料供应。另外，宜确定适量的调剂工程项目，穿插在主要项目的流水中，以便在保证重点工程项目的前提下更好地实现均衡施工。

③ 在确定各工程项目的施工顺序时，全面考虑各种条件限制。如施工企业的施工力量，各种原材料、构件、设备的到货情况，设计单位提供图纸的时间，各年度建设投资数量等。充分估计这些情况，以使每个施工项目的施工准备、土建施工、种植工程的时间能合理衔接。同时，由于园林绿化工程施工受季节、环境影响较大，因此经常会对某些项目的施工时间提出具体要求，从而对施工的时间和顺序安排产生影响。

（4）编制施工总进度计划

施工总进度计划的主要作用是控制各单位工程工期的范围，因此，计划不宜划分得过细。首先根据各施工项目的工期与搭接时间，编制初步进度计划；其次按照流水施工与综合平衡的要求，调整进度计划；最后绘制施工总进度计划（表4-1）。

表4-1 施工总进度计划

序号	工程名称	建筑指标		设备安装指标	工程造价	施工天数	进度计划	
		单位	数量				第一年(季)	第二年(季)

（5）总进度计划的调整与修正

施工总进度计划绘制完成后，需要检查各单位工程的施工时间和施工顺序是否合理，总工期是否满足规定要求，劳动力、材料及设备供应是否均衡等。

将同一时期的各项工程的工作量加在一起,画出建设项目资源需要量动态曲线,来调整和修正一些单位工程的施工速度和开工时间,尽量使各个时期的资源需求量达到均衡。

同时在工程实施的过程中,应随施工的进展,及时调整施工进度计划。如果是跨年度的项目,还应根据国家的年度基本建设投资或建设单位的投资情况,加以调整。

施工进度计划的实现离不开管理上和技术上的具体措施。另外,在工程施工进度计划执行过程中,由于各方面条件的变化经常使实际进度脱离原计划,这就需要施工管理者随时掌握工程施工进度,检查和分析进度计划的实施情况,及时进行必要的调整,保证施工进度总目标的完成。

4.2.3 施工总平面图设计

施工总平面图表示全工地在施工期间所需各项设施和永久性建筑(已建的和拟建的)之间在空间上的合理布局。它是在拟建项目施工场地范围内,按照施工部署和施工总进度计划的要求,对施工现场的道路交通、材料仓库或堆场、现场加工厂、临时房屋、临时水电管线等做出合理的规划与布置。其作用是用来正确处理全工地在施工期间所需各项设施和永久建筑物之间的空间关系,指导现场施工部署的行动方案,对于指导现场进行有组织有计划的文明施工具有重要意义。施工过程是一个变化的过程,工地上的实际情况随时在变,因此施工总平面图也应随之做必要的修改。

4.2.3.1 设计施工总平面图所需的资料

① 设计资料。包括建筑总平面图、竖向设计、地形图、区域规划图,建设项目范围内的一切已有的和拟建的地下管网位置等。

② 建设地区的自然条件和技术经济条件。

③ 施工部署、主要项目施工方法和施工总进度计划。

④ 各种材料、构件、半成品、施工机械设备的需要量计划、供货与运输方式。

⑤ 各种生产、生活用临时房屋的类别、数量等。

4.2.3.2 施工总平面设计的原则

施工总平面设计的总原则是：平面紧凑合理，方便施工流程，运输方便流畅，降低临时设施费用，便于生产生活，保护生态环境，保证安全可靠。其具体内容如下。

（1）平面布置科学合理，施工场地占用面积少

在保证施工顺利进行的前提下，尽量少占、缓占农田，根据建设工程分期分批施工的情况，可考虑分阶段征用土地。要尽量利用荒地，少占良田，使平面布置紧凑合理。

（2）合理组织运输，减少二次搬运

材料和半成品等仓库的位置尽量布置在使用地点附近，以减少工地内部的搬运，保证运输方便通畅，减少运输费用。这也是衡量施工总平面图好坏的重要标准。

（3）施工区域的划分和场地的临时占用

应符合总体施工部署和施工流程的要求，减少相互干扰，合理划分施工区域和存放区域，减少各工程之间和各专业工种之间的相互干扰，充分调配人力、物力和场地，保持施工均衡、连续、有序。

（4）充分利用既有建（构）筑物和既有设施为项目施工服务降低临时设施的建造费用

在满足施工顺利进行的前提下，尽量利用可供施工使用的设施和拟建永久性建筑设施，临时建筑尽量采用拆移式结构，以减少临时工程的费用。

（5）临时设施应方便生产和生活，办公区、生活区和生产区宜分离设置

办公区、生产区与生活区应适当分开，避免相互干扰，各种生产生活设施应便于使用，方便工人的生产和生活，使工人往返现场的时间最少。

（6）符合节能、环保、安全和消防等要求

遵守节能、环境保护条例的要求，保护施工现场和周围的环境，如能保留的树木应尽量保留，对文物及有价值的物品应采取保护措施，避免污染坏境，尤其是周围的水源不应造成污染。遵循劳动保护、技术安全和防火要求，尤其要避免出现人身安全事故。

(7) 遵守当地主管部门和建设单位关于施工现场安全文明施工的相关规定

遵守国家、施工所在地政府的相关规定，垃圾、废土、废料、废水不随便乱堆、乱放、乱泄等，做到文明施工。

4.2.3.3 施工总平面图设计的内容

施工总平面布置应按照项目分期（分批）施工计划进行布置，并绘制总平面置图。一些特殊的内容，如现场临时用总电、临时用水布置等。

施工总平面布置图应包括下列内容。

① 项目施工用地范围内的地形状况。

② 全部拟建的建（构）筑物和其他基础设施的位置。

③ 项目施工用地范围内的加工设施、运输设施、存储设施、供电设施、供水供热设施、排水排污设施、临时施工道路和办公、生活用房等。

④ 施工现场必备的安全、消防、保卫和环境保护等设施。

⑤ 相邻的地上、地下既有建（构）筑物及相关环境。

4.2.3.4 施工总平面图设计的要求

施工总平面图应按照规定的图例绘制，图幅一般可选用1～2号大小的图样，比例尺一般为(1∶2000)～(1∶1000)。平面布置图绘制应有比例关系，各种临设应标注外围尺寸，并应有文字说明。现场所有设施、用房应由总平面布置图表述，避免采用文字叙述的方式。

施工总平面布置图应符合下列要求。

① 根据项目总体施工部署，绘制现场不同施工阶段（期）的总平面布置图。

② 施工总平面布置图的绘制应符合国家相关标准要求并附必要说明。

4.2.3.5 施工总平面图的设计步骤

(1) 运输线的路布置

设计全工地性的施工总平面图，首先应解决大宗材料进入工地的运输方式。一般材料主要采用铁路运输、水路运输和公路运输三种运输方式,应根据不同的运输方式综合考虑。

一般场地都有永久性道路,可提前修建为工程服务,但要确定好起点和进场的位置,考虑转弯半径和坡度的限制,有利于施工场地的利用。

(2) 仓库和堆场的布置

通常考虑设置在运输方便、位置适中、运距较短且安全防火的地方,同时还应区别不同材料、设备的运输方式来设置。一般的,仓库和堆场的布置应接近使用地点,装卸时间长的仓库应远离路边,苗木假植地应靠近水源及道路旁,油库、氧气库等布置在相对僻静、安全的地方。

(3) 加工厂的布置

加工厂一般包括混凝土搅拌站、构件预制厂、钢筋加工厂、木材加工厂、金属结构加工厂等。各加工厂的布置应以方便生产、安全防火、环境保护和运输费用最少为原则。通常加工厂宜集中布置在工地边缘处,并将其与相应仓库或堆场布置在同一地区,既方便管理简化供应工作,又降低铺设道路管线的费用。如锯材、成材、粗细木工加工车间和成品堆场要按工艺流程布置,一般应设在施工区的下风向边缘区。

(4) 内部运输道路的布置

根据各加工厂、仓库及各施工对象的相对位置,对货物周转运行图进行反复研究,区分主要道路和次要道路,进行道路的整体规划,以保证运输畅通,车辆行驶安全,降低成本。具体应考虑以下几点。

① 尽量利用拟建的永久性道路。提前修建,或先修路基,铺设简易路面,项目完成后再铺设路面。

② 场内道路要把仓库、加工厂、仓库堆场和施工点贯穿起来。临时道路应根据运输的情况,运输工具的不同,采用不同的结构。一般临时性的道路为土路、砂石或焦渣路,道路的末端要设置回车场。

③ 保证运输的畅通。道路应设置两个以上的进出口,避免与铁路交叉,一般场内主干道应设置成环形,主干道为双车道,宽度不小于6m,次干道为单车道,宽度不小于3m。

④ 合理规划拟建道路与地下管网的施工顺序。在修建拟建永久性

道路时，应考虑道路下面的地下管网，避免重复开挖，一次到位，降低成本。

(5) 消防要求

根据防火要求，应设立消防站，一般设置在易燃建筑物（木材、仓库等）附近，要有通畅的出口和消防通道，宽度不能小于6m，与拟建房屋的距离不得大于25m，不得小于5m。沿道路布置消火栓时，其间距不得大于120m，和路边的距离不得大于2m。

(6) 临时设施的布置

在工程建设施工期间，必须为施工人员修建一定数量的供行政管理和生活福利使用的建筑，临时建筑的设计，应遵循经济、适用、装拆方便的原则，并根据当地的气候条件、工期长短确定建筑结构形式。

① 各种行政和生活用房应尽量利用建设单位的生活基地或现场附近的其他永久性建筑，不足部分再考虑另行修建，修建时尽可能利用活动房屋。

② 全工地行政管理用房宜设在现场入口处，以方便接待外来人员。现场施工办公室应靠近施工地点。

③ 职工宿舍和文化生活福利用房，一般设在场外，距工地500~1000m为宜，并避免设在低洼潮湿、有灰尘和有害健康的地带。对于生活福利设施，如商店、小卖部等应设在生活区或职工上下班路过的地方。

④ 食堂一般布置在生活区，或工地与生活区之间。

(7) 水电管线和动力设施的布置

应尽可能利用已有的和提前修建的永久线路，这是最经济的方案。若必须设置临时线路，则应取最短线路。

① 临时变电站应设在高压线进入工地处，避免高压线穿过工地。

② 临时水池、水塔应设在用水中心和地势较高处。管网一般沿道路布置，供电线路避免与其他管道设在同一侧，主要供水、供电管线采用环状布置。

③ 过冬的临时水管须埋在冰冻线以下或采取保温设施。

④ 排水沟沿道路布置，纵坡不小于0.2%，过路处须设涵管，在山地建设时应有防洪设施。

⑤ 消防站一般布置在工地的出入口附近，并沿道路设置消防栓。消防栓间距不大于120m，距拟建房屋不小于5m，不大于25m，距路边不大于2m。

⑥ 各种管道布置的最小净距应符合规范的规定。

⑦ 在出入口设置门岗，工地四周设立若干瞭望台。

总之，各项设施的布置都应相互结合，统一考虑，协调配合，经全面综合考虑，选择最佳方案，绘制施工总平面图。

4.2.3.6 施工总平面图的科学管理

施工总平面图能保证合理使用场地，保证施工现场的交通、给排水、电力通讯畅通；保证有良好的施工秩序；保证按时按质完成施工生产任务，文明施工。因此，对于施工总平面图要严格管理，保证施工总平面图对施工的指导作用。可采取以下措施进行管理。

① 建立统一的管理制度，明确管理任务，分层管理，责任到人。

② 管理好临时设施、水电、道路位置、材料仓库堆场，做好各项临时设施的维护。

③ 严格按施工总平面图堆放材料机具，不乱占地、擅自迁建筑物或水电线路，做到文明施工。

④ 实行施工总平面的动态管理，定期检查和督促，修正不合理的部分，奖优罚劣，协调各方的关系。

4.3 园林工程施工组织设计的编制

4.3.1 园林工程施工组织设计编制的依据

园林工程施工组织是一项复杂的系统工程，编制时要考虑多方面因素，方能完成。不同的组织设计其主要依据不同。分为园林工程建设项目施工总设计编制依据和园林单项工程施工组织设计编制依据。

4.3.1.1 园林工程建设项目施工总设计编制依据

(1) 园林建设项目基础文件

① 建设项目可行性研究报告及批准文件。

② 建设项目规划红线范围和用地批准文件。
③ 建设项目勘察设计任务书、图纸和说明书。
④ 建设项目初步设计或技术设计批准文件以及设计图纸和说明书。
⑤ 建设项目总概算或设计总概算。
⑥ 建设项目施工招标文件和工程承包合同文件。

(2) 工程建设政策、法规和规范资料

① 关于工程建设报建程序有关规定。
② 关于动迁工作有关规定。
③ 关于园林工程项目实行施工监理有关规定。
④ 关于园林建设管理机构资质管理的有关规定。
⑤ 关于工程造价管理有关规定。
⑥ 关于工程设计、施工和验收有关规定。

(3) 建设地区原始调查资料

① 地区气象资料。
② 工程地形、工程地质和水文地质资料。
③ 土地利用情况。
④ 地区交通运输能力和价格资料。
⑤ 地区绿化材料、建筑材料、构配件和半成品供应情况资料。
⑥ 地区供水、供电、供热和电讯能力和价格资料。
⑦ 地区园林施工企业状况资料。
⑧ 施工现场地上、地下的现状，如水、电、电讯、煤气管线等状况。

(4) 类似施工项目经验资料

① 类似施工项目成本控制资料。
② 类似施工项目工期控制资料。
③ 类似施工项目质量控制资料。
④ 类似施工项目技术新成果资料。
⑤ 类似施工项目管理新经验资料。

4.3.1.2 园林单项工程施工组织设计编制依据

园林单项工程施工组织设计编制依据如下：

① 单项工程全部施工图纸及相关标准图。
② 单项工程地质勘察报告、地形图和工程测量控制网。
③ 单项工程预算文件和资料。
④ 建设项目施工组织总设计对本工程的工期、质量和成本控制的目标要求。
⑤ 承包单位年度施工计划对本工程开竣工的时间要求。
⑥ 有关国家方针、政策、规范、规程和工程预算定额。
⑦ 类似工程施工经验和技术新成果。

4.3.2 施工组织设计编制的方法

单位工程施工组织设计的内容为：工程概况，施工技术方案，施工进度计划，劳动力及其他物资需用量计划，施工准备工作计划，施工技术组织措施，施工平面图，主要技术经济指标等。其编制方法、要点如下。

4.3.2.1 工程概况

对工程内容应进行分析，找出施工中的关键问题，为做好施工准备、物资供应工作和选择施工技术方案创造条件。

(1) 工程概述

主要说明工程名称、地点，建设单位、设计单位、施工单位名称；工程规模或投资额；施工日期；合同内容等。

(2) 工程特点

阐述工程的性质；主要建筑物、假山、水池和施工工艺要求，特别是对采用新材料、新工艺或施工技术要求高、难度大的项目应突出说明。

(3) 工程地区特征

说明工程地点的位置、地形和主导风向、风力；地下水位、水质及气温；雨季时间、冰冻期时间与冻结层深度等有关资料。

(4) 施工条件

说明施工现场供水供电、道路交通、场地平整和障碍物迁移情况；主要材料、设备的供应情况；施工单位的劳动力、机械设备情况和施工技术、管理水平，现场临时设施的解决方法等。

4.3.2.2 施工技术方案的编制

确定施工技术方案是单位工程施工组织设计的核心。施工技术方案的主要内容：施工流向、施工顺序、流水段划分、施工方法和施工机械选择等。

(1) 确定施工流向

确定施工流向（流水方向），主要解决施工项目在平面上、空间上的施工顺序、施工过程的开展和进程问题，是指导现场如何进行的主要环节。确定单位工程施工流向时，主要考虑下面几个问题：

① 根据建设单位的要求，对使用上要求急的工程项目，应先安排施工。

② 根据分部分项工程施工的繁简程度，对技术复杂或施工进度慢、工期长的工程项目，应先安排施工。

③ 满足选用的施工方法、施工机械和施工技术的要求。

④ 施工流水在平面或空间开展时，要符合工程质量与安全的要求。

⑤ 确定的施工流向不能与材料、构件的运输方向发生冲突。

(2) 确定施工顺序

施工顺序是指单位工程中，各分项工程或工序之间进行施工的先后次序。它主要解决工序间在时间上的搭接问题，以充分利用空间、争取时间、缩短工期为主要目的。单位工程的施工顺序如下。

① 先地下，后地上。地下埋设的管道、电缆等工程应首先完成，以免影响地上工程施工。

② 先主体，后围护，先土建，后安装与种植。如土建的主体施工后，水暖电才正式施工，最后装饰施工。

③ 应尽量采用交叉作业施工顺序，当土建施工为设备安装创造必要条件时，设备安装应与土建同时交叉施工。

分部、分项工程施工顺序应满足以下要求：

第一，符合各施工过程间存在的一定的工艺顺序关系。在确定施工顺序时，使施工顺序满足工艺要求。

第二，符合施工方法和所用施工机械的要求。确定的施工顺序必须与采用的施工方法、选择的施工机械一致，充分利用机械效率提高施工速度。

第三，符合施工组织的要求。当施工顺序有几种方案时，应从施工组织上进行分析、比较，选出便于组织施工和开展工作的方案。

第四，符合施工质量、安全技术的要求。在确定施工顺序时，以确保工程质量、施工安全为主。当影响工程质量安全时，应重新安排施工顺序或采取必要技术措施，保证工程顺利进行。

（3）流水段的划分

流水施工段的划分，必须满足施工顺序、施工方法和流水施工条件的要求。

（4）选择施工方法与施工机械

选择正确的施工方法、合理选用施工机械，能加快施工速度，提高工程质量，保证施工安全，降低工程成本。因此，拟定施工方法、选择施工机械是施工技术方案中应解决的主要问题。

① 施工方法与机械选择应根据施工内容、条件综合确定。每个施工过程总有不同的施工方法和使用机械，而每种施工方法、施工机械都有各自的优缺点。施工方法、施工机械选择的基本要求是，符合施工组织总设计的规划要求；技术上可行、经济上合理；符合工期、质量与安全的要求。

② 施工方法的选择

施工方法是根据工程类别特点，对分部、分项工程施工提出的操作要求。对技术上复杂或采用新技术、新工艺的工程项目，多采用限定的施工方法，所以提出的操作方法及施工要点应详细。而对常见的工程项目，由于采用常规施工方法，所以提出的操作方法及施工要点可简化。

③ 施工机械的选择

施工机械是根据工程类别、工期要求、现场施工条件、施工单位技术水平等，以主导工程项目为主进行选择。如大型土方工程或直埋管路挖管沟项目，选择挖土机类型、型号时，应根据土壤类别、现场施工条件或管沟宽度、深度等要求来确定。

（5）施工方案的技术经济分析

施工方案的技术经济分析有定性和定量两种比较方式。一般常用定量技术分析进行施工方案的比较。

评价施工方案优劣的常用指标有以下几个：

① 单位产品的成本。

单位产品的成本是指园林绿化各种产品一次性的综合造价。在计算产品造价时，不能采用预算造价，而要采用实际工程造价，它是评价施工方案经济性的指标之一。

$$单位产品成本 = \frac{完成该工程的费用}{工程总量}$$

② 单位产品的劳动消耗量。

单位产品劳动消耗量是指完成某一产品所消耗的劳动工日数。它包括主要工种用工、辅助用工和准备工作用工等。

$$单位产品劳动消耗量 = \frac{完成该工程的全部劳动工日数}{工程总量}$$

③ 施工过程的持续时间。

施工过程的持续时间是指施工项目从开工到竣工所用的时间。为提高工效、降低工程造价，在保质、保量的前提下，应尽量缩短工期。

$$单位产品成本 = \frac{完成该工程的费用}{工程总量}$$

④ 施工机械化程度。

机械化施工是改善劳动条件、提高劳动生产率的主要措施。因此，机械化施工程度的高低也是评价施工方案的指标之一。

$$单位产品成本 = \frac{完成该工程的费用}{工程总量}$$

对于不同的施工方案进行比较时，会出现某一方案有几个好指标，另一方案有另一些指标好的现象。施工方案比较，应根据工程特点、施工单位条件，按规定指标综合评定，选出经济上最合理的方案作为确定的施工方案。

4.3.2.3 编制施工进度计划

单位工程施工进度计划是控制施工进度、工程项目竣工期限，指导各项施工活动的计划。它的作用是确定施工过程的施工顺序、施工持续时间，处理施工项目之间的衔接、穿插协作关系，以最少的劳动力、物资资源，在保证工期下完成合格工程为主要目的。

单位工程施工进度计划是编制月、旬施工作业计划，平衡劳动力、调配各种材料及施工机械，编制施工准备工作计划、劳动力与物资供应计划的基础。是明确工程任务、工期要求，强调工序之间配合关系，指导施工活动顺利进行的首要条件。

(1) 编制施工进度计划的依据

① 单位工程全套施工图纸和标准图等技术资料。

② 施工工期要求及开工、竣工日期。

③ 施工条件、材料、机械供应与土建、安装、种植配合。

④ 确定的施工方案，主要是施工顺序、流水段划分、施工方法和施工机械、质量与安全要求。

⑤ 劳动定额、机械台班使用定额、预算定额及预算文件。

(2) 编制施工进度计划的主要内容和程序

① 编制单位工程施工进度计划的主要内容：熟悉图纸、了解施工条件、研究有关资料，提出编制依据；确定施工项目；计算工程量；套用施工定额计算劳动量、机械台班需用量；确定施工项目的持续时间；初排施工进度计划；按工期、劳动力与施工机械和材料供应量要求，调整施工进度计划；绘制正式施工进度计划。

② 编制单位工程施工进度计划的程序，如图4-1所示。

(3) 划分施工种植、安装项目

① 划分施工种植、安装项目的依据和要求。

施工种植、安装项目应根据工程特性、施工方法、工艺顺序为依据划分。施工安装项目划分的粗细程度，主要取决于计划的性质。编制控制性施工进度计划时，项目划分可粗些，一般只列分部工程名称，以达到控制施工进度为主的目的；编制实施性施工进度计划时，项目划分应细些，要求列出各分项工程的名称，做到详细、具体、不漏项，以便掌握施工进度，指导施工。

② 施工种植、安装项目划分的原则。

施工种植、安装项目划分原则是尽量减少施工过程数，能合并项目要合并，以保证施工进度计划简明、清晰的要求。施工项目多少应根据具体施工方法来定，一般可将同一时期由同一个施工队（组）完

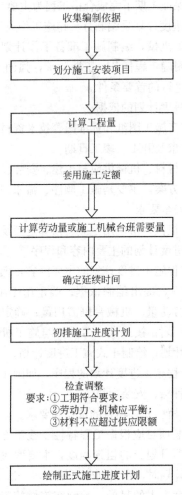

图 4-1 单位工程施工进度计划编制程序

成的施工项目合并列项,对零星工程或劳动量不大的项目,可合并为"其他工程项目",在计算劳动力时,应适当增量。

③ 划分的施工种植、安装项目数要符合流水段和施工方案要求。

采用流水施工时,应根据组织流水施工方法、原则及要求来确定施工项目名称,一般要求施工过程数大于或等于流水段数,以保证流水施工的展开。不同的施工方案,其施工项目与数量、施工顺序是不同的,因此划分的施工项目必须符合确定的施工方案要求,以保证施工进度计划的实施。

④ 施工种植、安装项目应按施工顺序排列。

将确定的各分部、分项工程名称,按施工工艺顺序填入施工进度计划表中。使施工进度计划图表能清晰反映施工先后顺序,以便安排各项施工活动。

(4) 工程量计算

施工安装项目确定后,可根据施工图纸、工程量计算规则,按施工顺序分别计算各施工项目的工程量。工程量的计算单位应与施工定额或劳动定额单位一致。

编制施工进度计划前,如已编制施工图预算,可取预算中的工程量按一定系数换成劳动定额的工程量。如未编施工图预算时,可根据划分的施工安装项目按劳动定额或预算定额计算工程量。

(5) 劳动力和施工机械

各施工安装项目工程量确定后,可计算各施工项目的劳动力需用量、机械台班需用量。劳动力和机械台班用量,可根据确定的工程量、劳动定额,结合各地区情况和施工单位技术水平进行计算。

① 计算劳动工日数。

施工项目采用手工操作完成时,其劳动工日数可按下式计算:

$$P=\frac{Q}{S}=QH \tag{4-1}$$

式中 P——某施工项目需要的劳动工日数,工日;

Q——该施工项目的工程量,m^3、m^2、m、t 等;

S——该施工项目采用的产量定额,m^3、m^2、m、T/日;

H——该施工项目采用的时间定额,工日/(m^3、m^2、m、t)。

在实际工程计算中,产量(或时间)定额按国家或地区的现行劳动定额或预算定额乘系数折算成劳动定额,单位按半天或整天计取。

② 计算机械台班数。

施工安装项目采用机械施工时,其机械及配套机械所需的台班数量,可按下式计算:

$$D=\frac{Q'}{S'}=Q'H' \qquad (4-2)$$

式中 D——某施工项目需要的机械台班数,台班;

Q'——机械完成的工程量,m^3、m^2、t、件等;

S'——该施工机械采用的产量定额,m^3、m^2、m、t、件/台班;

H'——该施工机械采用的时间定额,台班/(m^3、m^2、t、件)。

在实际工程计算中,产量或时间定额应根据定额给定参数,结合本单位机械状况、操作水平、现场施工条件等分析确定,计算结果取整数。

(6) 计算各施工安装项目的施工时间

施工安装项目的劳动力、机械台班需用量确定后,可根据组织的流水施工所确定的流水段、流水节拍,分别计算完成某施工项目(或一个流水施工段)所需的施工工期(持续、延续时间)。

① 以手工操作为主,完成某施工项目所需的施工时间,可按下式计算:

$$T=\frac{P}{Rb} \qquad (4-3)$$

式中 T——完成某施工项目所需的施工持续时间,天;

P——完成该施工项目所需的劳动工日数,工日;

R——完成该施工项目平均每天出勤的班组人数,人;

b——该施工项目每天采用的工作班组数(1~3班制)。

② 以施工机械为主,完成某施工项目所需的施工时间及流水节拍,可按下式计算:

$$T=\frac{D}{Gb} \qquad (4-4)$$

式中 T——完成某施工项目所需的施工持续时间,天;

D——完成某个施工项目所需的机械台班数,台班;

G——机械施工的每天机械台数,台;

b——机械施工的班组(班制)数。

③ 计算施工项目的工期和班组人数、机械台数、工作班组数的方法。计算施工安装项目的工期时,常有的方法有两种形式:

第一种形式：先确定班组人数、机械台班、工作班组数，再计算施工工期。

a. 施工班组人数（R）的确定：

某一施工项目所需施工班组人数的多少，主要取决三个方面：即施工单位能配备的主要技术工人数量；施工过程的最小工作面（指每一个工人或小组施工时，能保证质量、安全、发挥高效率所需一定的工作面）；工艺所需最小劳动组合（指各施工项目正常施工时，所必需的最低限度的小组人数及合理组合人数）等要求。

不同施工项目，因工艺要求不同，其最小工作面、最小劳动组合人数是不同的。在实际工程中，应根据上述要求，结合现场施工条件，经分析、研究来确定工程所需的施工班组人数。

b. 施工机械台数（G）的确定：

某施工项目所需施工机械台数，可根据施工单位能配备的机械台数，机械施工的操作面，正常使用机械必要的停歇、维修及保养时间等综合分析确定。

c. 施工的工作班制（b）的确定：

某施工项目所需的工作班制，主要取决于施工工期，工艺技术要求及提高机械化程度等。一般当工期允许，工艺在技术上不需连续施工，劳动和施工机械周转使用不紧迫时，可采用一班工作制；当工期要求紧迫，工艺在技术上要求不能间断，劳动和施工机械使用受时间限制或充分提高机械利用率时，可采用两班或三班工作制。

当 R、G、b 确定后，可按上述公式计算工期，如某施工项目的持续时间过长超过工期要求，或持续时间过短没必要单独列项时，必须调整 R、G 或 b 中任意值，然后重新计算各施工项目持续时间，直到满足工期要求为止。

第二种形式：根据施工工期要求，先确定某施工项目的持续时间及工作班制数，再计算施工班组人数、机械台数。计算公式如下：

$$R = \frac{P}{Tb} \tag{4-5}$$

$$G = \frac{P}{Tb} \tag{4-6}$$

式中各符号含义与前述的公式相同。

按上两式计算出的施工班组人数、机械台数,也应满足最小工作面或最小劳动组合的要求。当计算出的 R、G 小于最小工作面所容纳的班组人数,机械台数或最小劳动组合时,施工单位可通过增加技术工人的人数、施工机械台数或技术组织上采用平面、立体交叉的流水施工方法,来保证工期要求。当计算出的 R、G 大于最小工作面或劳动组合,而工期要求紧、不能延长施工持续时间时,除通过技术组织方面采取必要措施外,可采用多班组、多班制施工方法,来保证工期要求。

(7) 编制施工进度计划

从施工安装项目到施工持续时间确定后,可编制施工进度计划。施工进度计划多用图表形式表示,常用水平图表或网络图。

施工进度计划的编制可分两步进行。

① 初排施工进度计划:

a. 根据拟定的施工方案、施工流向和工艺顺序,将确定的各施工项目进行排列。各施工项目排列原则为:先施工项先排,后施工项后排,主要施工项先排,次要施工项目后排。

b. 按施工顺序,将排好的施工项目从第一项起,逐项填入施工进度计划图表中。

初排时,主要的施工项目先排,以确保主要项目能连续流水施工。排施工进度时,要注意子施工项目的起止时间,使各施工项目符合技术间歇、组织间歇的时间要求。

c. 各施工过程,尽量组织平面、立体交叉流水施工,使各施工项目的持续时间符合工期要求。

② 检查、调整施工进度计划

施工进度计划的初排方案完成后,应对初排施工进度计划进行检查调整,使施工进度计划更完善合理。检查平衡调整进度计划步骤如下。

a. 从全局出发,检查各分部、分项工程项目的先后顺序是否合理,各项施工持续时间是否符合上级或建设单位规定的工期要求。

b. 检查各施工项目的起、止时间是否正确合理,特别是主导施工项目是否考虑必须的技术、组织间歇时间。

c. 对安排平行搭接、立体交叉的施工项目,是否符合施工工艺、施工质量、安全的要求。

d. 检查、分析进度计划中劳动力、材料与施工机械的供应与使用是否均衡,消除劳动力、材料过于集中或机械利用超过机械效率许用范围等不良因素。

经上述检查,如发现问题,应修改、调整进度计划,使整个施工进度计划满足上述条件要求为止。

由于建筑安装工程施工复杂,受客观条件影响较大。在编制计划时,应充分、仔细调查研究,综合平衡,精心设计。使计划既要符合工程施工特点,又留有余地,为适应施工过程条件变化的修改和调整,使施工进度计划确实起到指导现场施工的作用。

4.3.2.4 施工准备工作计划、劳动力及物资需用量计划

单位工程施工进度计划编制后,为确保进度计划的实施,应编制施工准备工作、劳动力及各种物资需用量计划。这些计划编制的主要目的是为劳动力与物资供应,施工单位编制季、月、旬施工作业计划(分项工程施工设计)提供主要参数。其编制内容和基本要求如下。

(1) 施工准备工作计划

单位工程施工准备工作计划是根据施工合同签订的内容,结合现场条件和施工方案,施工进度计划等提出的要求或确定的参数进行编制。编制的主要内容为现场准备(现场障碍物拆除和场地平整,临时供水、供电和施工道路敷设,生活、生产需要的临时设施);技术准备(施工图纸会审,收集有关施工条件和技术经济资料,编制施工组织设计和施工预算等);劳动力及物资准备(建立工地组织机构,进行计划与技术交底,组织劳动力、机械设备和材料订货储备工作)。单位工程施工准备工作计划,见表 4-2。

表 4-2 施工准备工作计划表

序号	施工准备工作项目	工程量		负责单位或负责人	准备工作进度										
		单位	数量		月						月				
					5	10	15	20	25	30	5	10	15	20	…
1															
2															
3															
4															
5															
6															

(2) 劳动力需要量计划

单位工程施工时所需的各种技术工人、普工人数，主要是根据确定的施工进度计划要求，按月分旬编制的。编制方法是以单位工程施工进度计划为主，将每天施工项目中所需的施工人数，分工种分别统计，得出每天所需工种及其人数，并按时间进度要求汇总后编出。单位工程劳动力需要量计划，见表 4-3。

表 4-3 劳动力需要量计划表

序号	工种名称	人数	月			月			月			月			…
			上	中	下	上	中	下	上	中	下	上	中	下	

(3) 各种主要材料需要量计划

确定单位工程所需的主要材料用量是为储备、供应材料，拟订现场仓库与堆放场地面积，计算运输量计划提供依据。编制方法是按施工进度计划表中所列的项目,根据工程量计算规则、以定额为依据,经工料分析后,按材料的品种、规格分别统计并汇总后编出。单位工程各种主要材料需要量计划,见表4-4。

表4-4 各种主要材料需要量计划表

序号	主要材料名称	规格	需要量		进场日期	备注
			单位	数量		

(4)施工机械、主要机具需要量计划

单位工程所需施工机械、主要机具用量是根据施工方案确定的施工机械、机具型式,以施工进度计划为依据编制。施工机械是指各种大中型施工机械、主要工艺用的工具,不包括施工班组管理的小型机具。编制方法,以施工进度计划表中每一项目所需的施工机械、机具的名称、型号规格及数量、使用时间等分别统计。单位工程施工机械、机具需要量计划,见表4-5。

表4-5 施工机械、主要机具需要量计划表

序号	机械及机具名称	规格型号	需要量		机械来源	使用起止日期		备注
			单位	数量		月/日	月/日	

(5) 加工件、预制件需要量计划

单位工程所需各种加工与预制件用量,是根据施工图纸或标准图,结合施工进度计划编制的。编制方法,是按加工件、预制件的名称、规格、数量及需用时间分别统计,并注明加工时间与产品质量要求。单位工程加工与预制件需用量计划,见表4-6。

表4-6 预制构件加工需要量计划表

使用单位及单位工程	构件名称	型号规格	数量	单位	计划需要日期	平衡供应日期	备注

4.3.2.5 施工现场平面布置图

单位工程施工现场平面布置图是表示在施工期间,对施工现场所需的临时设施,苗木假植用地,材料仓库,施工机械运输道路,临时用水、电、动力管线等作出的周密规划和具体布置。

施工平面图是根据施工方案、施工进度计划的要求,在施工前对施工所需的各种条件进行安排,为施工进度计划、施工方案实施和施工组织管理创造条件。

(1) 施工平面图的设计依据

① 施工图纸及设计的有关资料。主要是景区、景观总平面布置图,施工范围内的地形图,已有和拟建景点及地上、地下管网位置等资料。

② 施工地区的技术经济调查资料。主要是交通运输,水源、电源和物资供应情况。

③ 施工方案、施工进度计划。主要掌握施工机械、运输工具的型号和数量，以便对各施工阶段进行统筹规划。

④ 各种材料、加工或预制件、施工机械、运输工具的一览表及使用时间，为设计仓库、堆放场地面积用。

⑤ 各种生产、生活临时用房一览表，包括建设单位提供的原有房屋及生活设施、现场的加工厂、生产工棚等。

（2）施工平面图设计的主要原则

① 在保证施工条件下，施工现场布置尽量紧凑，减少施工用地及施工用各种管线。

② 材料仓库或成品件堆放场地，尽量靠近使用地点，以便减少场地内运输费用。

③ 在施工方便的前提下，尽量减少临时设施及施工用的设施，有条件可利用拟建的永久性建筑或尽量采用拆移式临时房屋设施。

④ 临时设施布置，应尽量便于施工、生活和施工管理的需要。

⑤ 临时设施布置应符合劳动保护、技术安全和防火要求。

（3）施工平面图设计的内容及步骤

① 在单位工程施工范围内的总平面图上，应标出已建和拟建景观建筑、构筑物，已有大树、道路、水体等的位置与尺寸。

② 工程建设所需各种施工机械、机具的行驶路线和水平、垂直运输设施的固定位置及主要尺寸。

③ 各种材料仓库或堆放场地和施工棚面积、位置的布置。

④ 施工、生活与行政管理所用的临时建筑物面积、位置的布置。

⑤ 临时供水、电、热管网的布置和现场水源、排水点、电源位置的布置。

⑥ 安全、防火设施的布置和施工临时围栏或先建永久性围栏的布置等等。

施工平面图的内容，应根据工程性质、现场施工条件来设置。有些内容不一定在平面图上反映出来，具体设计内容应满足工程需要确定。单位工程平面图，一般用(1∶500)~(1∶200)的比例，图幅为2~3号图。绘制时，应有风玫瑰、图例和必要的文字说明及一览表等。

4.3.2.6 施工技术组织措施

施工技术组织措施属于施工方案的内容，是指在技术和组织上对施工项目，从保证质量、安全、节约和季节性施工等方面所采用的方法。是编制人员在各施工环节上，围绕质量与安全等方面，提出的具体的有针对性及创造性的一项工作。

(1) 保证工程质量措施

为贯彻"百年大计，质量第一"的施工方针，应根据工程特点、施工方法、现场条件，提出必要的保证质量技术组织措施。保证工程质量的主要措施有以下几点：

① 严格执行国家颁发的有关规定和现行施工验收规范，制订一套完整和具体的确保质量的制度，使质量保证措施落到实处。

② 对施工项目经常发生质量通病的方面，应制订防治措施，使措施更有实用性。

③ 对采用新工艺、新材料、新技术和新结构的项目，应制订有针对性的技术措施。

④ 对各种材料、半成品件、加工件等，应制订检查验收措施，对质量不合格的成品与半成品件，不经验收不能使用。

⑤ 加强施工质量的检查、验收管理制度。做到施工中能自检、互检，隐蔽工程有检查记录，交工前组织验收，质量不合格应返工，确保工程质量。

(2) 保证安全施工措施

为确保施工安全，除贯彻安全技术操作规程外，应根据工程特点、施工方法、现场条件，对施工中可能发生的安全事故进行预测，提出预防措施。

一般保证安全施工的主要措施有以下几点：

① 加强安全施工的宣传和教育，特别对新工人应进行安全教育和安全操作的培训工作。

② 对采用新工艺、新材料、新技术和新结构的工程，要制订有针对性的专业安全技术措施。

③ 对高空作业或立体交叉施工的项目，应制订防护与保护

措施。

④ 对从事有毒、有尘、有害气体工艺施工的操作人员，应加强劳动保护及安全作业措施。

⑤ 对从事各种火源、高温作业的项目，要制订现场防火、消防措施。

⑥ 要制订安全用电、各种机械设备使用、吊装工程技术操作等方面的安全措施。

（3）冬期、雨期施工措施

当工程施工跨越冬期和雨期时，应制订冬期施工和雨期施工措施。

① 冬期施工措施

冬期施工措施是根据工程所在地的气温、降雪量、冬期时间，结合工程特点、施工内容、现场条件等，制订防寒、防滑、防冻、改善操作环境条件、保证工程质量与安全的各种措施。

② 雨期施工措施

雨期施工措施是根据工程所在地的雨量、雨期时间，结合工程特点、施工内容、现场条件，制订防淋、防潮、防泡、防淹、防风、防雷、防水、保证排水及道路畅通和雨期连续施工的各项措施。

（4）降低成本措施

降低成本是提高生产利润的主要手段。因此，施工单位编制施工组织设计时，在保质、保量、保工期和保施工安全的条件下，要针对工程特点、施工内容，提出一些必要的（如就地取材，降低材料单价；合理布置材料库，减少二次搬运费；合理放坡，减少挖土量；保证工作面均衡利用，缩短工期，提高劳动效率等）方法。

降低成本措施，通常以企业年度技术组织措施为依据来编制，并计算出经济效果和指标，然后与施工预算比较，进行综合评价，提出节约劳动力、节约材料、节约机械设备费、节约工具费、节约间接费、节约临时设施费和节约资金等方面的具体措施。

4.3.2.7 主要技术经济指标

技术经济指标是评价施工组织设计在技术上是否可行，经济上是否合理的尺度。通过各种指标的分析、比较，可选出最佳施工方案，从而提高施工企业的组织设计与施工管理水平。

单位工程施工组织设计的技术经济指标有：工程量指标，工程质量指标，劳动生产率指标，施工机械完好率和利用率指标，安全生产指标，流动资金占用指标，工程成本降低率指标，工期完成指标，材料节约指标等。

施工组织设计基本完成后，应对上述指标进行计算，并附在施工组织设计后面，作为考核的依据。

4.4 园林工程施工进度计划

4.4.1 横道图进度计划

（1）园林工程项目施工组织方式

在工程的施工过程中，考虑到园林工程项目的施工特点、工艺流程、资源利用、平面或空间布置等要求，其施工组织方式通常采用流水施工方式。

流水施工方式是将拟建工程项目中的每一个施工对象分解为若干个施工过程，并按照施工过程成立相应的专业工作队，各专业队按照施工顺序依次完成各个施工对象的施工过程，同时保证施工在时间和空间上连续、均衡和有节奏地进行，使相邻两个专业队能最大限度地搭接作业。

（2）流水施工方式的特点

① 尽可能利用工作面进行施工，工期比较短。

② 有利于提高技术水平和劳动生产率，也有利于提高工程质量。

③ 专业工作队能够连续施工，同时使相邻专业队的开工时间能够最大限度地搭接。

④ 单位时间内投入的劳动力、施工机具、材料等资源量较为均衡，有利于资源供应。

⑤ 为施工现场的文明施工和科学管理创造了有利条件。

(3) 施工横道图进度计划

① 横道图表达的内容。园林工程施工中,流水施工的表达方式一般用横道图来表示。

横道图也称条形图、横线图,基本形式是以横坐标作时间轴表示时间或作业量,工程活动内容在图的左侧纵向排列,以活动所对应的横道位置表示活动的起始时间,横道的长短表示持续时间的长短,整个计划由一系列的横道组成,是一种最直观的工期计划方法。

② 流水施工横道图的表示方法。图 4-2 所示是某园林园路工程施工分段图,该工程将园路工程施工分为四个施工段进行施工。

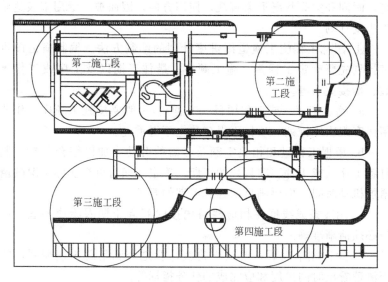

图 4-2　某园林园路工程施工分段图

流水施工的横道图表示法,如图 4-3 所示。图中的横坐标表示流水施工的持续时间;纵坐标表示施工过程的名称或编号。带有编号的水平线段表示施工过程或专业工作队的施工进度安排,其中编号①表示第一施工段;②表示第二施工段;③表示第三施工段;④表示第四施工段。

(4) 施工横道图进度计划的编制

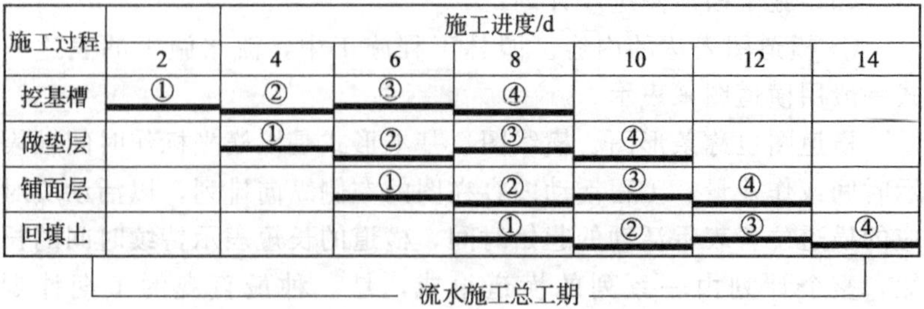

施工过程	施工进度/d						
	2	4	6	8	10	12	14
挖基槽	①	②	③	④			
做垫层		①	②	③	④		
铺面层			①	②	③	④	
回填土				①	②	③	④

←————————— 流水施工总工期 —————————→

图 4-3　流水施工横道图的表示法

横道图简单实用、易于掌握，施工过程及其先后顺序表达清楚，时间和空间状况形象直观，使用方便，因而被广泛用来表达施工进度计划。

① 园林工程施工横道图进度计划的编制方法。编制横道图进度计划先要确定工程量、施工顺序、最佳工期以及工序或工作天数、衔接关系等。

a. 确定工序（或工程项目、工种）。一般要按施工顺序、作业衔接客观次序排列，项目不得疏漏也不得重复。

b. 根据工程量和相关定额及必需的劳动力加以综合分析，制订各工序（或工种、项目）的工期。确定工期时可视实际情况酌情增加机动时间，但要满足工程总工期的要求。

c. 用线条或线框在相应栏目内按时间起止期限绘成图表，图表必须清晰准确。

d. 绘制完毕以后，要认真检查，看是否满足总工期需要，能否清楚看出时间进度和应完成的任务指标等。

② 园林工程施工横道图进度计划的编制形式。常见的横道图进度计划有作业顺序横道图和详细进度横道图两种。

a. 作业顺序横道图。图 4-4 所示是某绿化工程中铺草工程作业顺序横道图。左栏是按施工顺序标明的工种（或工序），右栏表示作业量的比率。它清楚地反映了整个工序的实际情况，对作业量比例一目了然，便于实际操作。但工种间的关键工序不明确，不适合较复杂的施工管理。

工种	作业量比例						
	0%	20%	40%	60%	80%	100%	
准备工作							100
整地作业							100
草皮准备							70
草坪作业							30
检查验收							0

图 4-4 铺草工程作业顺序横道图

b. 详细进度横道图。详细进度横道图在实践当中的应用是比较普遍的，常说的横道图就是指这种施工详细进度横道图。

详细进度计划横道图（图 4-5）由两部分组成：以工种（或工序、分项工程）为纵坐标，包括工程量、各工种工期、定额及劳动量等指标；以工期为横坐标，通过线框或线条表示工程进度。

工种	单位	数量	开工日	完工日	工程进度/d						
					0	5	10	15	20	25	30
准备作业	组	1	4月1日	4月5日							
定点	组	1	4月5日	4月10日							
土山工程	m³	5000	4月10日	4月15日							
种植工程	株	450	4月15日	4月24日							
草坪工程	m²	900	4月24日	4月28日							
收尾	队	1	4月28日	4月30日							

图 4-5 某园林工程施工详细进度计划横道图

4.4.2 网络图进度计划

（1）网络图的相关概念

① 网络图法。网络图法又称统筹法，是以网络图为基础用来指导施工的全新计划管理方法。20 世纪 50 年代中期首先出现于美国，60 年代初传入我国并在工业生产管理中得以应用，如图 4-6 所示。

网络图的基本原理是：将某个工程划分成多个工作（工序或项

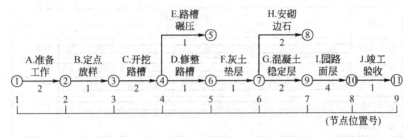

图 4-6　园路工程施工进度计划网络图

目),按照各个工作之间的逻辑关系找出关键线路编制成网络图,用以调整、控制计划,求得计划的最佳方案,以此对工程施工进行全面检测和指导。用最少的人力、材料、机具、设备和时间消耗,取得最大的经济效益。

② 双代号网络图。网络图主要由工序、事件和线路三部分组成,其中每道工序均用一根箭头线和两个节点表示,箭头线两端点编号用以表明该箭头线所表示的工序,故称双代号网络图(图4-7)。箭头线上方须注明工序名称,下方须注明完成该工序所需的时间。

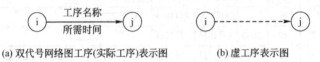

(a) 双代号网络图工序(实际工序)表示图　　(b) 虚工序表示图

图 4-7　网络图表示法

a. 工序。工序是指园林工程中某项按实际需要划分的工作项目。凡消耗时间和消耗资源的工序称为实际工序,如图 4-7(a) 所示;既不消耗时间也不消耗资源的工序称为虚工序,如图 4-7(b) 所示,它仅表示相邻工序间的逻辑关系,用一根虚线箭头表示。

箭头线前端称为头,后端称为尾,头的方向说明工序结束,尾的方向说明工序开始。箭头线上方填写工序名称,下方填写完成该工序所需的时间。

如果将某工序称为本工序,那么紧靠其前的工序就称为紧前工序,而仅靠其后面的工序就称为紧后工序,与之平行的称为平行工序,如图 4-8 所示。

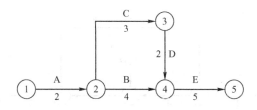

图 4-8　工序间的相互关系

注：A—紧前工序；B—本工序；C、D—平行工序；E—紧后工序

b. 事件。事件即结合点，也即工序间交接点，用圆圈表示。网络图中，第一个结合点（节点）称为起始点，表明某工序的开始；最后一个结合点称为结束节点，表明该工序的完成。由本工序至起始点间的所有工序称为先行工序，本工序至结束点间所有工序称为后续工序。

c. 线路。线路是指网络图中从起始节点开始沿箭头线方向直至结束节点的全路线，称为关键线路，其他称为非关键线路。关键线路上的工序均称为关键工序，关键工序应作重点管理。

(2) 网络图逻辑关系的表示

工程施工中，各工序间存在相互依赖和制约的关系，即指逻辑关系。清楚分析工序间的逻辑关系是绘制网络图的首要条件。因此，弄清本工序、紧前工序、紧后工序、平行工序等逻辑关系，才能清晰地绘制出正确的网络图。

如图 4-9 所示，工程划分为 6 个工序，由 A 开始，A 完工后，B、C 动工；B 完成后开始 D、E；F 要开始必须等 C、D 完工后才能进行；G 要动工则必须等 E、F 结束后才行。就 F 而言，A、B、C、D 均为其紧前工序，E 为其平行工序，G 为其紧后工序。

(3) 网络图编制的基本原则

① 同一对节点之间，不能有两条以上的箭头线。网络图中进入节点的箭头允许有多条，但同一对结合点进来的箭头线则只能有一条。

例如，图 4-10(a) 中②→③有 3 根箭头线，应表示 3 道工序，但无法弄清楚其中 B、C、D 属于哪道工序，因而造成混乱。为此，需增加虚工序，分清逻辑工序关系，故图 4-10(b) 是正确的。

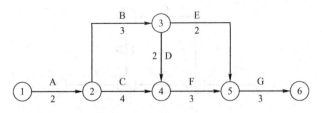

图 4-9 工序间的逻辑关系

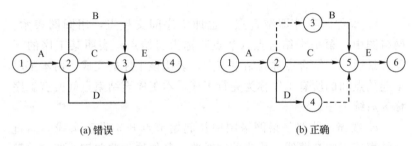

图 4-10 同一对结合点箭头线表示法

② 网络图中不允许出现循环回路。循环回路如图 4-11(a) 所示的③→④→⑤→③，这在实际施工中是不存在的，因而是错误的，应按施工顺序更正为如图 4-11(b) 所示的正确图。

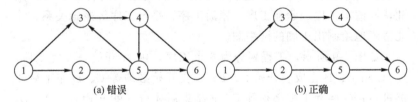

图 4-11 网络图中的循环回路

③ 网络图中不得出现双向箭头和无箭头线段，如图 4-12 所示的画法是错误的。

④ 一个网络图中只允许有一个起点和一个终点。不允许无箭尾节点或无箭头节点的箭头线段。因此，图 4-13(a) 和图 4-14 均是错误的。

(4) 网络图的编制方法

图 4-12　双向箭头和无箭头线段

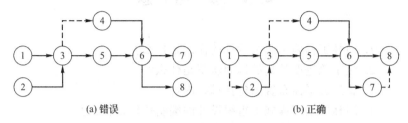

图 4-13　多个起点和多个终点

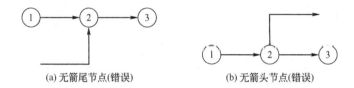

图 4-14　无箭尾节点或无箭头节点

编制网络图先要清楚三个基本内容：第一是计划工程都由哪些工序组成；第二是各工序之间的搭接关系如何；第三是要完成每个工序需要多少时间。然后按照以下步骤进行编制。

① 分析工程，推算出每个工序的紧前工序、紧后工序。

② 根据紧前工序和紧后工序推算出各工序的开始节点和结束节点，方法如下。

a. 无紧前工序的工序，其开始节点号为零。

b. 有紧前工序的工序，其开始节点号为紧前工序的起始节点号取最大值加 1。

c. 无紧后工序的工序，其结束节点号为各工序结束点号的最大值加 1。

d. 有紧后工序的工序，其结束节点号为紧后工序开始节点号的最小值。

③ 根据节点号绘出网络图。
④ 用绘制的网络图与相关图表进行对照检查。

4.5 思 考 题

1. 园林工程施工组织设计的作用是什么？
2. 施工总进度计划的编制步骤是什么？
3. 施工总平面布置图包括哪些内容？
4. 园林单项工程施工组织设计的编制依据是什么？
5. 网络图逻辑关系应该如何表示？

5 园林工程项目的生产要素管理

5.1 人力资源管理

5.1.1 人力资源概述

现代企业的发展，日益显示出人的决定性作用。在企业的管理工作已进入到以人为中心的新时代，理应把人视为一种企业在激烈竞争中自下而上发展且始终充满生机活力的特殊资源来着力发掘和使用。对于园林企业来说，能否吸引、留住人才和保持一个适合人才成长的良好环境，造就一支高素质、高凝聚力的企业员工队伍，将成为园林事业成败的关键。

（1）人力资源概念与特征

世界上存在物力资源、财力资源、信息资源和人力资源四种资源，其中最重要的是人力资源，它是一种兼具社会属性和经济属性的具有关键性作用的特殊资源。

狭义地讲，所谓人力资源，是指能够推动整个经济和社会发展的具有智力劳动和体力劳动能力的人的总和，它包括数量和质量两个方面。

从广义方面来说，智力正常的、有工作能力或将会有工作能力的人都可视为人力资源。

人力资源作为国民经济资源中一个特殊的部分，既有质、量、时、空的属性，也有自然的生理特征。一般来说，人力资源的特征主要表现在以下几个方面,见表 5-1。

表 5-1　人力资源的特征

特征	说　明
生物性	人力资源存在于人体之中,是有生命的"活"的资源,与人的自然生理特征相联系,具有生物性
可再生性	人力资源是一种可再生的生物性资源。它以人身为天然载体,是一种"活"的资源,可以通过人力总体和劳动力总体内各个个体的不断替换更新和恢复过程得以实现,具有再生性。是用之不尽,可以充分开发的资源。第一天劳动后精疲力竭,第二天又能生龙活虎地劳动
能动性	人力资源具有目的性、主观能动性和社会意识。一方面,人可以通过自己的知识智力创造工具,使自己的器官功能得到延伸和扩大,从而增强自身的能力;另一方面,随着人的知识智力的不断发展,人认识世界、改造世界的能力也将增强
时代性与时效性	人力资源的形成过程受到时代的制约。在社会上同时发挥作用的几代人,当时的社会发展水平从整体上决定了他们的素质,他们只能在特定的时代条件下,努力发挥自己的作用。人力资源的形成、开发和利用都会受到时间方面的限制。从个体角度看,因为一个人的生命周期是有限的,人力使用的有效期大约是 16~60 岁,最佳时期为 30~50 岁,在这段时间内,如果人力资源得不到及时与适当的利用,个人所拥有的人力资源就会随着时间的流逝而降低,甚至丧失其作用。从社会角度看,人才的培养和使用也有培训期、成长期、成熟期和老化期
高增值性	在国民经济中,人力资源收益的份额正在迅速超过自然资源和资本资源。在现代市场经济国家,劳动力的市场价格不断上升,人力资源投资收益率不断上升,劳动者的可支配收入也在不断上升。与此同时,高质量人力资源与低质量人力资源之间的收入差距也在扩大
可控性	人力资源的生成是可控的。环境决定论的代表人物华生指出:"给我 12 个健全的体形良好的婴儿和一个由我自己指定的抚育他们的环境,我从这些婴儿中随机抽取任何一个,保证能把他训练成我所选定的任何一类专家——医生、律师、商人和领袖人物,甚至训练成乞丐和小偷,无论他的天资、爱好倾向、能力、禀性如何,以及他的祖先属于什么种族。"由此可见,人力的生成不是自然而然的过程,它需要人们有组织、有计划地去培养与利用
变化性与不稳定性	人才资源会因个人及其所处环境的变化而变化。在甲单位是人才,到乙单位可能就不是人才了。这种变化性还表现在不同的时间上。20 世纪 50~60 年代的生产能手,到 90 年代就不一定是生产能手了

续表

特征	说　明
开发的连续性	人力资源由于它的再生性,则具有无限开发的潜力与价值,人力资源的使用过程也是开发过程,具有持续性。人还可以不断学习,持续开发,提高自己的素质和能力,可以连续不断地开发与发展
个体的独立性	人力资源以个体为单位,独立存在于每个生活着的个体身上,而且受各自的生理状况、思想与价值观念的影响。这种存在的个体独立性与散在性,使人力资源的管理工作显得复杂而艰难,管理得好则能够形成系统优势,否则会产生内耗
消耗性与内耗性	人力资源若不使用,闲置时也必须消耗一定数量的其他自然资源,如食物、水、能源等,才能维持自身的存在。企业人力资源却不一定是越多越能产生效益。关键在于管理者怎样去组织、利用与开发人力资源 人力资源对经济增长和企业竞争力的增强具有重要意义

现代经济理论认为,经济增长主要取决于以下四个方面的因素。

① 新的资本资源的投入。
② 新的可利用的自然资源的发现。
③ 劳动者的平均技术水平和劳动效率的提高。
④ 科学的、技术的和社会的知识储备的增加。

显然,后两项因素均与人力资源密切相关。因此,人力资源决定了经济的增长。

当代发达国家经济增长主要依靠劳动者的平均技术水平和劳动效率的提高以及科学的、技术的和社会的知识储备的增加。实践中,发达国家也将人力资源发展摆在头等重要地位,通过加大本国人力资源开发力度。提高人力资源素质,同时不断从发展中国家挖掘高素质人才,来增加和提高其人力资源的数量和质量。

劳动者平均技术水平和劳动效率的提高、科学技术的知识储备和运用的相加是经济增长的关键。而这两个因素与人力资源的质量呈正相关。因此,一个国家和地区的经济发展的关键制约因素是人力资源的质量。

现代企业的生存是一种竞争性生存,人力资源自然对企业竞争力起着重要作用,人力资源对企业成本优势和产品差异化优势意义重大。

① 人力资源是企业获取并保持成本优势的控制因素。高素质的雇员需要较少的职业培训,从而减少教育培训成本支出;高素质员工有更高的劳动生产率,可以大大降低生产成本支出;高素质的员工更能动脑筋,寻求节约的方法,提出合理化的建议,减少浪费,从而降低能源和原材料消耗,降低成本;高素质员工表现为能力强、自觉性高,无须严密监控管理,可以大大降低管理成本。

各种成本的降低就会使企业在市场竞争中处于价格优势地位。

② 人力资源是企业获取和保持产品差别优势的决定性因素。企业产品差别优势主要表现在创造比竞争对手质量更好、创新性更强的产品和服务。显然,对于生产高质量产品而言,高素质的员工(包括能力、工作态度、合作精神)对创造高质量的一流产品和服务具有决定性作用。对于生产创新型产品而言,高素质的员工,尤其是具有创造能力、创新精神的研究开发人员更能设计出创新性产品或服务。二者结合起来就能使企业持续地获得并保持差别优势,使企业在市场竞争中始终处于主动地位。

③ 人力资源是制约企业管理效率的关键因素。企业效率离不开有效的管理,有效的管理离不开高素质的企业经营管理人才。科学的人力资源管理,包括选人、用人、育人、培养人、激励人,以及组织人、协调人等使组织形成互相配合、取长补短的良性结构和良好气氛的一系列科学管理体系。企业发展依赖于一大批战略管理、市场营销管理、人力资源管理、财务管理、生产作业管理等方面的高素质管理人才。

④ 人力资源是企业在知识经济时代立于不败之地的宝贵财富。

(2) 人力资源规划

人力资源规划处于人力资源管理活动的统筹阶段,它为人力资源管理确定了目标、原则和方法。人力资源规划的实质是决定企业的发展方向,并在此基础上确定组织需要什么样的人力资源来实现企业最高管理层确定的目标。

① 人力资源规划的含义。人力资源规划,又称人力资源计划,是指企业根据内外环境的发展制订出有关的计划或方案,以保证企业在适当的时候获得合适数量、质量和种类的人员补充,满足企业和个人的需求;是系统评价人力资源需求,确保必要时可以获得所需数量且

具备相应技能的员工的过程。

人力资源规划主要有三个层次的含义。

a. 一个企业所处的环境是不断变化的。在这样的情况下，如果企业不对自己的发展做长远规划，只会导致失败的结果。俗话说：人无远虑，必有近忧。现代社会的发展速度之快前所未有。在风云变幻的市场竞争中，没有规划的企业必定难以生存。

b. 一个企业应制订必要的人力资源政策和措施，以确保企业对人力资源需求的如期实现。例如，内部人员的调动、晋升或降职，人员招聘和培训以及奖惩都要切实可行，否则，就无法保证人力资源计划的实现。

c. 在实现企业目标的同时，要满足员工个人的利益。这是指企业的人力资源计划还要创造良好的条件，充分发挥企业中每个人的主动性、积极性和创造性，使每个人都能提高自己的工作效率，提高企业的效率，使企业的目标得以实现。与此同时，也要切实关心企业中每个人在物质、精神和业务发展等方面的需求，并帮助他们在为企业做出贡献的同时实现个人目标。这两者都必须兼顾。否则，就无法吸引和招聘到企业所需要的人才，难以留住企业已有的人才。

② 人力资源规划的作用

a. 有利于企业制订长远的战略目标和发展规划。一个企业的高层管理者在制订战略目标和发展规划以及选择方案时，总要考虑企业自身的各种资源，尤其是人力资源的状况。例如，海尔集团决定推行国际化战略时，其高层决策人员必须考虑到其人才储备情况以及所需人才的供给状况。科学的人力资源规划，有助于高层领导了解企业内目前各种人才的余缺情况，以及在一定时期内进行内部抽调、培训或对外招聘的可能性，从而有助于决策。人力资源规划要以企业的战略目标、发展规划和整体布局为依据；反过来，人力资源规划又有利于战略目标和发展规划的制订，并可促进战略目标和发展规划的顺利实现。

b. 有助于管理人员预测员工短缺或过剩情况。人力资源规划，一方面，对目前人力现状予以分析，以了解人事动态；另一方面，对未来人力需求做出预测，以便对企业人力的增减进行通盘考虑，再据以制订人员增补与培训计划。人力资源规划是将企业发展目标和策略转化为人力的需求，通过人力资源管理体系和工作。达到数量与质量、长期与短期的人力供需平衡。

c. 有利于人力资源管理活动的有序化。人力资源规划是企业人力资源管理的基础，它由总体规划和各分类执行规划构成，为管理活动，如确定人员需求量、供给量、调整职务和任务、培训等提供可靠的信息和依据，以保证管理活动有序化。

d. 有助于降低用人成本。企业效益就是有效地配备和使用企业的各种资源，以最小的成本投入达到最大的产出。人力资源成本是组织的最大成本。因此，人力的浪费是最大的浪费。人力资源规划有助于检查和预算出人力资源计划方案的实施成本及其带来的效益。人力资源规划可以对现有人力结构做一些分析，并找出影响人力资源有效运用的"瓶颈"，充分发挥人力资源效能。降低人力资源成本在总成本中所占的比重。

e. 有助于员工提高生产力，达到企业目标。人力资源规划可以帮助员工改进个人的工作技巧，把员工的能力和潜能尽量发挥，满足个人的成就感。人力资源规划还可以准确地评估每个员工可能达到的工作能力程度，而且能避免冗员，因而每个员工都能发挥潜能，对工作有要求的员工也可获得较大的满足感。

③ **人力资源规划的原则**

a. 充分考虑内部、外部环境的变化。人力资源规划只有充分考虑了园林企业内外环境的变化，才能适应形势的发展，真正做到为企业发展目标服务。无论何时，规划都是面向未来的，而未来总是含有多种不确定的因素，包括内部和外部的不确定因素。内部变化包括发展战略的变化、员工流动的变化等；外部变化包括政府人力资源政策的变化、人力供需矛盾的变化。以及竞争对手的变化。为了能够更好地适应这些变化，在人力资源规划中，应该对可能出现的情况做出预测和风险分析，最好有面对风险的应急策略。所以，规避风险就成为园林企业需要格外小心的事情。

b. 开放性原则。开放性原则实际上是强调园林企业在制订发展战略中，要消除一种不好的倾向，即狭窄性——考虑问题的思路比较狭窄，在各个方面考虑得不是那么开放。

c. 动态性原则。动态性原则是指在园林企业发展战略设计中一定要明确预期。这里所说的预期，就是对企业未来的发展环境以及企业内部本身的一些变革，要有科学的预期性。因为，企业在发展战略上的频繁调整是不可行的，一般来说，企业发展战略的作用期一般为5年，如果刚刚制订出来，马上就修改，这就说明企业在制订发展战略时没有考虑到动态性的问题。当然，动态性原则既强调预期，也强调企业的动态发展。企业在大体判断正确的条件下，做一点战略调整是应该的，这个调整是小部分的调整而不是整个战略的调整。

d. 使企业和员工共同发展。人力资源管理，不仅为园林企业服务，而且要促进员工发展。企业的发展和员工的发展是互相依托、互相促进的关系。在知识经济时代，随着人力资源素质的提高，企业员工越来越重视自身的职业前途。人的劳动，被赋予神圣的意义，劳动不再仅仅是谋生的手段，而是生活本身，是一种学习和创造的过程。优秀的人力资源规划，一定是能够使企业和员工得到长期利益的计划，一定是能够使企业和员工共同发展的计划。

e. 人力资源规划要注重对企业文化的整合。园林企业文化的核心就是培育企业的价值观，培育一种创新向上、符合实际的企业文化。松下的"不仅生产产品，而且生产人"的企业文化观念，就是企业文化在人力资源战略中的体现。

④ 人力资源规划的分类。目前，许多西方国家的企业都把人力资源规划作为企业整体战略计划的一部分，或者单独地制订明确的人力资源规划，以作为对企业整体战略计划的补充。单独的人力资源规划即类似于生产、市场、研究开发等职能部门的职能性战略计划，都是对企业整体战略计划的补充和完善。无论采用哪种形式，人力资源规划都要与企业整体战略计划的编制联系起来。

按照规划时间的长短不同，人力资源规划可以分为短期规划、中期规划和长期规划三种。一般来说。一年以内的计划为短期计划。这种计划要求任务明确、具体，措施落实。中期规划一般为1~5年的时间跨度，其目标、任务的明确与清晰程度介于长期与短期两种规划之间，主要是根据战略来制订战术。长期规划是指跨度为五年或五年以上的具有战略意义的规划，它为企业的人力资源的发展和使用指明了方向、目标和基本政策。长期规划的制订需要对企业内外环境的变化做出有效的预测,才能对企业的发展具有指导性作用。

人力资源规划要真正有效,还应该考虑企业规划,并受企业规划的制约,图 5-1 表明了企业规划对人力资源规划的影响。

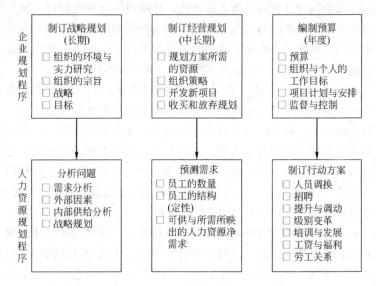

图 5-1　三个层次的组织规划与人力资源规划的关系

按照性质不同,人力资源规划可以分为战略规划和策略规划两类。总体规划属于战略规划,它是指计划期内人力资源总目标、总政策、总步骤和总预算的安排;短期计划和具体计划是战略规划的分解。包括职务计划、人员配备计划、人员需求计划、人员供给计划、教育培训计划、职务发展计划、工作激励计划等。这些计划都由目标、任务、政策、步骤及预算构成,从不同角度保证人力资源总体规划的实现。

⑤ 人力资源规划的制订。

a. 人力资源规划的内容。企业人力资源规划包括如下内容。

人力资源总体规划。是指在计划期内人力资源开发利用的总目标、总政策、实施步骤及总预算的安排。

人力资源业务计划。它包括人员补充计划、人员使用计划、人员接替和提升计划、教育培训计划、工资激励计划、退休解聘计划以及劳动关系计划等。

这些业务计划是总体规划的展开和具体化（表5-2）。

表5-2 人力资源规划一览表

计划类别	目标	政策	步骤	预算
总规划	总目标：绩效、人力资源总量、素质、员工满勤度	基本政策扩大、收缩、改革、稳定等	总体步骤按年安排，如完善人力资源信息系统等	总预算：××万元
人员补充计划	类型、数量对人力资源结构及绩效的改善等	人员标准、人员来源、起点待遇等	拟定标准、广告宣传、考试录用、培训上岗	招聘、选拔费用
人员使用计划	部门编制、人力资源结构优化、绩效改善、人力资源职位匹配、职务轮换	任职条件、人员轮换范围及时间	略	按使用规模、类别、人员状况决定工资福利
人员接替与提升计划	后备人员数量保持、改善人员结构、提高绩效目标	选拔标准、资格、试用期、提升比例、未提升人员安置	略	职务变化引起的工资变化
教育培训计划	素质与绩效改善、培训类型与数量、提供新人员、转变员工劳动态度	培训时间的保证、培训效果的保证	略	教育培训总投入、脱产损失
工资激励计划	降低离职率、提高士气、改善绩效	工资政策、激励政策、反馈、激励重点	略	增加工资、预算
劳动关系计划	减少非期望离职率、改善雇佣关系、减少员工投诉与不满	参与管理、加强沟通	略	法律诉讼费
退休解聘计划	降低劳务成本、提高生产率	退休政策、解聘程序等	略	安置费

b. 人力资源成本分析。进行人力资源规划的目的之一，就是为了降低人力资源成本。人力资源成本，是指通过计算的方法来反映人力资源管理和员工的行为所引起的经济价值。人力资源成本是企业组织

为了实现自己的组织目标，创造最佳经济和社会效益，而获得开发、使用、保障必要的人力资源及人力资源离职所支出的各项费用的总和。人力资源成本分为获得成本、开发成本、使用成本、保障成本和离职成本五类。

人力资源获得成本，是指企业在招募和录用员工过程中发生的成本，主要包括招募、选择、录用和安置员工所发生的费用。

人力资源开发成本，是指企业为提高员工的生产能力，为增加企业人力资产的价值而发生的成本，主要包括上岗前教育成本、岗位培训成本、脱产培训成本。

人力资源使用成本，是指企业在使用员工劳动力的过程中发生的成本，包括维持成本、奖励成本、调剂成本等。

人力资源保障成本，是指保障人力资源在暂时或长期丧失使用价值时的生存权而必须支付的费用，包括劳动事故保障、健康保障、退休养老保障等费用。

人力资源的离职成本，是指由于员工离开企业而产生的成本。包括离职补偿成本、离职低效成本、空职成本。

当然，定量分析内容不仅仅包括以上指标，它只是提供了一个思路。数据的细化分析是没有止境的，例如，在离职上有不同部门的离职率（部门、总部、分部）、不同人群组的离职率（年龄、种族、性别、教育、业绩、岗位）和不同理由的离职率；在到岗时间分析上，可以把它分为用人部门提出报告，人力资源部门做出反应，刊登招聘广告、面试、复试、到岗等各种时间段，然后分析影响到岗的关键点。当然，度量不能随意地创造数据，我们最终度量的是功效，即如何以最小的投入得到最大的产出。

对企业来说，它需要人力资源部门根据实际工作收集数据和对数据进行分析。以便及早发现问题和提出警告，进行事前控制，指出进一步提高效率的机会。如果没有度量，就无法确切地知道工作是进步了还是退步了，人力资源管理部门通过提高招聘、劳动报酬和激励、规划、培训等一切活动的效率，来降低企业的成本。提高企业的效率、质量和整体竞争力。

对人力资源管理工作者来说，他必须适应企业管理的发展水平。

有了度量，可以让规划、招聘、培训、咨询、薪资管理等工作都有具体的依据；让员工明白组织期望他们做什么，将以什么样的标准评价，使员工能够把精力集中在一些比较重要的任务和目标上，为人力资源管理工作的业绩测度和评价提供了相对客观的指标。

c. 制订人力资源规划的程序。人力资源规划，作为企业人力资源管理的一项基础工作，其核心部分包括人力资源需求预测、人力资源供应预测和人力资源供需综合平衡三项工作。人力资源规划程序如图5-2所示。

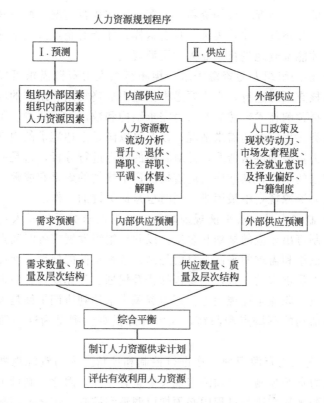

图 5-2　人力资源规划程序

人力资源规划的过程大致分为以下几个步骤。

- 调查、收集和整理相关信息。影响企业经营管理的因素很多,例如,产品结构、市场占有率、生产和销售方式、技术装备的先进程度以及企业经营环境,包括社会的政治、经济、法律环境等因素是企业制订规划的硬约束,任何企业的人力资源规划都必须加以考虑。

• 核查组织现有人力资源。核查组织现有人力资源就是通过明确现有人员的数量、质量、结构以及分布情况,为将来制订人力资源规划做准备。它要求组织建立完善的人力资源管理信息系统。即借助现代管理手段和设备,详细占有企业员工各方面的资料,包括员工的自然情况、录用资料、工资、工作执行情况、职务和离职记录、工作态度和绩效表现。只有这样,才能对企业人员情况全面了解,才能准确地进行企业人力资源规划。

• 预测组织人力资源需求。预测组织人力资源需求可以与人力资源核查同时进行,它主要是根据组织战略规划和组织的内外条件,选择预测技术,然后对人力需求结构和数量进行预测。了解企业对各类人力资源的需求情况,以及可以满足上述需求的内部和外部的人力资源的供给情况,并对其中的缺点进行分析,这是一项技术性较强的工作,其准确程度直接决定了规划的效果和成败,它是整个人力资源规划中最困难,同时也是最关键的工作。

• 制订人员供求平衡规划政策。根据供求关系以及人员净需求量,制订出相应的规划和政策。以确保组织发展在各时间点上人力资源供给和需求的平衡。也就是制订各种具体的规划,保证各时间点上人员供求的一致,主要包括晋升规划、补充规划、培训发展规划、员工职业生涯规划等。人力资源供求达到协调平衡是人力资源规划活动的落脚点和归宿,人力资源供需预测是为这一活动服务的。

• 对人力资源规划工作进行控制和评价。人力资源规划的基础是人力资源预测。但预测与现实毕竟有差异,因此。制订出来的人力资源规划在执行过程中必须加以调整和控制,使之与实际情况相适应。因此,执行反馈是人力资源规划工作的重要环节,也是对整个规划工作的执行控制过程。

• 评估人力资源规划。评估人力资源规划是人力资源规划过程中的最后一步。人力资源规划不是一成不变的，它是一个动态的开放系统，对其过程及结果必须进行监督、评估，并重视信息反馈，不断调整，使其更加切合实际，更好地促进企业目标的实现。

• 人力资源规划的审核和评估工作。应在明确审核必要性的基础上，制订相应的标准。同时，在对人力资源规划进行审核与评估过程中，还要注意组织的保证和选用正确的方法。

d. 制订人力资源规划的典型步骤。由于各企业的具体情况不同，所以，制订人力资源规划的步骤也不尽相同。制订人力资源规划的典型步骤，见表5-3。

表 5-3 制订人力资源规划的典型步骤

步骤	说明
制订职务编制计划	根据组织发展规划和组织工作方案，结合工作分析的内容，确定职务编制计划。职务编制计划阐述了组织结构、职务设置、职务描述和职务资格要求等内容。制订职务编制计划的目的是为了描述未来的组织职能规模和模式
制订人员配置计划	根据组织发展规划，结合人力资源盘点报告，制订人员配置计划。人员配置计划阐述了单位每个职位的人员数量、人员的职务变动、职务空缺数量的补充办法等
预测人员需求	根据职务编制计划和人员配置计划，采用预测方法，进行人员需求预测。在预测人员需求中，应阐明需求的职务名称、人员数量、希望到岗时间等。同时，还要形成一个标明员工数量、招聘成本、技能要求、工作类别及为完成组织目标所需的管理人员数量和层次的分列表
确定人员供给计划	人员供给计划是人员需求的对策性计划。人员供给计划的编制，要在对本单位现有人力资源进行盘存的情况下，结合员工变动的规律，阐述人员供给的方式，包括人员的内部流动方法、外部流动政策、人员的获取途径和具体方法等
制订培训计划	为了使员工适应形势发展的需要，有必要对员工进行培训，包括新员工的上岗培训和老员工的继续教育，以及各种专业培训等。培训计划涉及培训政策、培训需求、培训内容、培训形式、培训考核等内容

续表

步骤	说明
制订人力资源管理政策调整计划	人力资源政策调整计划,是对组织发展和组织人力资源管理之间关系的主动协调,目的是确保人力资源管理工作主动地适应形势发展的需要。计划中应明确计划期内的人力资源政策的调整原因、调整步骤和调整范围等。其中包括招聘政策、绩效考核政策、薪酬与福利政策、激励政策、职业生涯规划政策、员工管理政策等
编制人力资源费用预算	编制人力资源费用主要包括招聘费用、培训费用、福利费用、调配费用、奖励费用,其他非员工的直接待遇,以及与人力资源开发利用有关的费用
关键任务的风险分析及对策	任何单位在人力资源管理中都可能遇到风险,如招聘失败、新政策引起员工不满,这些都可能影响公司的正常运行。风险分析就是通过风险识别、风险估计、风险驾驭、风险监控等一系列活动来防范风险的发生

人力资源规划编制完毕后,应先与各部门负责人沟通,根据沟通的结果进行反馈。最后再提交给公司决策层审议通过。

5.1.2 人力资源管理概述

(1) 人力资源管理的含义

人力资源管理是指运用现代化的科学方法,对与一定物力相结合的人力进行合理的培训、组织与调配,使人力、物力经常保持最佳比例;同时对人的思想、心理和行为动机进行恰当的诱导、控制和协调,充分发挥人的主观能动性,使人尽其才,事得其人,人事相宜,以实现组织目标。

从两个方面了解人力资源管理:

① 首先,对人力资源外在要素——量的管理。就是根据人力和物力及其变化,对人力进行恰当的培训、组织和协调,使两者经常保持最佳比例和有机的结合,使人和物都充分发挥出最佳效应。

② 其次,对人力资源内存要素——质的管理。其包括对个体和群体的思想、心理和行为的协调、控制和管理,充分发挥人的主观能动性,以达到组织目标。

(2) 人力资源管理的具体内容

人力资源管理的具体内容，见表 5-4 所示。

表 5-4　人力资源管理的具体内容

序号	内容	释义
1	工作分析	即对具体工作岗位的研究
2	人力资源规划	即确定人力资源需求
3	招聘	即吸引潜在员工
4	选拔	即测试和挑选新员工
5	培训和开发	即教导员工如何完成他们的工作以及为将来做好准备
6	报酬方案	即如何向员工提供报酬
7	绩效管理	即对员工的工作绩效进行评价
8	员工关系	即创造一种和谐的和积极的工作环境

(3) 现代人力资源管理的主要特点

① 现代人力资源管理以"人"为核心，强调一种动态的、心理的、意识的调节和开发，管理的根本出发点是"着眼于人"，其管理归结于人与事的系统优化，致使企业取得最佳的社会和经济效益。

② 现代人力资源管理把人作为一种"资源"，注重产出和开发，企业承包必须小心保护、引导和开发。

(4) 人力资源管理的目的和意义

人力资源管理的目的：一是为满足企业任务需要和发展要求；二是吸引潜在的合格的应聘者；三是留住符合需要的员工；四是激励员工更好地工作；五是保证员工安全和健康；六是提高员工素质、知识和技能；七是发掘员工的潜能；八是使员工得到个人成长空间。

人力资源管理对企业具有四点重大意义：一是提高生产率，即以一定的投入获得更多的产出；二是提高工作生活质量，是指员工在工作中产生良好的心理和生理健康感觉，如安全感、归属感、参与感、满意感、成就与发展感等；三是提高经济效益，即获得更多的盈利；四是符合法律规定，即遵守各项有关法律、法规。

人力资源管理的目标：取得最大的使用价值；发挥人的最大的主观能动性，激发人才活力；培养全面发展的人。

人力资源管理的最终结果（或称底线），必然与企业生存、竞争力、发展、盈利及适应力有关。

(5) 人力资源管理的职能与措施

① 获取。获取职能包括工作分析、人力资源规划、招聘、选拔与使用等活动。

工作分析是人力资源管理的基础性工作。在这个过程中，要对每一职务的任务、职责、环境及任职资格做出描述，编写出岗位说明书。

人力资源规划是将企业对人员数量和质量的需求与人力资源的有效供给相协调。需求源于组织工作的现状与对未来的预测，供给则涉及内部与外部的有效人力资源。

招聘应根据对应聘人员的吸引程度选择最合适的招聘方式，如利用报纸广告、网上招聘、职业介绍所等。

选拔与使用选拔有多种方法，如利用求职申请表、面试、测试和评价中心等。使用是指对经过上岗培训，考试后合格的人员安排工作。

② 保持。保持职能包括两个方面的活动：一是保持员工的工作积极性，如公平的报酬、有效的沟通与参与、融洽的劳资关系等；二是保持健康安全的工作环境。

a. 报酬是指制订公平合理的工资制度。

b. 沟通与参与指的是公平对待员工，疏通关系，沟通感情，参与管理等。

c. 劳资关系指的是处理劳资关系方面的纠纷和事务，促进劳资关系的改善。

③ 发展。发展职能包括员工培训、职业发展管理等。

a. 员工培训是指根据个人、工作、企业的需要制订培训计划，选择培训的方式和方法，对培训效果进行评估。

b. 职业发展管理指的是帮助员工制订个人发展计划，使个人的发展与企业的发展相协调，满足个人成长的需要。

④ 评价。评价职能包括工作评价、绩效考核、满意度调查等。其中绩效考核是核心。它是奖惩、晋升等人力资源管理及其决策的依据。

⑤ 调整。调整职能包括人员调配系统、晋升系统等。

人力资源管理的各项具体活动,是按一定程序展开的,各环节之间是关联的。没有工作分析,也就不可能有人力资源规划;没有人力资源规划,也就难以进行有针对性的招聘;在没有进行人员配置之前,不可能进行培训;不经过培训,难以保证上岗后胜任工作;不胜任工作,绩效评估或考核就没有意义。对于正在运行中的企业,人力资源管理可以从任何一个环节开始。但是,无论从哪个环节开始,都必须形成一个闭环系统,就是说要保证各环节的连贯性。否则,人力资源管理就不可能有效地发挥作用。人力资源管理系统如图 5-3 所示。

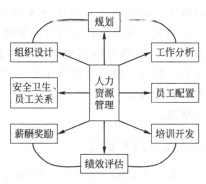

图 5-3 人力资源管理系统

(6) 绩效考评

① 绩效考评的内容

a. "德"指人的政治思想素质、道德素质和心理素质。

b. "能"指人的能力素质,即认识世界和改造世界的本领。

c. "勤"指勤奋敬业精神,主要指人员的工作积极性、创造性、主动性、纪律性和出勤率。

d. "绩"指人员的工作绩效,包括完成工作的数量、质量、经济效益和社会效益。

② 绩效考评的方法

a. 民意测验法。此法的优点是群众性和民主性较好，缺点是主要从下而上考察干部，群众缺乏足够全面的信息，会在掌握考核标准上带来偏差或非科学因素。一般将此法用作辅助的、参考的手段。

b. 共同确定法。此法目前被广泛用于职称的评定，即由考核小组成员按考核内容，逐人逐项打分，去掉若干最高分和若干最低分，余下的取平均分，用以确定最终考核得分。

c. 配对比较法。此法优点是准确较高，缺点是操作烦琐，因此每次考核人数宜少，通常10人左右。

d. 要素评定法。也称功能测评法、根据不同类型人员确定不同的考核要素，然后制订考核（测评）表，由主考人员逐项打分。一般将每个要素按优劣程序划分3～5个等级，每个等级相应地根据因素的重要性取得不同的记分。一般由被考核人员本人、下级、同级、上级各填一考核表，再综合计算得分，会更准确些。

e. 情景模拟法。其优点是身临其境，真实性和准确性高，其缺点是耗费许多人力、物力、财力。目前在发达国家实际采用的情景模拟法只是一种"想象模拟"，即"假如您在某个岗位"，或用计算机模拟系统进行仿真。

5.1.3 园林项目人力资源管理

对于园林项目而言，人们趋向于把人力资源定义为所有同项目有关的人，一部分为园林项目的生产者，即设计单位、监理单位、承包单位等的员工，包括生产人员、技术人员及各级领导；一部分为园林项目的消费者，即建设单位的人员和业主，他们是订购、购买服务或产品的人。

(1) 园林项目人力资源管理的内容

园林项目人力资源管理是项目经理的职责。在园林项目运转过程中，项目内部汇集了一批技术的、财务的、工程的等方面的精英。项目经理必须将项目中的这些成员分别组建到一个个有效的团队中去，使组织发挥整体远大于局部之和的效果。为此，开展协调工作就显得非常重要，项目经理必须解决冲突，弱化矛盾，必须高屋建瓴地策划全局。

园林项目人力资源管理属于微观人力资源管理的范畴。园林项目人力资源管理可以理解为针对园林人力资源的取得、培训、保持和利用等方面所进行的计划、组织、指挥和控制活动。

具体而言，园林项目人力资源管理包括以下内容。

① 园林项目人力资源规划。

② 园林项目岗位群分析。

③ 园林项目员工招聘。

④ 园林项目员工培训和开发。

⑤ 建立公平合理的薪酬系统和福利制度。

⑥ 绩效评估。

(2) 园林项目人力资源的优化配置

① 施工劳动力现状。随着国家用工制度的改革，园林企业逐步形成了多种形式的用工制度，包括固定工、合同工和临时工等形式。形成劳动力弹性供求结构，适应园林工程项目施工中用工弹性和流动性的要求。

② 园林项目劳动力计划的编制。劳动力综合需要计划是确定暂设园林工程规模和组织劳动力市场的依据。编制时首先应根据工种工程量汇总表中列出的各专业工种的工程量。查相应定额得到各主要工种的劳动量，再根据总进度计划表中各单位工程工种的持续时间。求得某单位工程在某段时间里的平均劳动力数。然后用同样方法计算出各主要工种在各个时期的平均工人数，编制劳动力需要量计划表（表4-6）。

表4-6中的工种名称除生产人员外，还应该包括附属辅助用工（如机修、运输、构件加工、材料保管等）以及服务和管理用工；劳动力需要量计划表应附有分季度的劳动力动态曲线。

③ 园林项目劳动力的优化配置。园林项目所需劳动力以及种类、数量、时间、来源等问题。应就项目的具体状况做出具体的安排。安排得合理与否将直接影响项目的实现。劳动力的合理安排需要通过对劳动力的优化配置才能实现。

园林项目中，劳动力管理的正确思路是：劳动力的关键在使用，使用的关键在提高效率，提高效率的关键是调动员工的积极性，调动积极性的最好办法是加强思想政治工作和运用科学的观点进行恰当的激励。

园林项目劳动力优化配置的依据主要涉及项目性质、项目进度计划、项目劳动力资源供应环境，需要什么样的劳动力、需要多少，应根据在该时间段所进行的工作活动情况予以确定。同时，还要考虑劳动力的优化配置和进度计划之间的综合平衡问题。

园林项目不同或项目所在地不同，其劳动力资源供应环境也不相同，项目所需劳动力取自何处。应在分析项目劳动力资源供应环境的基础上加以正确选择。

园林项目劳动力优化配置首先应根据项目分解结构，按照充分利用、提高效率、降低成本的原则确定每项工作或活动所需劳动力的种类和数量；然后再根据项目的初步进度计划进行劳动力配置的时间安排；接下来在考虑劳动力资源的来源基础上进行劳动力资源的平衡和优化；最后形成劳动力优化配置计划。

5.2 技术管理

技术是人类为实现社会需要而创造和发展起来的手段、方法和技能的总称。它是技术工作中技术人才、技术设备和技术资料等技术要素的综合。

技术管理是指对企业全部生产技术工作的计划、组织、指挥、协调和监督，是对各项技术活动的技术要素进行科学管理的总和。搞好园林工程建设的技术管理工作，要从园林工程建设的特点出发，以优质、快速、低耗的要求为标准，把科学技术、经济与管理密切结合起来，使科学技术的成果及时转化为生产力。这样有利于提高园林建设工程的技术水平，充分发挥现有机械设备的能力，提高劳动生产率，降低园林工程建设成本，增强施工企业的竞争力，提高经济效益和社会效益。

5.2.1 园林工程建设施工技术管理的组成

施工企业的技术管理工作主要由施工技术准备、施工过程技术工作、技术开发工作三方面组成，园林工程建设施工技术管理的组成，如图5-4所示。

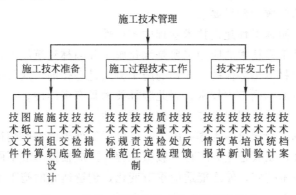

图5-4 园林工程建设施工技术管理的组成

5.2.2 园林工程建设技术管理的特点

由于园林工程自身的特点，在技术管理上要针对园林艺术性和生物性的要求，采取相应的技术手段，合理组织技术管理。

(1) 园林工程建设技术管理的综合性

园林工程是艺术工程，是工程技术和生物技术与园林艺术的结合，既要保证园林工程建设发挥它绿化环境的功能，同时又要发挥它供人们欣赏的艺术功能，满足人们文化生活的需要，这些都要求园林工程建设必须重视各方面的技术工作。因此，在园林工程建设中采用先进的科学技术手段，逐步形成独特的园艺技术体系，掌握自然规律，利用自然规律创造出最好的经济效果和艺术效果。

(2) 园林工程建设技术管理的相关性

园林工程建设过程中，各项技术措施是密切相关的，在协调妥当的情况下，可以相互促进；在协调失当的情况下，可能相互矛盾。因此，园林工程建设技术管理的相关性在园林工程施工中具有特殊意义。例如，栽植工程的起苗、运苗、植苗与管护；园路工程的基层与面层；假山工程的基础、底层、中层、压顶等环节都是相互依赖、相互制约的。上道工序技术应用得好，保证了质量，为下道工序打好基础，才能保证整个项目的质量。相反，上道工序技术出现问题，影响质量，就会影响下道工序的进行和质量，甚至影响全项目的完成和质量要求。

（3）园林工程建设技术管理的多样性

园林工程技术的应用主要是绿化施工和园林建筑施工，但两者所应用的材料是多样的，选择的施工方法是多样的，这就要求有与之相适应的不同工程技术，因此园林技术具有多样性。

（4）园林工程建设技术管理的季节性

园林工程建设多为露天施工，受气候等外界因素影响很大，季节性较强，尤其是土方工程、栽植工程等。应根据季节不同，采取不同的技术措施，使之能适应季节变化，创造适宜的施工条件。

5.2.3　园林工程建设技术管理内容

（1）建立技术管理体系，加强技术管理制度建设

要加强技术管理工作，充分发挥技术优势，施工单位应该建立健全技术管理机构，形成单位内纵向的技术管理关系和对外横向的技术协作关系，使之成为以技术为导向的网络管理体系。要在该体系中强化高级技术人员的领导作用，设立以总工程师为核心的三级技术管理系统，重视各级技术人员的相互协作，并将技术优势应用于园林工程施工之中。

对于施工企业，仅仅建立稳定的技术管理机构是不够的，应充分发挥机构的职责，制订和完善技术管理制度，并使制度在实际工作中得到贯彻落实。为此，园林施工单位应建立以下制度。

① 图纸会审管理制度。施工单位应认识到设计图纸会审的重要性。园林工程建设是综合性的艺术作品，它展示了作者的创作思想和艺术风格。因此，熟悉图纸是搞好园林施工的基础工作，应给予足够的重视。通过会审还可以发现设计与现场实际的矛盾，研究确定解决办法，为顺利施工创造条件。

②技术交底制度。施工企业必须建立技术交底制度，向基层组织交代清楚施工任务、施工工期、技术要求等，避免盲目施工，操作失误，影响质量，延误工期。

③计划先导的管理制度。计划、组织、指挥、协调与监督是现代施工管理五大职能。在施工管理中要特别注意发挥计划职能。要建立以施工组织设计为先导的技术管理制度用以指导施工。

④材料检查制度。材料、设备的优劣对工程质量有重要影响，为确保园林工程建设的施工质量，必须建立严格的材料检查制度。要选派责任心强、懂业务的技术人员负责这项工作，对园林施工中一切材料（含苗木）、设备、配件、构件等进行严格检验，坚持标准，杜绝不合格材料进场，以保证工程质量。

⑤基层统计管理制度。基层施工单位多是施工队或班组直接进行工程施工活动，是施工技术直接应用者或操作者。因此，应根据技术措施的贯彻情况，做好原始记录，作为技术档案的重要部分，也为今后的技术工作提供宝贵的经验。

技术统计工作也包括施工过程的各种数据记录及工程竣工验收记录。以上资料应整理成册，存档保管。

（2）建立技术责任制

园林工程建设技术性要求高，要充分发挥各级技术人员的作用，明确其职权和责任，便于完成任务。为此，应做好以下几方面工作。

①落实领导任期技术责任制，明确技术职责范围。领导技术责任制是由总工程师、主任工程师和技术组长构成的以总工程师为核心的三级管理责任制。其主要职责是：全面负责单位内的技术工作和技术管理工作；组织编制单位内的技术发展规划，负责技术革新和科研工作；组织会审各种设计图纸，解决工程中技术关键问题；制订技术操作规程、技术标准及各种安全技术措施；组织技术培训，提高职工业务技术水平。

②要保持单位内技术人员的相对稳定。避免频繁的调动，以利于技术经验的积累和技术水平的提高。

③要重视特殊技术人员的作用。园林工程中的假山置石、盆

景花卉、古建雕塑等需要丰富的技术经验,而掌握这些技术的绝大多数是老工人或老技术人员,要鼓励他们继续发挥技术特长,充分调动他们的积极性。同时要搞好传、帮、带工作,制订以老带新计划,使年轻人学习、继承他们的技艺,更好地为园林艺术服务。

(3) 加强技术管理法制工作

加强技术管理法制工作是指园林工程施工中必须遵照园林有关法律、法规及现行的技术规范和技术规程。技术规范是对建设项目质量规格及检查方法所做的技术规定;技术规程是为了贯彻技术规范而对各种技术程序操作方法、机械使用、设备安装、技术安全等诸多方面所做的技术规定。由技术规范、技术规程及法规共同构成工程施工的法律体系,必须认真遵守、执行。

① 法律法规:包括合同法、环境保护法、建筑法、森林法、风景名胜区管理暂行条例及各种绿化管理条例等。

② 技术规范:包括公园设计规范、森林公园设计规范、建筑安装工程施工及验收规范、安装工程质量检验标准、建筑安装材料技术标准、架空索道安全技术标准等。

③ 技术规程:包括施工工艺规程、施工操作规程、安全操作规程、绿化工程技术规程等。

5.3 材料管理

5.3.1 园林工程施工材料的采购管理

在园林工程项目的建设过程中,采购是项目执行的一个重要环节,一般指物资供应人员或实体基于生产、转售、消耗等目的,购买商品或劳务的交易行为。

(1) 采购的一般流程

采购管理是一个系统工程。其主要流程包括以下几方面。

① 提出采购申请。由需求单位根据施工需要提出拟采购材料的申请。

② 编制采购计划。采购部门从最好地满足项目需求的角度出

发，在项目范围说明书基础上确定是否采购、怎样采购、采购什么、采购多少以及何时采购。范围说明书是在项目干系人之间确认或建立的对项目范围的共识，是供未来项目决策的基准文档。范围说明书说明了项目目前的界限范围，它提供了在采购计划编制中必须考虑的有关项目需求和策略的重要信息。

③ 编制询价计划。编制询价工作中所需的文档，形成产品采购文档，同时确定可能的供方。

④ 询价。获取报价单或在适当的时候取得建议书。

⑤ 供应方选择。包括投标书或建议书的接受以及用于选择供应商的评价标准的应用，并从可能的卖主中选择产品的供方。

⑥ 合同管理。确保卖方履行合同的要求。

⑦ 合同收尾工作。包括任何未解决事项的决议、产品核实和管理收尾，如更新记录以反映最终结果，并对这些信息归档等。

(2) 采购方式的选择

对某些重大工程的采购，业主为了确保工程的质量而以合同的形式要求承包商对特定物资的采购必须采取招标方式或者直接指定某家采购单位等，如果在承包合同中没有这些限制条件的话，承包商可以根据实际情况来决定有效的采购方式。通常情况下，承包方可选择的采购方式主要有以下几种。

① 竞争性招标。竞争性招标有利于降低采购的造价，确保所采购产品的质量和缩短工期。但采购的工作量较大，因而成本可能较高。

② 有限竞争性招标。有限竞争性招标又称为邀请招标，它是招标单位根据自己积累的资料或根据工程咨询机构提供的信息，选择若干有实力的合格单位发出邀请，应邀单位（一般在3家以上）在规定的时间内向招标单位提交意向书，购买招标文件进行投标。有限竞争性招标方式节省了资格评审工作的时间和费用，但可能使得一些更具有竞争优势的单位失去机会。

③ 询价采购。询价采购也称为比质比价法，它是根据几家供应商（一般至少3家）的报价、产品质量以及供货时间等，对多家供应商进行比较分析，目的是确保价格的合理性。这种方式一般适

用于现货采购或价值较小的标准规格设备,有时也用于小型、简单的土建工程。

④ 直接采购或直接签订合同。直接采购就是不进行竞争而直接与某单位签订合同的采购方式。这种方式一般都是在特定的采购环境中进行的。例如,所需设备具有专营性、承包合同中指定了采购单位、在竞争性招标中未能找到一家供应商以合理价格来承担所需工程的施工或提供货物等特殊情况。

(3) 供应商的选择

供应商的选择是采购流程中的重要环节,它关系到对高质量材料供应来源的确定和评价,以及通过采购合同在销售完成之前或之后及时获得所需的产品或服务的可能性。一般供应商选择包括如下步骤。

① 供应商认证准备。认证准备工作的全过程,如图5-5所示。

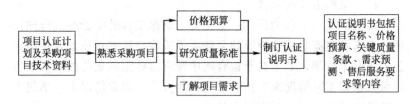

图5-5 供应商认证准备过程

② 供应商初选。采购人员根据供应商认证说明书,有针对性地寻找供应商,搜集有关供应信息。一般信息来源有商品目录、行业期刊、各类广告、网络、业务往来、采购部门原有的记录等。对重点的供应商还可进行书面调查或实地考察,考察的内容包括供应商的一般经营情况、制造能力、技术能力、管理情况、品质认证情况等。通过以上环节,采购人员可以确定参加项目竞标的供应商,向他们发放认证说明书;供应商则可根据自身情况向采购方提交项目供应报告,主要包括项目价格、可达到的质量、能提供的月/年、供应量、售后服务情况等。

③ 与供应商试合作。初选供应商后,采购人员可与其签订试用合同,目的是检测供应商的实际供应能力。通过试合作甄选出合

适的供应商,进而签订正式的项目采购合同。

④ 对供应商评估。在供货过程中,采购人员应继续对供应商的绩效从质量、价格、交付、服务等方面进行追踪考察和评价。采购方对于供应商的服务评价指标主要有物料维修配合、物料更换配合、设计方案更改配合、合理化建议数量、上门服务程度、竞争公正性表现等。

由于植物、石料、装饰品等材料的艺术性要求和部分园林产品非标准化的特点,园林企业要特别重视供应商的储备,在园林工程项目的材料采购中,要特别强调在供应商选择和管理评估的基础上与供应商建立密切、长期、彼此信任的良好合作关系,要把供应商视为企业的外部延伸和良好的战略合作伙伴,使供应商尽早介入项目采购活动中,以便及时、足量、质优的完成项目的材料预采购和采购任务。

5.3.2 园林工程施工材料库存管理

库存,就是为了未来预期的需要而将一部分资源暂时闲置起来。材料库存一般包括经常库存和安全库存两部分。经常库存,是指在正常情况下,在前后两批材料到达的供应间隔内,为满足施工生产的连续性而建立起来的库存。它的数量一般呈周期性变化。安全库存,则是为了预防某些不确定因素的发生而建立的库存,正常情况下是一经确定就是固定不变的库存量。

(1) ABC 分类法

园林工程材料管理不可能面面俱到,因此在进行材料管理时可以实行重点控制,"抓大放小"。大量的调查表明,材料的库存价值和品种的数量之间存在一定的比例关系。通常占品种数约 15% 的物资约占 75% 的库存资金,称为 A 类物资;占品种数约 30% 的物资约占 20% 的库存资金,称为 B 类物资;而占品种数约 55% 的物资只约占 5% 的库存资金,称为 C 类物资。对这些不同的物资可以采取不同的控制方法。例如,A 类物资应该是重点管理的材料,一般由企业物资部门采购,要进行严格的控制,确定经济的库存量,并对库存量随时进行盘点;对 B 类物资进行一般控制,可由项目经理部采购,适当管理;C类物资则可稍加控制或不加控制,简化其管理方法。

(2) 供应商管理库存(VMI)

供应商管理库存,是一种用户和供应商之间的合作性策略,是在一个相互同意的目标框架下由供应商管理库存的新库存管理模式。它以对双方来说都是最低的成本来优化产品的可获性,以系统的、集成的管理思想进行库存管理,使供需方之间能够获得同步化的运作,体现了供应链的集成化管理思想。

采用传统的库存管理模式,具有采购提前期长、交易成本高、生产柔性差、人员配置多、工作流程复杂的缺陷。而VMI库存管理系统则突破了传统的条块分割的库存管理模式,它通过选择材料供应商,与选定的供应商签订框架协议的形式确定合作关系,对项目部而言,材料的供应管理工作主要是编制材料使用计划;对供应商而言,则是根据项目的材料使用计划,合理安排生产和运输,保证既不缺货,也不使现场有较大库存。采用VMI策略,将库存交由供应商管理,不仅可以使项目部集中精力在工程的核心业务上,还具有减少项目人员、降低项目成本、提高服务水平的优点。

5.3.3 施工现场的材料管理

(1) 原则和任务

① 全面规划,保障园林施工现场材料管理的有序进行。在园林工程开工前做出施工现场材料管理的规划,参与施工组织设计的编制,规划材料存放场地、运输道路,做好园林工程材料预算,制订施工现场材料管理目标。

② 合理计划,掌握进度,正确组织材料进场。按工程施工进度计划,组织材料分期分批有秩序地进场。一方面保证施工生产需要,另一方面可以防止形成大批剩余材料。

③ 严格验收,把好工程质量第一关。按照各种材料的品种、规格、质量、数量要求,严格对进场材料进行检查,办理收料。

④ 合理存放,促进园林工程施工的顺利进行。按照现场平面布置要求,做到适当存放,在方便施工、保证道路畅通、安全可靠

的原则下，尽量减少二次搬运。

⑤ 进入现场的园林材料应根据材料的属性妥善保管。园林工程材料各具特性，尤其是植物材料，其生理生态习性各不相同，因此，必须按照各项材料的自然属性，依据物资保管技术要求和现场客观条件，采取各种有效措施进行维护、保养，保证各项材料不降低使用价值，植物材料成活率高。

⑥ 控制领发，加强监督，最大限度地降低工程施工消耗。施工过程中，按照施工操作者所承担的任务，依据定额及有关资料进行严格的数量控制，提高物资材料使用率。

⑦ 加强材料使用记录与核算，改进现场材料管理措施。用实物量形式，通过对消耗活动进行记录、计算、控制、分析、考核和比较，正确反映消耗水平。

（2）管理的内容

① 材料计划管理。项目开工前，向企业材料部门提出一次性计划，作为供应备料依据；在施工中，根据工程变更及调整的施工预算，及时向企业材料部门提出调整供料月计划，作为动态供料的依据；根据施工平面图对现场设施的设计，按使用期提出施工设施用料计划，报供应部门作为送料的依据；按月对材料计划的执行情况进行检查，不断改进材料供应。

② 材料进场验收。为了把住质量和数量关，在材料进场时必须根据进料计划、送料凭证、质量保证书或产品合格证，进行材料的数量和质量验收；验收工作按质量验收规范和计量检测规定进行；验收内容包括品种、规格、型号、质量、数量等；验收要做好记录，办理验收手续；对不符合计划要求或质量不合格的材料应拒绝验收。

a. 现场材料人员接到材料进场的预报后，要做好以下五项准备工作。

• 检查现场施工便道有无障碍及平整通畅，车辆进出、转弯、调头是否方便，还应适当考虑回车道，以保证材料能顺利进场。

• 按照施工组织设计的场地平面布置图的要求，选择适当的堆料场地，要求平整、没有积水。

- 必须进现场临时仓库的材料，按照"轻物上架、重物近门、取用方便"的原则，准备好库位，防潮、防霉材料要事先铺好垫板，易燃易爆材料一定要准备好危险品仓库。
- 夜间进料要准备好照明设备，道路两侧及堆料场地都应有足够的照明，以保证安全生产。
- 准备好装卸设备、计量设备、遮盖设备等。

b. 现场材料的验收主要是检验材料品种、规格、数量和质量。验收步骤如下。

- 查看送料单，是否有误送。
- 核对实物的品种、规格、数量和质量，是否和凭证一致。
- 检查原始凭证是否齐全正确。
- 做好原始记录，填写收料日记，逐项详细填写，其中验收情况登记栏必须将验收过程中发生的问题填写清楚。

c. 根据材料的不同，其验收方法也不一样。几种验收方法如下。

- 水泥需要按规定取样送检，经实验安定性合格后方可使用。
- 木材质量验收包括材种验收和等级验收，数量以材积表示。
- 钢材质量验收分为外观质量验收和内在化学成分、力学性能验收。
- 园林建筑小品材料验收要详细核对加工计划，检查规格、型号和数量。
- 园林植物材料验收时应确认植物材料形状尺寸（树高、胸径、冠幅等）、树型、树势、根的状态及有无病虫害等，搬入现场时还要再次确认树木根系与土球状况、运输时有无损伤等，同时还应该做好数量的统计与确认工作。

③ 材料的储存与保管。进库的材料应验收入库，建立台账；现场的材料必须防火、防盗、防雨、防变质、防损坏；施工现场材料的放置要按平面布置图实施，做到位置正确、保管处置得当、合乎堆放保管制度；要日清、月结、定期盘点、账实相符。

园林植物材料坚持随挖、随运、随种的原则，尽量减少存放时间，如需假植，应及时进行。

④ 材料领发。凡有定额时工程用料，凭限额领料单领发材料；施工设施用料也实行定额发料制度，以设施用料计划进行总控制；超限额的用料，用料前应办理手续，填制限额领料单，注明超耗原因，经项目经理签发批准后实施；建立领发料台账，记录领发状况和节超状况。

a. 必须提高材料人员的业务素质和管理水平，要对在建的工程概况、施工进度计划、材料性能及工艺要求有进一步的了解，便于配合施工生产。

b. 根据施工生产需要，按照国家计量法规定，配备足够的计量器具，严格执行材料进场及发放的计量检测制度。

c. 在材料发放过程中，认真执行定额用料制度，核实工程量、材料的品种、规格及定额用量，以免影响施工生产。

d. 严格执行材料管理制度，大堆材料清底使用，水泥先进先出，装修材料按计划配套发放，以免造成浪费。

e. 对价值较高及易损、易坏、易丢的材料，发放时领发双方须当面点清，签字认证并做好发放记录，实行承包责任制，防止丢失损坏，以免发生重复领发料的现象。

⑤ 材料使用监督。材料的使用监督，就是对材料在施工生产消耗过程中进行组织、指挥、监督、调节和核算，借以消除不合理的消耗，达到物尽其用、降低材料成本、增加企业经济效益的目的。

a. 组织原材料集中加工，扩大成品供应。

b. 坚持按部分工程进行材料使用分析核算，以便及时发现问题，防止材料超用。

c. 现场材料管理责任者应对现场材料使用进行分工监督、检查。

d. 认真执行领发料手续，记录好材料使用台账。

e. 严格执行材料配合比，合理用料。

f. 每次检查都要做到情况有记录，原因有分析，明确责任，及时处理。

⑥ 材料回收

  a. 回收和利用废旧材料，要求实行交旧（废）领新、包装回收、修旧利废。
  b. 设施用料、包装物及容器等，在使用周期结束后组织回收。
  c. 建立回收台账，处理好经济关系。
⑦ 周转材料现场管理
  a. 按工程量、施工方案编报需用计划。
  b. 各种周转材料均应按规格分别整齐码放，垛间留有通道。
  c. 露天堆放的周转材料应有限制高度，并有防水等防护措施。

5.4　机械设备管理

  园林工程项目机械设备是园林施工过程中所需要的各种器械用品的总称。它包括各种工程机械（如挖掘机、铲土机、起重机、修剪机、喷药机等）、各类汽车、维修和加工设备、测试仪器和试验设备等。机械设备是园林施工企业生产必不可少的物质技术基础，加强对机械设备的管理，对多快好省地完成施工任务和提高企业的经济效益有着十分重要的意义。

5.4.1　选择园林工程机械设备

  园林工程项目本身具有的技术经济特点，决定了园林工程机械设备的特点。如施工的流动性决定了机械设备的频繁搬迁和拆装，使得园林工程机械呈现有效作业时间减少、利用率低、机械设备的精度差、磨损加速、机械设备使用寿命缩短等特点；而园林工程施工工种的多样性导致了任何机械设备在施工现场都呈现出配套性差、品种规格庞杂、维护和保修工作复杂、改造要求高等特点。因此尽管园林机械设备的使用形式有企业自有、租赁、外包等形式，但多数中小园林企业都选择租赁形式。

（1）选择园林工程机械设备的使用要求原则

  园林企业在选择机械设备时，应综合考虑机械设备本身的技术条件和经济条件，以及机械设备对企业生产经营的适用性。从使用的角度主要应满足以下要求。

① 生产率：指设备单位时间内的输出，一般以单位时间内的产量来表示。机械设备的生产率应该与企业的长期计划任务相适应，既要避免购买很快就要超负荷的设备，又要防止购买有较大过剩生产能力的设备。

② 可靠性与易维修性：衡量设备有效利用程度的指标是设备有效利用率，它是机械可工作时间与总时间的比值。要提高设备的有效利用率，就要提高设备的可靠性与易维修性。

③ 成套性：指设备在种类、数量与生产能力上都要配套。一个生产系统拥有很多设备，哪一种缺少或哪一种数量不足，都会对整个系统有影响。而个别设备的生产率特别高，并不会使整个生产系统的生产率大幅度提高；但个别设备的生产率特别低，则会使整个生产系统的生产率降低。

④ 适应性：指设备适应不同的工作对象、工作条件和环境的特性。机器设备适应能力越强，企业对设备投资就可以越少。

⑤ 节能性：指设备节省能源消耗的能力。节能性一般以机器设备单位运转时间的能源消耗来表示，如每小时的耗电量、每小时的耗油量等。也可以以单位产品的能源消耗量来表示。

⑥ 环保性：指机械设备在环境保护方面的性能，如噪声或排放有害物质指标等。随着全社会环保意识的增加，机械的环保性不仅影响着施工现场是否扰民，还决定着施工能否合法进行，企业对机械设备的投资是否经济或有效。

⑦ 安全稳定性：指机械在生产中的安全、稳定的保证程度。

(2) 选择园林工程机械设备的经济要求原则

在满足了使用要求的前提下，选择设备时，还要进行经济评价，选择经济上最合算的设备。其经济评价方法主要有投资回收期比较法、设备年平均寿命周期费用比较法、单位工程量成本比较法。

5.4.2 园林机械设备管理分类

(1) 综合管理

① 合理配备园林机械设备。园林工程施工需要多种类型的机械设备。为提高施工作业效率，就要结合各施工工序、工艺的要求合理配备机械设备种类，充分发挥设备的技术性能，实行机械化、规模化的方式作业，以提高施工作业效率、加快施工进度。

② 机械设备制度化管理。对施工机械设备的管理也应纳入制度化系统管理之中。针对施工机械设备和其岗位状况，正确制订作业操作指标与奖惩制度相匹配的岗位责任制，建立健全各项规章制度，严格执行机械安全文明的操作规程。

③ 加强机械操作者的职业技能培训管理。职业技能是衡量一名园林工人技术水平的重要标志。随着国民经济和人民物质文化水平的提高，园林绿化美化的环境造景已成为现代社会科学发展和可持续发展的重要标志，从而对园林工人的综合技术素质要求标准也越来越高，因而对员工的操作技能培训就显得尤为重要和必要，并且应该常抓不懈。

(2) 作业管理

① 恰当地安排机械施工作业任务与负荷。在对施工机械的操作管理中，要根据机械施工作业的特点、施工需要和设备性能、负荷，预先编制出合理的机械施工作业计划，再恰当地安排作业操作任务；应避免"大机小用""精机粗用"以及超负荷、超作业范围的现象，可有效避免施工机械设备的效率浪费或对其造成不必要的功能及设施损坏。

② 实行施工机械的分类管理。应根据施工机械设备性能及使用情况，应对其进行按类管理。即划分等级，区别对待，对重点机械设备加强管理，以达到合理而有效地使用管理的目的，提高机械施工的生产率。

(3) 使用管理

① 自有施工机械的管理

a. 正确估算机械折旧年限。正确估算机械使用年限，可为机械更新换代做好准备工作。从理论上讲，当机械的运行产值效益大于运行费用（包括能耗、修理、工资及折旧），说明机械还在经济使用期，但随着机械磨损、机械故障的不断发生，修理费、能耗及工资不断加大，致使其工效降低，到一定程度运行费用就会和产值效益相差无几，甚至大于产值效益，此时应立即淘汰。

b. 规范上岗。应合理制订一整套机械使用、维修、操作规程。上岗人员必须进行岗前培训；实行机驾人员收入与台班效益和台班消耗紧密挂钩的分配制度。

② 租赁施工机械设备的管理

a. 办理租赁合同。签订租赁合同，明确双方的权利。应注明租赁费用、工作量计算方式、付款方式及安全责任等；其操作人员必须服从现场管理人员的统一调度指挥，以合同为依据进行日常管理。

b. 作业前交底。施工前首先应对租赁来的机械设备操作人员进行培训。培训的内容包括：工程施工作业概况、特点、机械操作要求、质量要求、各机械的配合作业要求、安全文明作业规定等。

c. 考核检查管理。采用定期与不定期相结合的办法，对租赁来的机械作业完成工作量、质量、规格以及机况等进行检查、记录，以掌握其运营状况，从而便于管理与调度，保证工程顺利实施。

③ 施工机械维修与保养管理。各类型施工机械的维修与保养均有明确的规定。在作业过程要求操作人员严格执行，在施工调度中要充分考虑各种机械的维修时间，以解决维修与施工的矛盾。贯彻全员维修制的内容包括全效率、全系统。全效率是指机械设备的综合效率，即机械设备的总费用与总所得之比；全效率是在一定的寿命周期内得到质量优、成本低、安全达标、人机配合协调的结合效果。全系统是指对机械设备从规划、设计、制造、使用、维修及保养直到报废进行管理。全员维修制是对机械设备保养管理的最佳方式。总而言之，要想达到对园林机械设备使用的优质化管理，就必须采取对机械设备进行技术性与科学性相结合的管理方式。

④ 加强机械作业场地管理。机械施工作业现场应达到通视、平整、排水畅通的程度。应提前划定行车路线，并设置路标予以标示，以避免机械相互干扰、降低运行效率；应经常对道路平整和维

修。施工现场应设置机械作业专门管理人员，进行现场协调、指挥，发现问题及时在现场给予解决。

5.5 思 考 题

1. 人力资源都有哪些特征？
2. 如何进行人力资源管理？
3. 园林工程建设的技术管理都有哪些特点？
4. 如何领取和发放施工材料？
5. 什么是设备管理？设备管理应该遵循哪些原则？
6. 施工机械应该如何进行维修与保养？
7. 自有施工机械和租赁施工机械的管理有哪些区别？

6 园林工程项目施工管理

6.1 园林工程项目施工管理概述

6.1.1 园林工程施工管理的程序

园林工程施工管理的对象是施工整个过程中各阶段的工作。施工过程的五个阶段是施工管理的全过程,对施工全过程进行管理就构成了园林工程施工管理的程序。

(1) 投标、签约阶段

业主单位对园林项目进行设计和建设准备,具备了招标条件以后,便发出招标广告或邀请函,施工单位见到招标广告或邀请函后,从做出投标决策至中标签约,实质上就是在进行施工项目的工作。这是施工项目寿命周期的第一阶段,可称为立项阶段。本阶段的最终管理目标是签订工程承包合同。这一阶段主要进行以下工作。

① 园林施工企业从经营战略的高度做出是否投标争取承包该项目的决策。

② 决定投标以后,从多方面(企业自身、相关单位、市场、现场等)收集、掌握信息。

③ 编制既能使企业赢利,又有综合竞争力,可望中标的投标书。

④ 如果中标,则与招标方进行谈判,依法签订工程承包合同,

使合同符合国家法律、法规和国家计划，符合平等互利、等价有偿的原则。

(2) 施工准备阶段

施工单位与招标单位签订了工程承包合同，交易关系正式确立以后，便应组建项目经理部，然后以项目经理部为主，与企业经营层和管理层、业主单位配合进行施工准备，使工程具备开工和连续施工的基本条件。这一阶段主要进行以下工作。

① 成立项目经理部，根据工程管理的需要建立机构，配备管理人员。

② 编制施工组织设计，主要是施工方案、施工进度计划和施工平面图，用以指导施工准备和施工。

③ 制订施工管理规划，以指导施工管理活动。

④ 进行施工现场准备，使现场具备施工条件，有利于进行安全文明施工。

⑤ 编写开工申请报告待批。

(3) 施工阶段

这是一个自开工至竣工的实施过程。在这一过程中，项目经理部既是决策机构，又是责任机构。经营管理层、业主单位、监理单位的作用是支持、监督与协调。这一阶段的目标是完成合同规定的全部施工任务，达到验收、交工的条件。这一阶段主要进行以下工作。

① 按施工组织设计的安排进行施工。

② 在施工中努力做好动态控制工作，保证实现质量目标、进度目标、造价目标、安全目标、节约目标等。

③ 管好施工现场，实行文明施工。

④ 严格履行工程承包合同，处理好内外关系，做好合同变更及索赔。

⑤ 做好原始记录、协调、检查、分析等工作。

(4) 竣工验收与结算阶段

这一阶段可称为结束阶段，其目标是对项目成果进行总结、评价，对外结清债权债务，结束交易关系。本阶段主要进行以下工作。

① 在预验的基础上接受正式验收。

② 整理、移交竣工文件，进行财务结算，总结工作，编制竣工报告。

③ 办理工程交付手续。

④ 解散项目经理部。

(5) 养护服务阶段

这是园林工程施工管理的最后阶段，即在交工验收后，按合同规定的责任期进行的养护管理工作，其目的是保证使用单位正常使用，发挥效益。

① 为保证工程正常使用而做必要的技术咨询和服务。

② 进行工程回访，听取使用单位意见，总结经验教训，进行必要的维护、维修和保修。

6.1.2 园林工程施工管理的内容

园林工程施工过程中，为了取得各阶段目标和最终目标的实现，在进行各项活动中，必须加强管理工作。园林工程施工管理是按阶段进行的，每个阶段都有不同的管理内容。

(1) 园林工程施工准备阶段

园林工程施工项目在开工建设前要切实做好各项准备工作，包括技术准备、生产准备、施工现场准备。

(2) 园林工程施工阶段

园林工程开工之后，工程管理人员应与技术人员密切合作，共同做好施工中的管理工作，即施工进度管理、质量管理、人力资源管理、成本管理、材料管理、现场管理、安全管理、资料管理和竣工验收及养护期管理等。

① 施工进度管理。施工进度管理是工程管理的重要指标，因而应在满足经济施工和质量的要求下，求得切实可行的最佳工期。为保证如期完成工程项目，应编制出符合上述要求的施工计划，包括合理的施工顺序、作业时间和作业成本等。

② 质量管理。确定施工现场作业标准量，测定和分析这些数

据,把相应的数据填入图表中并加以运用,即进行质量管理。有关管理人员及技术人员要正确掌握质量标准,根据质量管理图进行质量检查及生产管理,确保质量稳定。

③ 人力资源管理。人力资源管理应包括劳务用工招聘、合同手续、劳动保险、工资支付、劳务人员的生活管理等。

④ 成本管理。城市园林绿地建设工程是公共事业,必须提高成本意识。成本管理不是追逐利润的手段,利润应是成本管理的结果。

⑤ 材料管理。园林工程施工材料管理应本着施工材料全面管供、管用、管节约和管回收的原则,把好供应、管理、使用三个主要环节,以最低的材料成本,按质、按量、及时、配套供应施工生产所需的材料,并监督和促进材料的合理使用。

⑥ 现场管理。施工现场管理是指对施工场地如何科学安排、合理使用,并与各自环境保持协调关系。其目的就是规范场容、文明施工、安全有序、整洁卫生、不扰民、不损害公共利益。

⑦ 安全管理。在施工现场成立相关的安全管理组织,制订安全管理计划,以便有效地实施安全管理,严格按照各工程的操作规范进行操作,并应经常对工人进行安全教育。

⑧ 资料管理。施工单位应负责其施工范围内的资料收集和整理,对施工资料的真实性、完整性和有效性负责,并在工程竣工验收前,按合同要求将工程的施工资料整理汇总完成,移交建设单位进行工程竣工验收。

(3) 竣工验收阶段

① 竣工验收的范围。根据国家现行规定,所有建设项目按照上级批准的设计文件所规定的内容和施工图样的要求建成。

② 竣工验收的准备工作。主要有整理技术资料、绘制竣工图样(应符合归档要求)、编制竣工决算等。

③ 组织项目验收。工程项目全部完工后,经过单项验收,符合设计要求,并具有竣工图表、竣工决算、工程总结等必要的文件资料,由施工单位向项目主管单位或负责验收的单位提出竣工验收申请报告,由验收单位组织相关人员进行审查、验收,做出评价,

对不合格的工程则不予验收,对工程的遗留问题应提出具体意见,限期完成。

④ 项目验收合格后确定对外开放日期。

(4) 建设项目后评价阶段

建设项目的后评价是工程项目竣工并使用一段时间后,再对立项决策、设计施工、竣工使用等全工程进行系统评价的一项技术经济活动。目前我国开展建设项目的后评价一般按三个层次组织实施,即项目单位的自我评价、行业评价、主要投资方或各级计划部门的评价。

6.2 园林工程项目施工现场管理

6.2.1 园林工程施工现场管理概述

(1) 施工现场管理的概念与目的

施工现场是指从事工程施工活动的施工场地(经批准占用)。该场地既包括红线以内占用的建筑用地和施工用地,又包括红线以外现场附近经批准占用的临时施工用地。它的管理是指对这些场地如何科学安排、合理使用,并与各自环境保持协调关系。

"规范场容、文明施工、安全有序、整洁卫生、不扰民、不损害公共利益",这就是施工现场管理的目的。

(2) 施工现场管理的意义

① 施工现场管理的好坏首先关系到施工活动能否正常进行。施工现场是施工的"枢纽站",大量的物资进场后"停站"于施工现场。活动在现场的大量劳动力、机械设备和管理人员,通过施工活动将这些物资一步步地转变成项目产品。这个"枢纽站"管理的好坏关系到人流、物流和财流是否畅通,施工生产活动是否能够顺利进行。

② 施工现场是一个"绳结",把各专业管理工作联系在一起。在施工现场,各项专业管理工作按合理分工分头进行,而又密切协作,相互影响,相互制约,很难截然分开。施工现场管理的好坏,

直接关系到各项专业管理的技术经济效果。

③ 工程施工现场管理是一面"镜子",能照出施工企业的面貌。一个文明的施工现场有着重要的社会效益,会赢得很好的社会信誉。反之,则会损害施工企业的社会信誉。

④ 工程施工现场管理是贯彻执行有关法规的"焦点"。施工现场与许多城市管理法规有关,每一个与施工现场管理发生联系的单位都聚焦于工程施工现场管理。因此,施工现场管理是一个严肃的社会问题和政治问题,不能有半点疏忽。

6.2.2 园林工程施工现场管理的特点

(1) 工程的艺术性

园林工程的最大特点在于它是一门艺术品工程,融科学性、技术性和艺术性于一体。园林艺术是一门综合艺术,涉及造型艺术、建筑艺术等诸多艺术领域,要求竣工的项目符合设计要求,达到预定功能。这就要求在施工时应注意园林工程的艺术性。

(2) 材料的多样性

构成园林的山、水、石、路、建筑等要素的多样性,也使园林工程施工材料具有多样性。一方面要为植物的多样性创造适宜的生态条件,另一方面又要考虑各种造园材料,如片石、卵石、砖等,形成不同的路面变化。现代塑山工艺材料以及防水材料更是各式各样。

(3) 工程的复杂性

工程的复杂性主要表现在工程规模日趋大型化,要求协同作业日益增多,加之新技术、新材料的广泛应用,对施工管理提出了更高要求。园林工程是内容广泛的建设工程,施工中涉及地形处理、建筑基础、驳岸护坡、园路假山、铺草植树等多方面,这就要求施工有全盘观念,环环相扣。

(4) 施工的安全性

园林设施多为人们直接利用和欣赏,必须具有足够的安全性。

6.2.3 园林工程施工现场管理的内容

(1) 合理规划施工用地

首先要保证施工场内占地的合理使用。当场内空间不充足时，应会同建设单位、规划部门向公安交通部门申请，经批准后才能使用场外临时施工用地。

(2) 在施工组织设计中，科学地进行施工总平面设计

施工组织设计是园林工程施工现场管理的重要内容和依据，尤其是施工总平面设计，目的是对施工场地进行科学规划，以便合理利用空间。在施工平面布置图上，临时设施、大型机械、材料堆场、物资仓库、构件堆场、消防设施、道路及进出口、水电管线、周转使用场地等，都应各得其所，位置关系合理合法，从而使施工现场文明，有利于安全和环境保护，有利于节约，便于工程施工。

(3) 根据施工进展的具体需要，按阶段调整施工现场的平面布置

不同的施工阶段，施工的需要不同，现场的平面布置也应进行调整。当然，施工内容变化是主要原因，另外分包单位也随之变化，他们也对施工现场提出了新的要求。因此，不应当把施工现场当成一个固定不变的空间组合，而应当对它进行动态的管理和控制，但是调整也不能太频繁，以免造成浪费。

(4) 加强对施工现场使用的检查

现场管理人员应经常检查现场布置是否按平面布置图进行，是否符合各项规定，是否满足施工需要，还有哪些薄弱环节，从而为调整施工现场布置提供有用的信息，也使施工现场保持相对稳定，不被复杂的施工过程打乱或破坏。

(5) 建立文明的施工现场

文明的施工现场是指按照有关法规的要求，使施工现场和临时占地范围内秩序井然，文明安全，环境得到保持，绿地树木不被破坏，交通畅达，文物得以保存，防火设施完备，居民不受干扰，场容和环境卫生均符合要求。建立文明的施工现场有利于提高工程质

量和工作质量，提高企业信誉。为此，应当做到主管挂帅、系统把关、普遍检查、建章建制、责任到人、落实整改、严明奖惩。

① 主管挂帅。公司和工区均成立主要领导挂帅，各部门主要负责人参加的施工现场管理领导小组，在企业范围内建立以项目管理班子为核心的现场管理组织体系。

② 系统把关。各管理、业务系统对现场的管理进行分口负责，每月组织检查，发现问题及时整改。

③ 普遍检查。对现场管理的检查内容，按达标要求逐项检查，填写检查报告，评定现场管理先进单位。

④ 建章建制。建立施工现场管理规章制度和实施办法，按法办事，不得违背。

⑤ 责任到人。管理责任不但明确到部门，而且各部门要明确到人，以便落实管理工作。

⑥ 落实整改。针对各种问题，一旦发现，必须采取措施纠正，避免再度发生。无论涉及哪一级、哪一部门、哪一个人，都不能姑息迁就，必须落实整改。

⑦ 严明奖惩。如果成绩突出，便应按奖惩办法予以奖励；如果有问题，要按规定给予必要的处罚。

(6) 及时清场转移

施工结束后，项目管理班子应及时组织清场，将临时设施拆除，剩余物资退场，组织向新工程转移，以便整治规划场地，恢复临时占用土地，不留后患。

6.2.4　园林工程施工现场管理的方法

现场施工组织就是现场施工过程的管理，它是根据施工计划和施工组织设计，对拟建工程项目在施工过程中的进度、质量、安全、节约和现场平面布置等方面进行指挥、协调和控制，以达到施工过程中不断提高经济效益的目的。

(1) 组织施工

组织施工是依据施工方案对施工现场进行有计划、有组织的均衡施工活动。必须做好以下三个方面的工作。

① 施工中要有全局意识。园林工程是综合性艺术工程，工种复杂，材料繁多，施工技术要求高，这就要求现场施工管理全面到位，统筹安排。在注重关键工序施工的同时，不得忽视非关键工序的施工；各工序施工任务必须清楚衔接，材料、机具供应到位，从而使整个施工过程顺利进行。

② 组织施工要科学、合理和实际。施工组织设计中拟定的施工方案、施工进度、施工方法是科学合理组织施工的基础，应认真执行。施工中还要密切注意不同工作的时间要求，合理组织资源，保证施工进度。

③ 施工过程要做到全面监控。由于施工过程是繁杂的工程实施活动，各个环节都有可能出现一些在施工组织上、设计中未加考虑的问题，这要根据现场情况及时调整和解决，以保证施工质量。

（2）施工作业计划的编制

施工作业计划和季度计划是对其基层施工组织在特定时间内以月度施工计划的形式下达施工任务的一种管理方式，虽然下达的施工期限很短，但对保证年度计划的完成意义重大。

① 施工作业计划的编制依据

a. 工程项目施工期与作业量。

b. 企业多年来基层施工管理的经验。

c. 上个月计划完成的状况。

d. 各种先进合理的定额指标。

e. 工程投标文件、施工承包合同和资金准备情况。

② 施工作业计划编制的方法。施工作业计划的编制因工程条件和施工企业的管理习惯不同而有所差异，计划的内容也有繁简之分。在编写的方法上，大多采用定额控制法、经验估算法和重要指标控制法三种。

定额控制法是利用工期定额、材料消耗定额、机械台班定额和劳动力定额等测算各项计划指标的完成情况，编制出计划表。经验估算法是参考上年度计划完成的情况及施工经验估算当前的各项指标。重要指标控制法则是先确定施工过程中哪几个工序为重点控制指标，从而制订出重点指标计划，再编制其他计划指标。实际工作中可结合这几种方法进行编制。施工作业计划一般都要有以下几方面的内容。

a. 年度计划和季度计划总表。

b. 根据季度计划编制出月份工程计划汇总表。

c. 按月工程计划汇总表中的本月计划形象进度确定各单项工程（或工序）的本月日程进度，用横道图表示，并计算出用工数量。

d. 利用施工日进度计划确定月份的劳动力计划，填写园林工程项目表。

e. 技术组织措施与降低成本计划表。

f. 月工程计划汇总表和施工日程进度表，制订必要的材料、机具月计划表。

在编制计划时，应将法定休息日和节假日扣除，即每月的所有天数不能连续算成工作日。另外，还要注意雨天或冰冻等天气影响，适当留有余地，一般可多留总工作天数的 5%～8%。

(3) 施工任务单

施工任务单是由园林施工企业按季度施工计划给施工队所属班组下达施工任务的一种管理方式。通过施工任务单，基层施工班组对施工任务和工程范围更加明确，对工程的工期、安全、质量、技术、节约等要求更能全面把握。这有利于对工人进行考核和施工组织。

① 施工任务单的使用要求。

a. 施工任务单是下达给施工班组的，因此任务单所规定的任务、指标要明了具体。

b. 施工任务单的制订要以作业计划为依据，要实事求是、符合基层作业。

c. 施工任务单中所拟定的质量、安全、工作要求，技术与节约措施应具体化、易操作。

d. 施工任务单工期以半个月到一个月为宜，下达、回收要及时。班组的填写要细致、认真并及时总结分析。所有单据均要妥善保管。

② 施工任务单的执行。基层班组接到施工任务单后，要详细分析任务要求，了解工程范围，做好实地调查工作。同时，班组负责人要召集施工人员，讲解施工任务单中规定的主要指标及各种安全、质量、技术措施，明确具体任务。在施工中要经常检查、监督，对出现的问题要及时汇报并采取应急措施。各种原始数据和资料要认真记录和保管，为工程竣工验收做好准备。

(4) 施工平面图管理

施工平面图管理是指根据施工现场布置图对施工现场水平工作面的全面控制活动，其目的是充分发挥施工场地的工作面特性，合理组织劳动资源，按进度计划有序施工。园林工程施工范围广、工序多、工作面分散，因此，要做好施工平面的管理。

① 现场平面布置图是施工总平面管理的依据，应认真予以落实。

② 实际工作中若发现现场平面布置图有不符合施工现场的情况，要根据具体的施工条件提出修改意见。

③ 平面管理的实质是水平工作面的合理组织，因此，要视施工进度、材料供应、季节条件等做出劳动力安排。

④ 在现有的游览景区内施工，要注意园内的秩序和环境。材料堆放、运输应有一定的限制，以避免景区混乱。

⑤ 平面管理要注意灵活性与机动性。对不同的工序或不同的施工阶段要采取相应的措施，如夜间施工可调整供电线路，雨季施工要组织临时排水，突击施工要增加劳动力等。

⑥ 必须重视生产安全。施工人员要有足够的安全意识，注意检查、掌握现场动态，消除安全隐患，加强消防意识，确保施工安全。

(5) 施工调度

施工调度是保证合理工作面上的资源优化，是有效地使用机械、合理组织劳动力的一种施工管理手段。

进行施工合理调度是十分重要的管理环节，要着重把握以下几点。

① 减少频繁的劳动力资源调配，施工组织设计必须切合实际，

科学合理，并将调度工作建立在计划管理的基础之上。

② 施工调度重点在于劳动力及机械设备的调配上，为此要对劳动力技术水平、操作能力、机械的性能和效率等有准确的把握。

③ 施工调度时要确保关键工序的施工，有效抽调关键线路的施工力量。

④ 施工调度要密切配合时间进度，结合具体的施工条件，因地、因时制宜，做到时间与空间的优化组合。

⑤ 调度工作要有及时性、准确性、预防性。

(6) 施工过程的检查与监督

园林工程是游人直接使用和接触的，不能存在丝毫的隐患，因此，应重视施工过程的检查与监督工作，要把它视为保证工程质量必不可少的环节，并贯穿于整个施工过程中。

① 检查的种类。根据检查对象的不同可将施工检查分为材料检查和中间作业检查两类。材料检查是指对施工所需的材料、设备的质量和数量的确认过程。中间作业检查是施工过程中作业结果的检查验收，分为施工阶段检查和隐蔽工程验收两种。

② 检查方法

a. 材料检查。检查材料时，要出示检查申请、材料入库记录、抽样指定申请、试验填报表和证明书等。不得购买假冒伪劣产品及材料；所购材料必须有合格证、质量检查证、厂家名称和有效使用日期；做好材料进出库的检查登记工作；要选派有经验的人员作仓库保管员，搞好材料验收、保管、发放和清点工作，做到"三把关，四拒收"，即把好数量关、质量关、单据关；拒收凭证不全、手续不整、数量不符、质量不合格的材料；绿化材料要根据苗木质量标准验收，保证成活率。

b. 中间作业检查。对一般的工序可按时间或施工阶段进行检查。检查时要准备好施工合同、施工说明书、施工图、施工现场照片、各种质量证明材料和试验结果等；园林景观的艺术效果是重要的评价标准，应对其加以检验确认，主要通过形状、尺寸、质地、色彩等加以检测；对园林绿化材料的检查，要以成活率和生长状况为主，并做到多次检查验收；对于隐蔽工程，要及时申请检查验收，待验收合格后方可进行下道工序；在检查中如发现问题，要尽快提出处理意见。

6.3 园林工程项目施工质量管理

6.3.1 园林工程施工质量概述

（1）施工质量及质量控制的概念

施工质量是指通过施工全过程所形成的工程质量，使之满足用户从事生产或生活需要，而且必须达到设计、规范和合同规定的质量标准。

质量控制是为达到质量要求所采取的作业技术和活动。质量控制目标是施工管理中的一个主要目标，也是园林工程施工的核心，要达到一个高的工程施工质量，就需要进行全面质量管理。

（2）全面质量管理

全面质量管理（TQC）又称为"三全管理"，即全过程的管理、全企业的管理和全体人员的管理。

全面质量管理是施工企业为了保证和提高工程质量，对施工的整个企业、全部人员和施工全部过程进行质量管理。它包括了产品质量、工序质量和工作质量，参与质量管理的人员也是全面的，要求施工部门及全体人员在整个施工过程中都应积极主动地参与工程质量管理。

（3）园林工程质量的形成因素和阶段因素

① 人的质量意识和质量能力。人是质量活动的主体，对园林工程而言，人是泛指与工程有关的单位、组织及个人，包括建设单位、勘察设计单位、施工承包单位、监理及咨询服务单位、政府主管及工程质量监督监测单位、策划者、设计者、作业者、管理者等。

② 园林建筑材料、植物材料及相关工程用品的质量。园林工程质量的水平在很大程度上取决于园林材料和栽培园艺的发展，原材料及园林建筑装饰材料及其制品的开发，推动人们对风景园林和

景观建设产品的需求不断趋新、趋美以及趋于多样性。因此，合理选择材料，所用材料、构配件和工程用品的质量规格、性能特征是否符合设计规定标准，直接关系到园林工程质量的形成。

③ 工程施工环境。工程施工环境包括地质、地貌、水文、气候等自然环境；施工现场的通风、照明、安全卫生防护设施等劳动作业环境；以及由工程承发包合同所涉及的多单位、多专业共同施工的管理关系，组织协调方式和现场质量控制系统等构成的社会环境。这些环境对工程质量的形成有着重要的影响。

④ 决策因素（阶段因素）。决策因素（阶段因素）是指可行性研究、资源论证、市场预测、决策的质量。决策人应从科学发展观的高度，充分考虑质量目标的控制水平和可能实现的技术经济条件，确保社会资源不浪费。

⑤ 设计阶段因素。园林植物的选择、植物资源的生态习性以及园林建筑物构造与结构设计的合理性、可靠性和可施工性都直接影响工程质量。

⑥ 工程施工阶段质量。施工阶段是实现质量目标的重要阶段，其中最重要的环节是施工方案的质量。施工方案包括施工技术方案和施工组织方案。施工技术方案是指施工的技术、工艺、方法和机械、设备、模具等施工手段的配置；施工组织方案是指施工程序、工艺顺序、施工流向、劳动组织方面的决定和安排。通常的施工程序是先准备后施工，先场外后场内，先地下后地上，先深后浅，先栽植后道路，先绿化后铺装等，都应在施工方案中明确，并编制相应的施工组织设计。

⑦ 工程养护质量。由于园林工程质量对生态和景观的要求取决于施工过程和工程养护，因此园林工程最终产品的形成取决于工程养护期的工作质量。工程养护对绿化景观含量高的工程尤其重要，这就是园林工程行业人士常说的"三分施工，七分养管"的意义所在。

(4) 园林工程质量的特点

园林工程产品（园林建筑、绿化产品）质量与工业产品质量的形成有显著的不同。园林工程产品位置固定，占地面积通常较大，园林建筑单体结构较复杂、体量较小、分布零散、整体协调性要求高；园林植物材料具有生命力；施工工艺流动性大，操作方法多样；园林要素构成复杂，质量要求不同，特别是对满足"隐含需要"的质量要求很难把握；露天作业受自然和气候条件制约因素多，建设周期较长。所有这些特点，导致了园林工程质量控制难度与其他建设项目的不同。

(5) 影响园林工程施工质量因素的控制

影响园林工程施工质量的因素主要有5个方面，即人、材料、机械、方法和环境。事前对这5个方面的因素严加控制，是保证施工质量的关键。

① 人的控制。人是指直接参与施工的组织者、指挥者和操作者。人，作为控制的对象，要避免产生失误；作为控制的动力，要充分调动其积极性，发挥其主导作用。为此，除了加强政治思想教育、劳动纪律教育、职业道德教育、专业技术培训，健全岗位责任制，改善劳动条件，公平合理地激励劳动热情以外，还需根据工程特点，从确保质量出发，在人的技术水平、人的生理缺陷、人的心理状态、人的错误行为等方面来控制人的使用。

此外，应严格禁止无技术资质的人员上岗操作；对不懂装懂、图省事、碰运气、有意违章的行为，必须及时制止。总之，在使用人的问题上，应从政治素质、思想素质、业务素质和身体素质等方面综合考虑，全面控制。

② 材料的控制。材料的控制包括原材料、成品、半成品、构配件等的控制，主要是严格检查验收，正确合理地使用，建立管理台账，进行收、发、储、运等各环节的技术管理，避免混料和将不合格的原材料使用到工程上。

③ 机械的控制。机械的控制包括施工机械设备、工具等的控制。要根据不同工艺特点和技术要求，选用合适的机械设备，正确使用、管理和保养好机械设备。为此要健全"人机固定"制度、"操作证"制度、岗位责任制度、交接班制度、"技术保养"制度、"安全使用"制度、机械设备检查制度等，确保机械设备处于最佳使用状态。

④ 方法的控制。这里所说的方法的控制，包含施工方案、施工工艺、施工组织设计、施工技术措施等的控制，主要应切合工程实际解决施工难题，技术可行、经济合理，有利于保证质量、加快进度、降低成本。

⑤ 环境的控制。影响工程质量的环境因素较多，有工程技术环境，如工程地质、水文、气象等；工程管理环境，如质量保证体系、质量管理制度等；劳动环境，如劳动组合、作业场所、工作面等。环境因素对工程质量的影响具有复杂多变的特点，如气象条件变化万千，温度、湿度、大风、暴雨、酷暑、严寒都直接影响工程质量。

6.3.2 施工准备阶段的质量管理

园林建设工程施工准备是为保证园林施工正常进行而必须事先做好的工作。施工准备不仅在工程开工前要做好，而且贯穿于整个施工过程。施工准备的基本任务就是为工程建立一切必要的施工条件，确保施工生产顺利进行，确保工程质量符合要求。

(1) 研究和会审图纸及技术交底

通过研究和会审图纸，可以广泛听取使用人员、施工人员的正确意见，弥补设计上的不足，提高设计质量；可以使施工人员了解设计意图、技术要求、施工难点。

技术交底是施工前的一项重要准备工作，以使参与施工的技术人员与工人了解承建工程的特点、技术要求、施工工艺及施工操作要求等。

(2) 施工组织设计

施工组织设计是指导施工准备和组织施工的全面性技术经济文件。对施工组织设计，要求进行两个方面的控制：一是选定施工方案后，制订施工进度时，必须考虑施工顺序、施工流向，主要分部、分项工程的施工方法，特殊项目的施工方法和技术措施能否保证工程质量；二是制订施工方案时，必须进行技术经济比较，使园林建设工程满足符合设计要求以及保证质量，求得施工工期短、成本低、安全生产、效益好的施工过程。

(3) 现场勘察"四通一平"和临时设施的搭建

掌握现场地质、水文勘察资料，检查"四通一平"、临时设施搭建能否满足施工需要，保证工程顺利进行。

(4) 物资准备

检查原材料、构配件是否符合质量要求；施工机具是否可以进入正常运行状态。

(5) 劳动力准备

施工力量的集结，能否进入正常的作业状态；特殊工种及缺门工种的培训，是否具备应有的操作技术和资格；劳动力的调配，工种间的搭接，能否为后续工种创造合理的、足够的工作面。

6.3.3 施工阶段的质量管理

按照施工组织设计总进度计划，编制具体的月度和分项工程施工作业计划和相应的质量计划。对材料、机具设备、施工工艺、操作人员、生产环境等影响质量的因素进行控制，以保持园林建设产品总体质量处于稳定状态。

(1) 施工工艺的质量控制

工程项目施工应编制"施工工艺技术标准"，规定各项作业活动和各道工序的操作规程、作业规范要点、工作顺序、质量要求。上述内容应预先向操作者进行交底，并要求认真贯彻执行。对关键环节的质量、工序、材料和环境应进行验证。使施工工艺的质量控制符合标准化、规范化、制度化的要求。

(2) 施工工序的质量控制

施工工序质量控制的最终目的是要使园林建设项目保质保量的顺利竣工，达到工程项目设计要求。

施工工序质量控制，它包括影响施工质量的5个因素（人、材料、机具、方法、环境），使工序质量的数据波动处于允许的范围内；通过工序检验等方式，准确判断施工工序质量是否符合规定的标准，以及是否处于稳定状态；在出现偏离标准的情况下，分析产生的原因，并及时采取措施，使之处于允许的范围内。

对直接影响质量的关键工序，对下道工序有较大影响的上道工序，对质量不稳定、容易出现不良情况的工序，对用户反馈和过去有过返工的不良工序设立工序质量控制（管理）点。设立工序质量控制点的主要作用是使工序按规定的质量要求操作并能正常运转，从而获得满足质量要求的最多产品和最大的经济效益。对工序质量控制点要确定合理的质量标准、技术标准和工艺标准，还要确定控制水平及控制方法。

对施工质量有重大影响的工序，对其操作人员、机具设备、材料、施工工艺、测试手段、环境条件等因素进行分析与验证，并进行必要的控制。同时做好验证记录，以便向建设单位证实工序处于受控状态。工序记录的主要内容为质量特性的实测记录和验证签证。

(3) 人员素质的控制

定期对职工进行规程、规范、工序、工艺、标准、计量、检验等基础知识的培训和开展质量管理和质量意识教育。

(4) 设计变更与技术复核的控制

加强对施工过程中提出的设计变更的控制。重大问题须经建设单位、设计单位、施工单位三方同意，由设计单位负责修改，并向施工单位签发设计变更通知书。对建设规模、投资方案等有较大影响的变更，须经原批准初步设计单位同意，方可进行修改。所有设计变更资料，均需有文字记录，并按要求归档。

对重要的或影响全局的技术工作，必须加强复核，避免发生重大差错，影响工程质量和使用。

6.3.4 竣工验收阶段的质量控制

(1) 工序间的交工验收工作的质量控制

工程施工中往往上道工序的质量成果被下道工序所覆盖；分项或分部工程质量成果被后续的分项或分部工程所掩盖。因此，要对施工全过程的分项与分部施工的各工序进行质量控制。要求班组实行保证本工序、监督前工序、服务后工序的自检、互检、交接检和专业性的"中间"质量检查，保证不合格工序不转入下道工序。出现不合格工序时，做到"三不放过"，并采取必要的措施，防止其再发生。

(2) 竣工交付使用阶段的质量控制

单位工程或单项工程竣工后,由施工项目的上级部门严格按照设计图纸、施工说明书及竣工验收标准,对工程的施工质量进行全面鉴定,评定等级,作为竣工交付的依据。工程进入交工验收阶段,应有计划、有步骤、有重点地进行收尾工程的清理工作,通过交工前的预验收,找出漏项项目和需要修补的工程,并及早安排施工。还应做好竣工工程产品保护,以提高工程的一次成优及减少竣工后返工整修。工程项目经自检、互检后,与建设单位、设计单位和上级有关部门进行正式的交工验收工作。

6.4 园林工程项目施工进度管理

6.4.1 园林工程施工进度管理的原理

园林工程施工进度管理是一个动态的过程,有一个目标体系,保证工程项目按期建成交付使用,是工程施工阶段进度控制的最终目的。将施工进度总目标从上至下层层分解,形成施工进度控制目标体系,作为实施进度控制的依据。其施工项目进度控制基本原理有动态控制原理、系统控制原理、信息反馈原理、统计学原理、网络计划技术原理。

6.4.1.1 动态循环控制原理

施工项目进度控制首先是一个动态控制的过程。

从项目施工开始,实际施工进度就不断发生变化,在执行计划的过程中,有时实际进度按照计划进度进行,两者则相吻合;由于工程施工的特殊性,实际进度与计划进度常常表现不一致,便会产生超前或落后的偏差。为了保证实际进度按照计划进度进行,只有分析产生偏差的原因,采取相应的措施,调整原来的计划,使两者在新起点上重合,继续进行施工活动,并且充分发挥组织管理的作用,使实际工作按计划进行。

其次施工项目进度控制还是一个循环进行的过程,当采取了调整措施克服进度偏差后，在新的干扰因素作用下，又会产生新的偏差，这就需要再次分析和调整，这种动态循环的过程直到施工结束。

项目进度计划控制的全过程是计划、实施、检查、比较分析、确定调整措施、再计划。从编制项目施工进度计划开始，经过实施过程中的跟踪检查，收集有关实际进度的信息，比较和分析实际进度与施工计划进度之间的偏差，找出产生原因和解决办法，确定调整措施，再修改原进度计划，形成一个循环系统。

因此，施工项目进度控制是一个动态循环的控制过程。

6.4.1.2　系统控制原理

施工项目有各种进度计划，既有施工项目总进度计划、单位工程进度计划，又有分部分项工程进度计划、季度和月（旬）作业计划，这些计划从总体计划到局部计划，由大到小，内容从粗到细，每个层面都需要实施和落实，因而采用系统控制非常重要。为了保证施工项目进度实施，必须建立相应的组织系统。

（1）施工项目进度控制有施工项目计划系统

计划编制时逐层进行控制目标分解，得到施工项目总进度计划、单位工程进度计划、分部分项工程进度计划、季度、月（旬）作业计划，组成一个施工项目进度计划系统。在执行计划时，从月（旬）作业计划开始实施，逐级按目标控制，从而达到对施工项目整体进度的目标控制。

（2）施工项目进度控制有实施的组织系统

施工项目的各职能部门以及项目经理、施工队长、班组长及其所属全体成员组成施工项目实施的完整组织系统。在施工项目实施的全过程中，各职能部门都按照施工进度规定的要求进行严格管理、落实和完成各自的任务；各专业队伍按照计划规定的目标努力完成各自的任务，保证计划控制目标落实。

（3）施工项目控制还应有一个项目进度的检查控制系统

从公司经理、项目经理，一直到作业班组都要设有专门职能部门或人员负责检查，统计、整理实际施工进度的资料，并与计划进度比较分析和进行调整。当然不同层次人员负有不同进度控制的职责,分工协作,形成一个纵横连接的施工项目控制组织系统。

采取进度控制措施时,要尽可能选择对投资目标和质量目标产生有利影响的控制措施。当然,采取进度控制措施也可能对投资目标和质量目标产生不利影响。根据工程进展的实际情况和要求以及进度控制措施选择的可能性,有以下三种处理方式:

① 在保证进度目标的前提下,将对投资目标和质量目标的影响减少到最低程度。

② 适当调整进度目标,不影响或基本不影响投资目标和质量目标。

③ 介于上述两者之间。

只有实施系统控制,才能保证计划按期实施和落实。

6.4.1.3 信息反馈原理

信息反馈方式有正式反馈和非正式反馈两种。正式反馈是指书面报告等,非正式反馈是指口头汇报等。施工项目应当把非正式反馈适时转化为正式反馈,才能更好地发挥其对控制的作用。

信息反馈是施工项目进度控制的主要环节,施工的实际进度通过信息反馈给基层施工项目进度控制的工作人员,在分工的职责范围内,经过对其加工,再将信息逐级向上反馈,直到主控制室,主控制室整理统计各方面的信息,经比较分析做出决策,调整进度计划,使其符合预定工期目标。

施工项目进度控制的过程就是信息反馈的过程。

6.4.1.4 统计学原理

统计学原理在施工项目进度控制中的应用非常广泛。

由于工程项目施工的工期长、影响进度的因素多,根据统计学知识,利用统计资料和经验,就可以估计影响进度的程度,并在确定进度目标时,进行实现目标的风险分析。

在编制施工项目进度计划时,要充分利用过去的实践经验和类似的工程施工项目资料,在以往的基础上留有余地,使施工进度计划具有弹性。在进行施工项目进度控制时,要对施工过程中的相关数据进行统计分析,看是否能缩短有关工作的时间,或者改变它们之间的搭接关系，使检查之前拖延的工期，通过缩短剩余计划工期的方法，达到预期的计划目标。

6.4.1.5 网络计划技术原理

在施工项目进度的控制中，利用网络计划技术编制进度计划，根据收集的实际进度信息，比较和分析进度计划，再利用网络计划进行工期优化、成本优化和资源优化，使施工项目进度管理更科学。使用网络计划技术的步骤如下：

① 利用网络图的形式表达一项工程计划方案中各项工作之间的相互关系和先后顺序关系。

② 通过计算找出影响工期的关键线路和关键工作。

③ 通过不断调整网络计划，寻求最优方案并付诸实施。

④ 在计划实施过程中采取有效措施对其进行控制，以合理使用资源，高效、优质、低耗地完成预定任务。

由此可见，网络计划技术不仅是一种科学的计划方法，同时也是一种科学的动态控制方法。网络计划技术原理是施工项目进度控制完整的计划管理和分析计算的理论基础。

6.4.2 园林工程施工进度管理的程序

6.4.2.1 园林工程施工进度计划的编制

施工进度计划是表示各项工程（单位工程、分部工程或分项工程）的施工顺序、开始和结束时间以及相互衔接关系的计划。它是承包单位进行现场施工管理的核心指导文件。施工进度计划通常是按工程对象编制的。

(1) 施工总进度计划的编制

施工总进度计划一般是建设工程项目的施工进度计划。它是用来确定建设工程项目中所包含的各单位工程的施工顺序、施工时间及相互衔接关系的计划。编制施工总进度计划的依据有：施工总方案，资源供应条件，各类定额资料，合同文件，工程项目建设总进度计划，工程动用时间目标，建设地区自然条件及有关技术经济资料等。

施工总进度计划的编制步骤和方法如下。

① 计算工程量。

根据批准的工程项目一览表，按单位工程分别计算其主要实物工程量，不仅是为了编制施工总进度计划，而且还为了编制施工方案和选择施工、运输机械，初步规划主要施工过程的流水施工，以及计算人工、施工机械及各种材料、植物的需要量。因此，工程量只需粗略地计算即可。

工程量的计算可按初步设计（或扩大初步设计）图纸和有关定额手册或资料进行。

② 确定各单位工程的施工期限。

各单位工程的施工期限应根据合同工期确定，同时还要考虑建筑类型、结构特征、施工方法、施工管理水平、施工机械化程度及施工现场条件等因素。如果在编制施工总进度计划时没有合同工期，则应保证计划工期不超过工期定额。

③ 确定各单位工程的开竣工时间和相互搭接关系。确定各单位工程的开竣工时间和相互搭接关系主要应考虑以下几点：

a. 同一时期施工的项目不宜过多，以避免人力、物力过于分散。

b. 尽量做到均衡施工，以使劳动力、施工机械和主要材料的供应在整个工期范围内达到均衡。

c. 尽量提前建设可供工程施工使用的永久性工程，以节省临时工程费用。

d. 急需和关键的工程先施工，以保证工程项目如期交工。对于某些技术复杂、施工周期较长、施工困难较多的工程，也应安排提前施工，以利于整个工程项目按期交付使用。

e. 施工顺序必须与主要生产系统投入生产的先后次序相吻合。同时还要安排好配套工程的施工时间，以保证建成的工程能迅速投入生产或交付使用。

f. 应注意季节对施工顺序的影响，使施工季节不拖延工期，不影响工程质量。

g. 安排一部分附属工程或零星项目作为后备项目，用以调整主要项目的施工进度。

h. 注意主要工种和主要施工机械能连续施工。

④ 编制初步施工总进度计划。

施工总进度计划应安排全工地性的流水作业。全工地性的流水作业安排应以工程量大、工期长的单位工程为主导，组织若干条流水线，并以此带动其他工程。

施工总进度计划既可以用横道图表示，也可以用网络图表示。

⑤ 编制正式施工总进度计划。

初步施工总进度计划编制完成后，要认真进行检查。主要是检查总工期是否符合要求，资源使用是否均衡且其供应是否能得到保证。如果出现问题，则应进行调整。调整的主要方法是改变某些工程的起止时间或调整主导工程的工期。

正式的施工总进度计划确定后，应据此编制劳动力、材料、大型施工机械等资源的需用量计划，以便组织供应，保证施工总进度计划的实现。

(2) 单位工程施工进度计划的编制

单位工程施工进度计划是在既定施工方案的基础上，根据规定的工期和各种资源供应条件，对单位工程中的各分部分项工程的施工顺序、施工起止时间及衔接关系进行合理安排的计划。其编制的主要依据有：施工总进度计划、单位工程施工方案、合同工期或定额工期、施工定额、施工图和施工预算、施工现场条件、资源供应条件、气象资料等。

单位工程施工进度计划的编制步骤和方法如下。

① 划分工作项目。

工作项目是包括一定工作内容的施工过程，它是施工进度计划的基本组成单元。对于大型建设工程，经常需要编制控制性施工进度计划，此时工作项目可以划分得粗一些，一般只明确到分部工程即可。单位工程施工进度计划中的工作项目应明确到分项工程或更具体，以满足指导施工作业、控制施工进度的要求。

② 确定施工顺序。

确定施工顺序是为了按照施工的技术规律和合理的组织关系，

解决各工作项目之间在时间上的先后和搭接问题，以达到保证质量、安全施工、充分利用空间、争取时间、实现合理安排工期的目的。

一般说来，施工顺序受施工工艺和施工组织两方面的制约。当施工方案确定之后，工作项目之间的工艺关系也就随之确定。如果违背这种关系，将不可能施工，或者导致工程质量事故和安全事故的出现，或者造成返工浪费。

工作项目之间的组织关系是由于劳动力、施工机械、材料和构配件等资源的组织和安排需要而形成的。它不是由工程本身决定的，而是一种人为的关系。组织方式不同，组织关系也就不同。不同的组织关系会产生不同的经济效果，应通过调整组织关系，并将工艺关系和组织关系有机地结合起来，形成工作项目之间的合理顺序关系。

③ 计算工程量。

工程量的计算应根据施工图和工程量计算规则，针对所划分的每一个工作项目进行。当编制施工进度计划时已有预算文件，且工作项目的划分与施工进度计划一致时，可以直接套用施工预算的工程量，不必重新计算。若某些项目有出入，但出入不大时，应结合工程的实际情况进行某些必要的调整。计算工程量时应注意以下问题。

a. 工程量的计算单位应与现行定额手册中所规定的计量单位相一致，以便计算劳动力、材料和机械数量时直接套用定额，而不必进行换算。

b. 要结合具体的施工方法和安全技术要求计算工程量。

c. 应结合施工组织的要求，按已划分的施工段分层分段进行计算。

④ 计算劳动量和机械台班数。

当某工作项目是由若干个分项工程合并而成时，则应分别根据各分项工程的时间定额（或产量定额）及工程量来计算。

⑤ 确定工作项目的持续时间。

根据工作项目所需要的劳动量或机械台班数，以及该工作项目每天安排的工人数或配备的机械台数,即可按下列公式计算出各工作项目的持续时间。

$$D=\frac{P}{RB} \qquad (6-1)$$

式中　D——完成工作项目所需要的时间,即持续时间;
　　　P——劳动量或机械台班数;
　　　R——每班安排的工人数或施工机械台数;
　　　B——每天工作班数。

⑥ 绘制施工进度计划图。

绘制施工进度计划图,首先应选择施工进度计划的表达形式。目前,常用来表达建设工程进度计划的方法有横道图和网络图两种形式。横道图比较简单,而且非常直观,是控制工程进度的主要依据。

⑦ 施工进度计划的检查与调整。

当施工进度计划初始方案编制好后,需要对其进行检查与调整,以便使进度计划更加合理,进度计划检查的主要内容包括以下几方面。

a. 各工作项目的施工顺序、平行搭接和技术间歇是否合理。

b. 总工期是否满足合同规定。

c. 主要工种的工人是否能满足连续、均衡施工的要求。

d. 主要机具、材料等的利用是否均衡和充分。

在上述四个方面中,首要的是前两方面的检查,如果不满足要求,必须进行调整。只有在前两个方面均达到要求的前提下,才能进行后两个方面的检查与调整。前者是解决可行与否的问题,而后者则是优化的问题。

6.4.2.2　园林工程施工进度管理的程序

一般来说,进度控制随着建设的进程而展开,因此进度控制的总程序与建设程序的阶段划分相一致。在具体操作上,每一建设阶段的进度控制又按计划、实施、监测及反复调整的科学程序进行。

进度控制的重点是建设准备和建设实施阶段的进度控制。因为这两个阶段时间最长、影响因素最多、分工协作关系最复杂、变化也最大。但前期工作阶段所进行的进度决策又是实施阶段进度控制的前提和依据，其预见性和科学性对整个进度控制的成败具有决定性的影响。进度控制总程序如下。

（1）项目建议书阶段

通过机会研究和初步的可行性研究，在项目建议书报批文件中提出项目进度总安排的建议。它体现了建设单位对项目建设时间方面的预期目标。

（2）可行性研究阶段

可行性研究阶段对项目的实施进度进行较详细的研究。通过对项目竣工的时间要求和建设条件可能的相关分析，对不同进度安排的经济效果的比较，在可行性研究报告中提出最优的一个或两、三个备选方案。该报告经评估、审批后确定的建设总进度和分期、分阶段控制进度，就成为实施阶段进度控制的决策目标。

（3）设计阶段

设计阶段除进行设计进度控制外，还要对施工进度作进一步预测。设计进度本身也必须与施工进度相协调。

（4）建设准备阶段

建设准备阶段要控制征地、拆迁、场地清障和平整的进度，抓紧施工用水、电的施工。道路等建设条件的准备，组织材料、设备的订货，组织施工招标，办理各种协议签订和有关主管部门的审批手续。这一阶段工作头绪繁多，上下左右间关系复杂。每一项疏漏或拖延都将留下建设条件的缺口，造成工程顺利开展的障碍或打乱进度的正常秩序。因此，这一阶段工作及其进度控制极为重要，绝不能掉以轻心。在这一阶段里还应通过编制与审批施工组织设计，确定施工总进度计划、首期或第一年工程的进度计划。

（5）建设实施阶段

建设实施阶段进度控制的重点是组织综合施工和进行偏差管理。项目管理者要全面做好进度的事前控制、事中控制和事后控制。除对进度的计划审批、施工条件的提供等预控环节和进度实施过程的跟踪管理外，还要着重协调好总包不能解决的内外界关系问题。当没有总包单位，建设安装的各项专业任务直接由建设单位分别发包时，计划的综合平衡和单位间协调配合的责任就更为重要。对进度的事后控制，就是要及早发现并尽快排除相互脱节和外界干扰，使进度始终处于受控状态，确保进度目标的逐步实现。与此同时，还要抓好项目动用的准备工作，为按期或提早项目动用创造必要而充分的条件。

(6) 竣工验收阶段

项目管理者要督促和检查施工单位的自验、试运转和预验收；在具备条件后协助业主组织正式验收。

在本阶段中，有关建设与施工方之间的竣工结算和技术资料核查、归档、移交，施工遗留问题的返修、处理等，都会有大量涉及双方利益的问题需要协调解决。此外，还有各验收过程的大量准备工作，必须抓全、抓细、抓紧，才能加快验收的进度。

6.4.3 园林工程施工进度管理的方法和措施

6.4.3.1 施工进度控制的方法

(1) 进度控制的行政方法

用行政方法控制进度，是指上级单位及上级领导人、本单位的领导层及领导人利用其行政地位和权力，通过发布进度指令进行指导、协调、考核，利用激励（奖、罚、表扬、批评）、监督等方式进行进度控制。

使用行政方法进行进度控制，优点是直接、迅速、有效，但应当注意其科学性，防止武断、主观、片面地瞎指挥。

行政方法应结合政府管理开展工作，指令要少些，指导要多些。

行政方法控制进度的重点应是进度控制目标的决策或指导，在实施中应尽量让实施者自己进行控制，尽量少进行行政干预。

国家通过行政手段审批项目建设和可行性研究报告，对重大项目或大中型项目的工期进行决策，批准年度基本建设计划，制订工期定额并督促其贯彻、实施，招投标办公室批准标底文件中的开竣工日期及总工期，等等，都是行之有效的控制进度的行政方法。实施单位应执行正确的行政控制措施。

(2) 进度控制的经济方法

进度控制的经济方法，是指用经济手段对进度控制进行影响和控制。主要有以下几种：

① 银行通过对投资的投放速度控制工程项目的实施进度。
② 承发包合同中写进有关工期和进度的条款。
③ 建设单位通过招标的进度优惠条件鼓励施工单位加快进度。
④ 建设单位通过工期提前奖励和延期罚款实施进度控制。
⑤ 通过物资的供应数量和进度实施进行控制等。

用经济方法控制进度应在合同中明确，辅之以科学的核算，使进度控制产生的效果大于为此而进行的投入。

(3) 进度控制的管理技术方法

进度控制的管理技术方法是指通过各种计划的编制、优化、实施、调整而实现进度控制的方法，包括流水作业方法、科学排序方法、网络计划方法、滚动计划方法、电子计算机辅助进度管理等。

6.4.3.2 施工进度的检查、统计和分析

在施工项目的实施过程中，为了进行进度控制，进度控制人员应经常地、定期地跟踪检查施工实际进度情况，主要是收集施工项目进度材料，进行统计整理和对比分析，确定实际进度与计划进度之间的关系，其主要工作包括以下几方面：

(1) 跟踪检查施工实际进度

为了对施工进度计划的完成情况进行统计、进行进度分析和调整计划提供信息，应对施工进度计划依据其实施记录进行跟踪检查。

跟踪检查施工实际进度是项目施工进度控制的关键措施。其目的是收集实际施工进度的有关数据。跟踪检查的时间和收集数据的质量，直接影响控制工作的质量和效果。

一般检查的时间间隔与施工项目的类型、规模、施工条件和对进度执行要求程度有关。通常可以每月、半月、旬或周进行一次。若在施工中遇到天气、资源供应等不利因素的严重影响，检查的时间间隔可临时缩短，次数应频繁，甚至可以每日进行检查。检查和

收集资料的方式一般采用进度报表方式或定期召开进度工作汇报会。为了保证汇报资料的准确性，进度控制的工作人员，要经常到现场察看施工项目的实际进度情况，从而保证经常地、定期地准确掌握施工项目的实际进度。

根据不同需要，进行日查或定期检查的内容包括：
① 检查期内实际完成和累计完成工程量。
② 实际参加施工的人力、机械数量和生产效率。
③ 窝工人数、窝工机械台班数及其原因分析。
④ 进度偏差情况。
⑤ 进度管理情况。
⑥ 影响进度的特殊原因及分析。

（2）整理统计检查数据

收集到的施工项目实际进度数据，要进行必要的整理、按计划控制的工作项目进行统计，形成与计划进度具有可比性的数据，相同的量纲和形象进度。一般可以按实物工程量、工作量和劳动消耗量以及累计百分比整理和统计实际检查的数据，以便与相应的计划完成量相对比。

（3）对比实际进度与计划进度

将收集的资料整理和统计成具有与计划进度可比性的数据后，用施工项目实际进度与计划进度的比较方法进行比较。通常用的比较方法有：横道图比较法、S形曲线比较法、"香蕉"形曲线比较法、前锋线比较法和列表比较法等。通过比较得出实际进度与计划进度相一致、超前、拖后三种情况。

（4）施工项目进度检查结果的处理

施工项目进度检查的结果，按照检查报告制度的规定，形成进度控制报告向有关主管人员和部门汇报。

进度控制报告是把检查比较的结果，有关施工进度现状和发展趋势，提供给项目经理及各级业务职能负责人的最简单的书面形式报告。

进度控制报告是根据报告的对象不同，确定不同的编制范围和内容而分别编写的。一般分为项目概要级进度控制报告、项目管理级进度控制报告和业务管理级进度控制报告。

项目概要级的进度报告是报给项目经理、企业经理或业务部门以及建设单位或业主的。它是以整个施工项目为对象说明进度计划执行情况的报告。

项目管理级的进度报告是报给项目经理及企业业务部门的。它是以单位工程或项目分区为对象说明进度计划执行情况的报告。

业务管理级的进度报告是就某个重点部位或重点问题为对象编写的报告，供项目管理者及各业务部门为其采取应急措施而使用的。

进度报告由计划负责人或进度管理人员与其他项目管理人员协作编写。报告时间一般与进度检查时间相协调，也可按月、旬、周等间隔时间进行编写上报。

通过检查应向企业提供月度施工进度报告的内容主要包括：项目实施概况、管理概况、进度概要的总说明；项目施工进度、形象进度及简要说明；施工图纸提供进度；材料、物资、构配件供应进度；劳务记录及预测；日历计划；对建设单位、业主和施工者的工程变更指令、价格调整、索赔及工程款收支情况；进度偏差的状况和导致偏差的原因分析；解决问题的措施；计划调整意见等。

6.4.3.3 施工项目进度计划的比较

施工项目进度计划比较分析与计划调整是施工项目进度控制的主要环节。其中施工项目进度计划比较是调整的基础。这里介绍最常用的横道图比较法。

用横道图编制施工进度计划，指导施工的实施已是人们常用的、很熟悉的方法。它形象简明和直观，编制方法简单，使用方便。

横道图记录比较法，是把在项目施工中检查实际进度收集的信息，经整理后直接用横道线并列标于原计划的横道线处，进行直观比较的方法。例如某混凝土基础工程的施工实际进度计划与计划进度比较，见表6-1。其中双细实线表示计划进度，粗实线则表示工程施工的实际进度。

表 6-1　某钢筋混凝土的施工实际进度与计划进度比较表

工作编号	工作名称	工作时间/天	施工进度 1-17
1	挖土方	6	
2	支模板	6	
3	绑扎钢筋	9	
4	浇混凝土	6	
5	回填土	6	

从比较中可以看出，在第 8 天末进行施工进度检查时，挖土方工作已经完成；支模板的工作按计划进度应当完成，而实际施工进度只完成了 83% 的任务，已经拖后了 17%；绑扎钢筋工作已完成了 44% 的任务，施工实际进度与计划进度一致。

通过上述记录与比较，发现了实际施工进度与计划进度之间的偏差，为采取调整措施提供了明确的任务。这是人们施工中进行施工项目进度控制经常用的一种最简单、熟悉的方法。但是它仅适用于施工中的各项工作都是按均匀的速度进行，即每项工作在单位时间里完成的任务量都是相等的。

完成任务量可以用实物工程量、劳动消耗量和工作量三种物理量表示。为了比较方便，一般用它们实际完成量的累计百分比与计划的应完成量的累计百分比进行比较。

由于施工项目施工中各项工作的速度不一定相同，以及进度控制要求和提供的进度信息不同，可以采用以下几种方法。

(1) 匀速施工横道图比较法

匀速施工是指项目施工中，每项工作的施工进展速度都是匀速的，即在单位时间内完成的任务量都是相等的，累计完成的任务量与时间成直线变化，如图 4-6 所示。作图比较方法的步骤如下：

① 编制横道图进度计划。

② 在进度计划上标出检查日期。

③ 将检查收集的实际进度数据，按比例用涂黑的粗线标于计划进度线的下方。

④ 比较分析实际进度与计划进度。

a. 涂黑的粗线右端与检查日期相重合，表明实际进度与施工计划进度相一致。

b. 涂黑的粗线右端在检查日期的左侧,表明实际进度拖后。

c. 涂黑的粗线右端在检查日期的右侧,表明实际进度超前。

必须指出:该方法只适用于工作从开始到完成的整个过程中,其施工速度是不变的,累计完成的任务量与时间成正比,如图 6-1 所示。若工作的施工速度是变化的,则这种方法不能进行工作的实际进度与计划进度之间的比较。

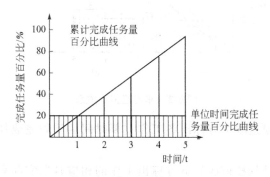

图 6-1 匀速施工关系图

(2) 双比例单侧横道图比较法

匀速施工横道图比较法,只适用施工进展速度是不变的情况下施工实际进度与计划进度之间的比较。当工作在不同的单位时间里的进展速度不同时,累计完成的任务量与时间的关系不是成直线变化的,如图 6-2 所示,按匀速施工横道图比较法绘制的实际进度涂黑粗线,不能反映实际进度与计划进度完成任务量的比较情况。这种情况的进度比较可以采用双比例单侧横道图比较法。

双比例单侧横道图比较法是适用工作的进度按变速进展的情况下,工作实际进度与计划进度进行比较的一种方法。它是在表示工作实际进度的涂黑粗线同时,在表上标出其对应时刻完成任务的累计百分比,将该百分比与其同时刻计划完成任务累计百分比相比较,判断工作的实际进度与计划进度之间的关系的一种方法。其比较方法的步骤如下:

① 编制横道图进度计划。

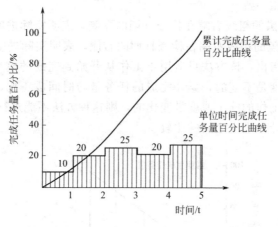

图 6-2　非匀速施工关系

② 在横道线上方标出各工作主要时间的计划完成任务累计百分比。

③ 在计划横道线的下方标出工作的相应日期实际完成的任务累计百分比。

④ 用涂黑粗线标出实际进度线，并从开工日标起，同时反映出施工过程中工作的连续与间断情况。

⑤ 对照横道线上方计划完成累计量与同时间的下方实际完成累计量，比较出实际进度与计划进度之偏差。

a. 当同一时刻上下两个累计百分比相等，表明实际进度与计划进度一致。

b. 当同一时刻上面的累计百分比大于下面的累计百分比，表明该时刻实际施工进度拖后，拖后的量为二者之差。

c. 当同一时刻上面的累计百分比小于下面的累计百分比，表明该时刻实际施工进度超前，超前的量为二者之差。

这种比较法，不仅适合于施工速度是变化情况下的进度比较，同时除找出检查日期进度比较情况外，还能提供某一指定时间二者比较情况的信息。当然，要求实施部门按规定的时间记录当时的完成情况，如图 6-3 示。

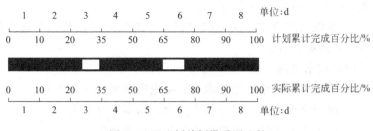

图 6-3 双比例单侧横道图比较

值得指出：由于工作的施工速度是变化的，因此横道图中进度横线，不管计划的还是实际的，都是表示工作的开始时间、持续天数和完成时间，并不表示计划完成量和实际完成量，这两个量分别通过标注在横道线上方及下方的累计百分比数量表示。实际进度的涂黑粗线是从实际工程的开始日期画起，若工作实际施工间断，亦可在图中涂黑粗线上作相应的空白。

6.4.3.4 园林工程施工进度管理的措施

进度控制的措施包括组织措施、技术措施、经济措施与合同措施等。

（1）组织措施

① 建立包括监理单位、建设单位、设计单位、施工单位、供应单位等进度控制体系，明确各方的人员配备、进度控制任务和相互关系。

② 建立进度报告制度和进度信息沟通网络。

③ 建立进度协调会议制度。

④ 建立进度计划审核制度。

⑤ 建立进度控制检查制度和调度制度。

⑥ 建立进度控制分析制度。

⑦ 建立图纸审查、及时办理工程变更和设计变更手续的措施。

（2）合同措施

① 加强合同管理，加强组织、指挥、协调，以保证合同进度目标的实现。

② 控制合同变更，对有关工程变更和设计变更，应通过监理

工程师严格审查后补进合同文件中。

③ 加强风险管理，在合同中充分考虑风险因素及其对进度的影响、处理办法等。

（3）技术措施

① 采用多级网络计划技术和其他先进适用的计划技术。

② 组织流水作业，保证作业连续、均衡、有节奏。

③ 缩短作业时间、减少技术间歇的技术措施。

④ 采用电子计算机控制进度的措施。

⑤ 采用先进高效的技术和设备。

（4）经济措施

① 对工期缩短给予奖励。

② 对应急赶工给予优厚的赶工费。

③ 对拖延工期给予罚款、收赔偿金。

④ 提供资金、设备、材料、加工订货等供应时间保证措施。

⑤ 及时办理预付款及工程进度款支付手续。

⑥ 加强索赔管理。

6.4.3.5 施工进度控制的总结

施工项目经理部应在施工进度计划完成后，及时进行施工进度控制总结，为进度控制提供反馈信息。

（1）施工进度控制总结依据的资料

① 施工进度计划。

② 施工进度计划执行的实际记录。

③ 施工进度计划检查结果。

④ 施工进度计划的调整资料。

（2）施工进度控制总结应包括：

① 合同工期目标和计划工期目标完成情况。

② 施工进度控制经验。

③ 施工进度控制中存在的问题。

④ 科学的施工进度计划方法的应用情况。

⑤ 施工进度控制的改进意见。

6.5 园林工程项目施工成本管理

6.5.1 园林工程施工成本概述

(1) 园林工程施工成本的含义

园林工程施工成本是指园林工程在施工现场所发生的全部费用的总和,其中包括所消耗的主辅材料、构配件及周转材料的摊销费(或租赁费)、施工机械的台班费(或租赁费)、支付给生产工人的工资、奖金以及施工项目经理部为组织和管理工程施工所发生的全部费用。施工成本不包括劳动者为社会所创造的价值(如税金和计划利润),也不包括不构成施工项目价值的一切非生产性支出。

(2) 园林工程施工成本的主要形式

园林工程施工成本的主要形式见表6-2。

表6-2 园林工程施工成本的主要形式

划分依据	成本形式	内容
按时间划分	预算成本	根据施工图由统一标准的工程量计算出来的成本费用,是确定工程造价的基础,也是编制计划成本和评价实际成本的依据
	计划成本	项目经理部在实际成本发生前预先计算的成本。对于加强经济核算,建立健全成本管理责任制,控制施工生产费用,降低施工成本具有重要作用
	实际成本	项目在施工期间实际发生的各项生产费用的总和,受施工企业本身的生产技术、施工条件及生产经营管理水平的制约
按关系划分	固定成本	指在一定期间和一定的工程量范围内,其发生的成本额不受工程量增减变动的影响而相对固定的成本,是为了保持施工企业一定的生产经营条件而发生的。如折旧费、设备大修费、管理人员工资、办公费、照明费等
	变动成本	是指发生总额随着工程量的增减变动而成正比例变动的费用,如直接用于工程的材料费、实行计划工资制的人工费等

(3) 园林工程施工成本的构成

① 直接成本。直接成本指施工过程中直接消耗费并构成工程实体或有助于工程形成的各项支出。园林工程施工的直接成本构

成,见表 6-3。

表 6-3 园林工程施工的直接成本构成

项目		内 容
直接工程费	人工费	指直接从事工程施工的生产工人开支的各项费用,包括直接从事工程项目施工操作的工人和在施工现场进行构件制作的工人,以及现场运料、配料等辅助工人的基本工资、浮动工资、工资性津贴、辅助工资、工资附加费、劳保费和奖金等
	材料费	指在施工过程中耗用并构成工程项目实体的各种主要材料、外购结构构件和有助于工程项目实体形成的其他材料费用,以及周转材料的摊销(租赁)费用,包括材料原价(或供应价)、供销部门手续费、包装费、材料自来源地运至工地仓库或指定堆放地点的装卸费、运输费、途耗费、采购及保管费
	机械费	指使用自有施工机械作业所发生的机械使用费和租用外单位的施工机械租赁费,以及机械安装、拆卸和进出场费用,包括折旧费、大修费、维修费、安拆费及场外运输费、燃料动力费、人工费以及运输机械养路费、车船使用税和保险费等
措施费	技术措施费	大型机械设备进出场及安拆费	指大型机械整体或分体自停放场地运至施工现场或由一个施工地点运至另一个施工地点所发生的机械进出场运输转移费用,及机械在施工现场进行安装、拆卸所需的人工费、材料费、机械费、试运转费和安装所需的辅助设施的费用

		混凝土、钢筋混凝土模板及支架费	指混凝土施工过程中需要的各种钢模板、木模板、支架等的支、拆、运输费用及模板、支架的摊销(或租赁)费用
		脚手架费	指施工需要的各种脚手架搭、拆、运输费用及脚手架的摊销(或租赁)费用
		施工排水、降水费	指为确保工程在正常条件下施工,采取各种排水、降水措施所发生的各种费用
		其他施工技术措施费	指根据专业、地区及工程特点补充的技术措施费用
	组织措施费	环境保护费	指施工现场为达到环保部门要求所需要的各项费用
		文明施工费	指施工现场文明施工所需要的各项费用,包括施工现场的标牌设置、地面硬化、围护设施、安全保卫、场貌和场容整洁等发生的费用
		安全施工费	指施工现场安全施工所需要的各项费用,包括安全防护用具和服装、安全警示、消防设施和灭火器材、安全教育培训、安全检查及编制安全措施方案等发生的费用

续表

项目		内　容
措施费	组织措施费	
	临时设施费	指施工企业搭设的生活和生产用的临时建筑物、构筑物和其他临时设施等发生的费用,包括临时宿舍、文化福利及公用事业房屋与构筑物、仓库、办公室、加工厂(场)以及在规定范围内道路、水、电、管路等临时设施和小型临时设施。临时设施费用包括临时设施的搭设、维修、拆除费或摊销费
	夜间施工增加费	指夜间施工所发生的夜班补助费、夜间施工降噪、照明设备摊销及照明用电等费用
	缩短工期增加费	指因缩短工期要求发生的施工增加费,包括夜间施工增加费、周转材料加大投入量所增加的费用等
	二次搬运费	指因施工场地狭小等特殊情况而发生的二次搬运费用
	已完工程及设备保护费	指竣工验收前对已完工程及设备进行保护所需的费用
	其他施工组织措施费	指根据各专业、地区及工程特点补充的施工组织措施费用

② 间接成本。间接成本指企业的各项目经理部为施工准备、组织和管理施工生产所发生的全部施工间接支出费用。园林工程施工的直接成本构成,见表6-4。

表6-4　园林工程施工的间接成本构成

项目		内　容
规费	工程排污费	指施工现场按规定缴纳的工程排污费
	工程定额测定费	指按规定支付工程造价管理机构的技术经济标准的制订和定额测定费
	社会保障费 养老保险费	指企业按国家规定标准为职工缴纳的基本养老保险费
	社会保障费 失业保险费	指企业按国家规定标准为职工缴纳的失业保险费
	社会保障费 医疗保险费	指企业按国家规定标准为职工缴纳的基本医疗保险费
	住房公积金	指企业按国家规定标准为职工缴纳的住房公积金

6　园林工程项目施工管理

续表

项目		内容
企业管理费	危险作业意外伤害保险费	指按照《中华人民共和国建筑法》规定,企业为从事危险作业的建筑安装施工人员支付的意外伤害保险费
	管理人员工资	管理人员的基本工资、工资性补贴、职工福利、劳动保护费等
	办公费	指企业管理办公用的文具、纸张、账表、印刷、邮电、书报、会议、水电、烧水和集体取暖(包括现场临时宿舍取暖)用煤等费用
	差旅交通费	指职工因公出差、调动工作的差旅费、住勤补助费,市内交通费和误餐补助费,职工探亲路费,劳动力招募费,职工离退休、退职一次性路费,工伤人员就医路费,工地转移费以及管理部门使用交通工具的油料、燃料、养路费及牌照费等
	固定资产使用费	指管理和实验部门及附属生产单位使用的属于固定资产的房屋、设备仪器等的折旧、大修、维修或租赁费
	工具、用具使用费	指管理使用的不属于固定资产的生产工具、器具、家具、交通工具和检验、实验、测绘、消防用具等的购置、维修和摊销费
	职工教育经费	指企业为职工学习先进技术和提高文化水平,按职工工资总额计提的费用
	财产保险费	指施工管理用财产、车辆保险等费用
	财务费	指企业为筹集资金而发生的各种费用
	劳动保险费	指由企业支付离退休职工的异地安家补助费、职工退职金、六个月以上的长病假人员工资、职工死亡丧葬补助费、抚恤费、按规定支付给离退休干部的各项经费
	工会经费	指企业按职工工资总额计提的工会经费
	税金	指企业按规定缴纳的房产税、车船使用税、土地使用税、印花税等
	其他	包括技术转让费、技术开发费、业务招待费、绿化费、广告费、公证费、法律顾问费、审计费、咨询费等

6.5.2 园林工程施工成本控制

(1) 园林工程施工成本控制的内容,见表6-5。

表6-5 园林工程施工成本控制的内容

阶段		内容
计划准备 (事先控制)	实行目标管理	根据目前园林施工企业平均水平,制订成本费用支出的标准,建立健全施工中物资使用制度、内部核算制度和原始记录、资料等,使施工中成本控制活动有标准可依,有章程可循
	落实责任制	根据现场单元的大小或工序的差异,规定各生产环节和职工个人单位工程量的成本支出限额标准,最后将这些标准落实到施工现场的各个部门和个人,建立岗位责任制
施工执行 (过程或事中控制)	执行计划	按照计划准备阶段的成本、费用的消耗定额,对所有物资的计量、收发、领退和盘点进行逐项审核,各项计划外用工及费用支出应坚决落实审批手续,杜绝不合理开支
	定期分析	定期把实际成本形成时所产生的偏差项目划分出来,按施工段、施工工序或作业部门进行归类汇总,提出产生偏差的原因,制订有效的限制措施,为下一阶段施工提供参考
检查总结 (事后控制)	成本分析	这种分析方法与过程控制中的定期分析相同
	总结提高	进行全面核算,分析工程施工成本节约或超支的原因,明确部门或个人的责任,落实改进措施,形成成本控制档案,为后续工程提供服务

(2) 园林工程施工成本控制的主要项目,见表6-6。

表6-6 园林工程施工成本控制的主要项目

项目	内容
人工费	改善劳动组织,减少窝工浪费,实行合理的奖惩制度,加强技术教育和培训工作,加强劳动纪律,压缩非生产用工和辅助用工,严格控制非生产人员比例
材料费	改进材料的采购、运输、收发、保管等方面的工作,减少各个环节的损耗,节约采购费用,合理堆置现场材料,避免和减少二次搬运,严格材料进场验收和限额领料制度,制订并贯彻节约材料的技术措施,合理使用材料,综合利用一切资源

续表

项目	内容
机械费	正确选配和合理利用机械设备,搞好机械设备的保养维修,提高机械的完好率、利用率和使用效率
间接费及其他直接费	精减管理机构,合理确定管理幅度与管理层次,节约施工管理费

6.5.3 园林工程施工成本核算

6.5.3.1 施工项目成本核算的任务和要求

施工项目成本核算在施工项目成本管理中的地位非常重要,它反映和监督施工项目成本计划的完成情况,为项目成本预测、技术经济评价、参与经营决策提供可靠的成本报告和有关信息,促进项目改善经营管理,降低成本,提高经济效益是施工项目成本核算的根本目的。

施工项目成本核算的先决前提和首要任务是执行国家有关成本开支范围、费用开支标准、工程预算定额和企业施工预算、成本计划的有关规定,控制费用,促使项目合理使用人力、物力和财力。

项目成本核算的主体和中心任务是正确、及时核算施工过程中发生的各项费用,计算施工项目的实际成本。

为了充分发挥项目成本核算的作用,要求施工项目成本核算必须遵守以下基本要求。

(1) 做好成本核算的基础工作

① 建立、健全材料、劳动、机械台班等内部消耗定额以及材料、作业、劳务等的内部计价制度。

② 建立、健全各种财产物资的收发、领退、转移、报废、清查、盘点、索赔制度。

③ 建立、健全与成本核算有关的各项原始记录和工程量统计制度。

④ 完善各种计量检测设施,建立、健全计量检测制度。

⑤ 建立、健全内部成本管理责任制。

(2) 正确、合理地确定工程成本计算期

我国会计制度要求,施工项目工程成本的计算期应与工程价款结算方式相适应。施工项目的工程价款结算方式一般有按月结算或按季结算的定期结算方式和竣工后一次结算方式,据此,在确定工程成本计算期进行成本核算时应按以下原则处理。

① 园林绿化、建筑及安装工程一般应按月或按季计算当期已完工程的实际成本。

② 实行内部独立核算的园林绿化企业应按月计算产品、作业和材料的成本。

③ 改建、扩建零星工程以及施工工期较短(一年以内)的单位工程或按成本核算对象进行结算的工程,可相应采取竣工后一次结算工程成本。

④ 对于施工工期长、受气候条件影响大、施工活动难以在各个月份均衡开展的施工项目,为了合理负担工程成本,对某些间接成本应按年度工程量分配计算成本。

(3) 遵守国家成本开支范围,划清各项费用开支界限

成本开支范围,是指国家对企业在生产经营活动中发生的各项费用允许在成本中列支的范围,它体现着国家的财经方针和制度对企业成本管理的规定和要求。同时也是企业按现行制度规定,有效地进行成本管理,提高成本的可比性,降低成本,严格控制成本开支,避免重计、漏计或挤占成本的基本依据。为此要求在施工项目成本核算中划清下列各项费用开支的界限。

① 划清成本、费用支出和非成本、费用支出的界限。

这是指划清不同性质的支出,如:划清资本性支出和收益性支出,营业支出与营业外支出。施工项目为取得本期收益而在本期内发生的各项支出即为收益性支出,根据配比原则,应全部计入本期的施工项目的成本或费用。营业外支出是指与企业的生产经营没有直接关系的支出,若将之计入营业成本,则会虚增或少计施工项目的成本或费用。

另外,《施工、房地产企业财务制度》第59条规定:"企业的下列支出,不得列入成本、费用:为购置和建造固定资产、无形资

产和其他资产的支出；对外投资的支出；没收的财物，支付的滞纳金、罚款、违约金、赔偿金，以及企业赞助、捐赠支出；国家法律、法规规定以外的各种付费；国家规定不得列入成本、费用的其他支出。"

② 划清施工项目工程成本和期间费用的界限。

根据财务制度的规定：为工程施工发生的各项直接成本，包括人工费、材料费、机械使用费和其他直接费，直接计入施工项目的工程成本。为工程施工而发生的各项间接成本在期末按一定标准分配计入有关成本核算对象的工程成本。根据我国现行的成本核算办法——制造成本法，企业发生的管理费用（企业行政管理部门为管理和组织经营活动而发生的各项费用）、财务费用（企业为筹集资金而发生的各项费用）以及销售费用（企业在销售产品或者提供劳务过程中发生的各项费用），作为期间费用，直接计入当期损益，并不构成施工项目的工程成本。

③ 划清各个成本核算对象的成本界限。

对施工项目组织成本核算，首先应划分若干成本核算对象，施工项目成本核算对象一经确定，就不得变更，各个成本核算对象的工程成本不可"张冠李戴"，否则就失去了成本核算和管理的意义，造成成本不实，歪曲成本信息，导致决策失误。财务部门应为每一个成本核算对象设置一个工程成本明细账。并根据工程成本项目核算工程成本。

④ 划清本期工程成本和下期工程成本的界限。

划清这两者的界限，是会计核算的配比原则和权责发生制原则的要求，对于正确计算本期工程成本是十分重要的。本期工程成本是指应由本期工程负担的生产耗费，不论其收付发生是否在本期，应全部计入本期的工程成本，如本期计提的，实际尚未支付的预提费用；下期工程成本是指应由以后若干期工程负担的生产耗费，不论其是否在本期内收付发生，均不得计入本期工程成本，如本期实际发生的，应计入由以后分摊的待摊费用。

⑤ 划清已完工程成本和未完工程成本的界限。

施工项目成本的真实度取决于未完工程和已完工程成本界限的

正确划分，以及未完工程和已完工程成本计算方法的正确度。按期结算的施工项目，要求在期末通过实地盘点确认未完施工，并按估量法、估价法等合理的方法，计算期末未完工程成本，再根据期初未完工程成本、本期工程成本和期末未完工程成本倒计本期已完工程成本；竣工后一次结算的施工项目，期末未完工程成本是指该成本核算对象成本明细账所反映的、自开工起至当期期末累积发生的工程成本，已完工程成本是指自开工起至竣工累积发生的工程成本。正确划清已完工程成本和未完工程成本的界限，重点是防止期末任意提高或降低未完工程成本，借以调节已完工程成本。

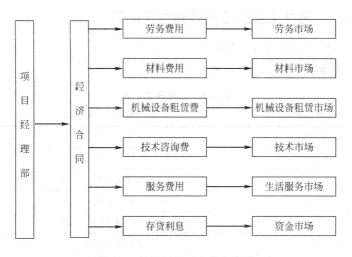

图6-4 施工项目成本核算体系

上述几个成本费用界限的划分过程，实际上也是成本计算过程，只有划清各成本的界限，施工项目成本核算才可能正确。这些成本费用的划分是否正确，是检查评价项目成本核算是否遵循基本核算原则的重要标志。但也应指出，不能将成本费用界限划分的过于绝对化，因为有些成本费用的分配方法具有一定的假定性，成本费用的界限划分只能做到相对正确，片面地花费大量人力、物力以追求成本费用划分的绝对精确是不符合成本-效益原则的。

6.5.3.2 施工项目成本核算体系

项目经理部与企业内部劳务市场、材料市场、机械设备租赁市场、技术市场、资金市场等内部市场主体之间的关系是租赁或买卖关系，一切都以经济合同结算关系为基础。它们以外部市场通行的市场规则和企业内部相应的调控手段相结合的原则运行，构成了以项目经理部为成本核算中心的项目成本核算体系。如图6-4所示。

6.6 园林工程项目施工资料管理

6.6.1 园林工程施工资料的主要内容

（1）工程项目开工报告

工程项目开工报告，见表6-7所示。

表6-7 工程开工报告

施工单位：　　　　　　　　　　　　　　　报告日期：

工程编号		开工日期	
工程名称		结构类型	
业主		建筑面积	
建设单位		建筑造价	
设计单位		业主联系人	
监理单位		总监理工程师	
项目经理		制表人	

说明

施工单位意见：	监理单位意见：	业主意见：
签名（盖章）	签名（盖章）	签名（盖章）
年　月　日	年　月　日	年　月　日

注：本表一式四份，施工单位、监理单位、业主盖章后各一份，开工3天内报主管部门一份。

(2) 中标通知书和园林工程承包合同。
(3) 工程项目竣工报告和工程开工/复工报审表

工程项目竣工报告和工程开工/复工报审表，见表6-8、表6-9所示。

表6-8 工程竣工报告

工程名称		绿化面积		地点	
业主		结构类型		造价	
施工员		计划日期		实际工期	
开工日期		竣工日期			
技术资料齐全情况					
竣工标准达到情况					
甩项项目和原因					
本工程已于　　年　月日全部竣工，请于　　年月　日在现场派人验收。技术负责人：项目经理： 　　　　年　月　日		监理审核意见： 签名（盖章） 　　　年　月　日		业主审批意见： 签名（盖章） 　　　年　月　日	

表6-9 工程开工/复工报审表

工程名称：　　　　　　　　　　编号

致：
我方承担的_____工程，已完成以下各项工程，具备了开工/复工条件，特此申请施工，请核查并签发开工/复工指令。
　　附：1. 开工报告
　　　　2.（证明文件）

承包单位（章）：
项目经理：
日　　期：

续表

审查意见:

项目监理机构:
总监理工程师:
日　　期:

(4) 园林工程联系单

园林工程联系单,见表 6-10 所示。

表 6-10 ××××园林工程联系单

编号 绿字第　　号　　　　　　　　联系日期:

工程名称	
业主单位	
抄送单位	
联系内容	提出者:　主管:　(盖章)
业主单位	签字:　(盖章)
监理单位	签字:　(盖章)

(5) 设计图样交底会议纪要

设计图样交底会议纪要,见表 6-11。

表 6-11 设计图样交底会议纪要

建设单位:　　　　　　设计单位:
施工单位:　　　工程名称:　　　　　交底日期:

出席单位	出席会议人员名单
建设单位	
设计单位	
施工单位	
监理单位	

注:交底内容在纪要后附报告纸。

(6) 园林工程变更单

园林工程变更单，见表 6-12。

表 6-12 园林工程变更单

工程名称：　　　　　　　　　　　　　　　　　　　编号：

致：_____（监理单位）

　由于_____

_____原因，兹提出工程变更（内容见附件），请予以审批。

　附件

提出单位：_____
代 表 人：_____
日　　期：_____

一致意见：

建设单位代表	设计单位代表	项目监理机构
签字：	签字：	签字：
日期：	日期：	日期：

(7) 技术变更核定单

技术变更核定单，见表 6-13。

表 6-13 技术变更核定单

第 页 共 页　　　　　　　　　　　　　　　　　　　编号：

建设单位		设计单位	
工程名称		分项部位	
施工单位		工程编号	
项次	核定内容		

主动或抄送单位	会　签	签发

(8) 工程质量事故发生后调查和处理资料

工程质量事故发生后调查和处理资料，见表6-14、表6-15。

表 6-14 工程质量一般事故报告表

工程名称： 填报单位： 填报日期：

分部分项工程名称			事故性质		
部位			发生日期		
事故情况					
事故原因					
事故处理					
返工损失		事故工程量			
	事故费用	材料费/元		合计	元
		人工费/元			
		其他费用/元			
		耽误工作日			
备注					

质监负责人： 制表人：

表 6-15 重大工程质量事故报告表

填报单位：（盖章）

工程名称		设计单位	
建设单位		施工单位	
工程地点		事故发生时间	
损失金额/元		人员伤亡	
工程概况、事故情况及主要原因			
备注			

填表人： 报出日期： 年 月 日

(9)水准点位置、定位测量记录、沉降及位移观测记录

水准点位置、定位测量记录、沉降及位移观测记录,见表6-16。

表6-16 测量复核记录

工程名称		施工单位	
复核单位		日期	
原施测人签字		复核测量人签字	
测量复核情况(草图)			
备注			

(10)材料、设备、构件的质量合格证明资料

材料、设备、构件的质量合格证明资料,见表6-17。

表6-17 进场设备报验表

工程名称		表号	监 A-02
施工合同编号		编号	

致_____(监理单位)

下列施工设备已按合同规定进场,请查验签证,准予使用。

设备名称	规格型号	数量	生产单位	进场日期	技术状况	拟用何处	备注

项目经理　　　日期　　　承包商(盖章)

监理单位审定意见:

监理工程师　　　日期
监理单位(盖章)

注:本表由承包商呈报三份,查验后监理方、业主、承包商各持一份。

这些证明材料必须如实地反映实际情况,不得擅自修改、伪造和事后补作。对有些重要材料,应附有关资质证明材料、质量及性能资料的复印件。

(11) 试验、检验报告

各种材料的试验、检验资料(表 6-18),必须根据规范要求制作试件或取样,进行规定数量的试验,若施工单位对某种材料的检验缺乏相应的设备,可送具有权威性、法定性的有关机构检验。植物材料必须要附有当地植物检疫部门开出的植物检疫证书(表6-19~表 6-21)。试验检验的结论只有符合设计要求后才能用于工程施工。

表 6-18　工程材料报验表

工程名称		表号	监 A-06
施工合同编号		编号	

致＿＿＿＿＿＿＿＿＿＿＿＿(监理单位)

　　下列建筑材料经自检试验,符合技术规范及设计要求,报请验证,并准予进场使用。

附件:1. 材料清单(材料名称、地产、厂家、用途、规格、准用证号、数量)
　　　2. 材料出厂合格证
　　　3. 材料复试报告
　　　4. 准用证

项目经理	日期	承包商(盖章)

监理单位审定意见:

监理工程师	日期
监理单位(盖章)	

注:本表由承包商呈报三份,审批后监理方、业主、承包商各执一份。

表 6-19　植物检疫证书（省内）

林（　　）检字

产地				
运输工具		包装		
运输起讫	自		至	
发货单位(人)及地址				
收货单位(人)及地址				
有效期限	自　年　月　日至　年　月　日			
植物名称	品名(材种)	单位		数量
合计				

签发意见：上列植物或植物产品，经（　　）检疫未发现森林植物检疫对象及本省(区、市)补充检疫对象，同意调运。

签发机关(森林植物检疫专用章)

检疫员

签证日期　　年　　月　　日

注：1. 本证无调出地森林植物检疫专用章和检疫员签字（盖章）无效。

2. 本证转让、涂改和重复使用无效。

3. 一车（船）一证，全程有效。

表 6-20　植物检疫证书（出省）

林（　　）检字

产地				
运输工具			包装	
运输起讫	自		至	
发货单位(人)及地址				
收货单位(人)及地址				
有效期限	自　年　月　日至　年　月　日			
植物名称	品名(材种)		单位	数量
合计				

签发意见：上列植物或植物产品，经（　　）检疫未发现森林植物检疫对象、本省(区、市)及调入省(区、市)补充检疫对象、调入省(区、市)要求检疫的其他植物病虫，同意调运。

委托机关(森林植物检疫专用章)

签发机关(森林植物检疫专用章)
检疫员
签证日期　　年　月　日

注：1. 本证无调出地省级森林植物检疫专用章（受托办理本证的须再加盖承办签发机关的森林植物检疫专用章）和检疫员签字（盖章）无效。

2. 本证转让、涂改和重复使用无效。

3. 一车（船）一证，全程有效。

表 6-21　植物材料进场报验单

工程名称：　　　　　　　　　　　　　　　　　　　　　　合同号：

致：

下列园林工程植物材料,经自查符合设计,植物检疫及苗木出圃要求,报请验证进场。

施工单位：　　　　　　　　　　　　　　　　　　　　　　日期：

植物名称	植物产地	规格	数量/株	植物检疫证	进场日期

监理意见：

　　　　　　　　　　　　　　　　　　　　　　　　　　　　日期：

(12) 隐蔽工程检查、验收记录及施工日记

隐蔽工程检查、验收记录及施工日记，见表 6-22～表 6-24。

表 6-22　隐蔽工程检查记录

年　　月　　日　　　　　　　　　　　　　　　　　　　　编号

工程名称		施工单位	
隐检项目		隐检部位	
隐检内容			
检查情况			
处理意见			
签字	施工单位	监理单位	建设单位	设计单位

注：本表一式四份：建设单位、监理单位、设计单位、施工单位各一份。

6　园林工程项目施工管理

表 6-23 隐蔽工程验收记录

编号：　　　　　　　　　　　　　　　　　　年　月　日

单位工程名称		建设单位		施工单位	
隐藏工程内容	分部分项工程名称	单位	数量	图样编号	
验收意见	施工负责人				
	专职质量员				
建设单位		监理单位		施工单位	施工负责人
					质量员
					验收日期

表 6-24 施工日记

年　月　日　　最高　　　上午（晴、多云、阴、小雨、大雨、雪）
　　　　　　　气温　　气候
星期　　　　最低　　　下午（晴、多云、阴、小雨、大雨、雪）

工种					
人数					
专业	施工情况				记录人

存在问题（包括工程进度与质量）：

　　　　　　　　　　　　　　　　　　　　　　　记录人：_____

处理问题：

　　　　　　　　　　　　　　　　　　　　　　　记录人：_____

其他（包括安全与停工等情况）

　　　　　　　　　　　　　　　　　　　　　　　记录人：_____

　　　　　　　　　　　　　　　　　　　　　　　项目经理：_____

(13) 竣工图。

(14) 质量检验评定资料

质量检验评定资料，见表 6-25～表 6-27。

表 6-25　园林单位工程质量综合评定表

工程名称：　　　　　施工单位：　　　　开工日期　　年　月　日
工程面积：　　　　　绿化类型：　　　　竣工日期　　年　月　日

项次	项目	评定情况	核定情况
1	分部工程评定汇总	共：　　　　　　　　　分部 其中：优良　　　　　　分部 优良率：　　　　　　　% 土方造型分部质量等级 绿化种植分部质量等级 建筑小品分部质量等级 其他分部质量等级	
2	质量保证资料	共核查　　　　　　　　项 其中：符合要求　　　　项 经鉴定符合要求　　　　项	
3	观感评定	应得　　　　　　　　　分 实得　　　　　　　　　分 得分率　　　　　　　　%	

企业评级等级：	园林绿化工程质量监督站	
		部门负责人
企业经理： 企业负责人：	业主或主管 站长或主管 部门负责人	
公章 　年　月　日		公章 　年　月　日

制表人：　　　　　　　　　　　　　　　　　　　年　月　日

表 6-26 栽植土分项工程质量检验评定表

工程名称：　　　　　　　　　　　　　　　　　编号

保证项目	项　目											质量情况	
	栽植土壤及地下水位深度，必须符合栽植植物的生长要求；严禁在栽植土层下有不透水层												

基本项目		项目		质量情况										等级
				1	2	3	4	5	6	7	8	9	10	
	1	土地平整												
	2	石砾、瓦砾等杂物含量												

允许偏差项目		项目		cm	实测值/cm									
					1	2	3	4	5	6	7	8	9	10
	1	栽植土深度和地下水位深度	大、中乔木	>100										
			小乔木和大、中灌木	>80										
			小灌木、宿根花卉	>60										
			草木地被、草坪、一二年生草花	>40										
	2	栽植土块块径	大、中乔木	<8										
			小乔木和大、中灌木	<6										
			小灌木、宿根花卉	<4										
	3	石砾、瓦砾等杂物块径	树木	<5										
			草坪、地被（草本、木本）花卉	<1										
	4	地形标准	全高 <1m	±5										
			1～3m	±20										
			>3m	±20										

检查结果	保证项目	合格
	基本项目	检查　　项，其中优良　　项，优良率　　％
	允许偏差项目	实测　　点，其中合格　　点，合格率　　％

评定等级	项目经理： 工长： 班组长： 承包商(公章)： 　　　　　　年　月　日	监理单位核定意见： 签名公章： 年　月　日

表6-27 植物材料分项工程质量检验评定表

工程名称： 编号

保证项目	项目			质量情况										
	栽植土壤及地下水位深度,必须符合栽植植物的生长要求;严禁在栽植土层下有不透水层													

基本项目		项目		质量情况										等级
				1	2	3	4	5	6	7	8	9	10	
	1	树木	姿态和生长势											
			病虫害											
			土球和裸根树根系											
	2	草块和草根茎												
	3	花苗、草木地被												

允许偏差项目		项目		允许偏差/cm	实测值/cm									
					1	2	3	4	5	6	7	8	9	10
	1	乔木	胸径 <10cm	−1										
			胸径 10～20cm	−2										
			胸径 >20cm	−3										
			高度	+50,−20										
			蓬径	−20										
	2	灌木	高度	+50,−20										
			蓬径	−10										
			地径	−1										
	3	球类	蓬径和高度 <100cm	−10										
			蓬径和高度 100～200cm	−20										
			蓬径和高度 >200cm	−30										
	4	土球、裸根树根木	直径	+0.2										
			深度	+0.2D										

检查结果	保证项目	
	基本项目	检查　　项,其中优良　　项,优良率　　%
	允许偏差项目	实测　　点,其中合格　　点,合格率　　%

评定等级	项目经理: 工长: 班组长: 承包商(公章):　　　　年　月　日	监理单位核定意见: 签名公章: 　　　　　　　　　　年　月　日

(15) 工程竣工验收及资料

工程竣工验收及资料，见表 6-28～表 6-32。

表 6-28 工程竣工报验单

工程名称：　　　　　　　　　　　　　　　　　　　　　　　　　编号

致：
　　我方已按合同要求完成了_____工程，经自检合格，请予以检查和验收。
附件

　　　　　　　　　　　　　　　　　　　　　　　　　承包单位(章)：
　　　　　　　　　　　　　　　　　　　　　　　　　项目经理：
　　　　　　　　　　　　　　　　　　　　　　　　　日　　期：

审查意见：
经初步验收，该工程
1. 符合/不符合我国现行法律法规要求
2. 符合/不符合我国现行工程建设标准
3. 符合/不符合设计文件要求
4. 符合/不符合施工合同要求
综上所述，该工程初步验收合格/不合格，可以/不可以组织正式验收。

　　　　　　　　　　　　　　　　　　　　　　　　　项目监理机构：
　　　　　　　　　　　　　　　　　　　　　　　　　总监理工程师：
　　　　　　　　　　　　　　　　　　　　　　　　　日　　期：

表6-29 绿化工程初验收单

工程名称		工程性质		绿地面积/m²	
		工程类型		园建面积/m²	
具体地段				水体面积/m²	
建设单位		设计单位		施工单位	
监理单位		质监单位			
开工日期		完成日期		实际日期	
工程完成情况 确认意见		本工程确认 年 月 日完工,并进行初检。			
初验意见					
施工单位 参加验收人员(签名):		建设单位 参加验收人员(签名):		设计单位 参加验收人员(签名):	
监理单位 参加验收人员(签名):		质监单位 参加验收人员(签名):		接收单位 参加验收人员(签名):	

注:1.初检意见中应包含苗木的密度、数量查验评定结果。

2.工程性质为:新增或改造。

3.工程类别为:道路绿化或庭院绿化。

表6-30 绿化工程交接单

工程名称				
具体地段				
交接时间				
移交内容	绿地面积/m²		工程类型	
	园建面积/m²		工程性质	
	水体面积/m²			
参加交接	建设单位	施工单位		接管单位
参加人员	单位名称		姓名	
备注				

表 6-31　绿化施工过程检查表

工程项目名称：　　　　　　　地点：

序	检查项目	项目负责人：	检查部门/检查
		质量情况	
1	□种植土壤		
2	□种植地形		
3	□种植穴		
4	□施肥		
5	□苗木形态（规格、球径、病虫害、根系、枝叶）		
6	□苗木种植（覆土、浇水、支撑）		
7	□修剪		
8	□养护		
9	□其他		
检查结论		被检查人：	检查人：

记录：　　　　总包负责人：　　　　分包负责人：　　　　日期：

注：在检查项□中打√。

表 6-32　绿化养护过程（检查）记录

工程项目名称：　　　　　　　　　　　　　　编号：

日期	养护内容记录								
	灌溉	排水	除草	施肥		修剪整形	支撑	围护	补植	说明
				品种、用量/kg					
结论意见			项目负责人：　　　年　月　日						

检查记录人：　　　　　　　　　　日期：　　年　月　日

注：对实施的内容打√。

6.6.2　施工阶段的资料管理

（1）施工资料管理规定

① 施工资料应实行报验、报审管理。施工过程中形成的资料应按报验、报审程序，通过相关施工单位审核后，方可报建设（监

理)单位。

② 施工资料的报验、报审应有时限要求。工程各相关单位宜在合同中约定报验、报审资料的申报时间及审批时间,并约定应承担的责任。当无约定时,施工资料的申报、审批不得影响正常施工。

③ 建筑工程实行总承包的,应在与分包单位签订施工合同中明确施工资料的移交套数、移交时间、质量要求及验收标准等。分包工程完工后,应将有关施工资料按约定移交。

承包单位提交的竣工资料必须由监理工程师审查完之后,认为符合工程合同及有关规定,且准确、完整、真实,便可签证同意竣工验收的意见。

(2) 施工资料管理流程

① 工程技术报审资料管理流程,如图6-5所示。

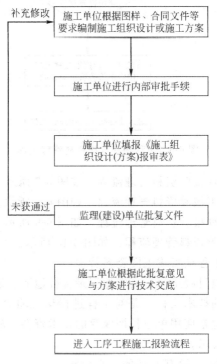

图6-5 工程技术报审资料管理流程

② 工程物资选样资料管理流程，如图 6-6 所示。

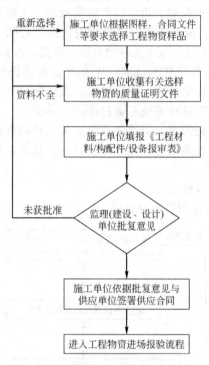

图 6-6　工程物资选样资料管理流程

③ 物资进场报验资料管理流程，如图 6-7 所示。
④ 工序施工报验资料管理流程，如图 6-8 所示。
⑤ 部位工程报验资料管理流程，如图 6-9 所示。
⑥ 竣工报验资料管理流程，如图 6-10 所示。

(3) 园林工程项目竣工图资料管理

园林工程项目竣工图是真实地记录各种地下、地上园林景观要素等详细情况的技术文件，是对工程进行交工验收、维护、扩建、改建的依据，也是使用单位长期保存的技术资料。施工单位提交竣工图是否符合要求，一般规定如下。

① 凡按图施工没有变动的，则由施工单位（包括总包和分包施工单位）在原施工图上加盖"竣工图"标志后即作为竣工图。

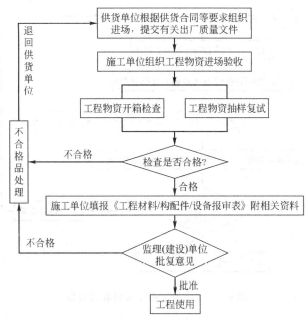

图 6-7 物资进场报验资料管理流程

② 凡在施工中，虽有一般性设计变更，但能将原施工图加以修改补充作为竣工图的，可不重新绘制，由施工单位负责在原施工图（必须是新蓝图）上注明修改部分，并附以设计变更通知单和施工说明，加盖"竣工图"标志后，即作为竣工图。

③ 凡工艺改变、平面布置改变、项目改变以及有其他重大改变，不宜再在原施工图上修改补充者，应重新绘制改变后的竣工图。由于设计原因造成的，由设计单位负责重新绘图；由于施工原因造成的，由施工单位负责重新绘图；由于其他原因造成的，由建设单位自行绘图或委托设计单位绘图，施工单位负责在新图上加盖"竣工图"标志附以有关记录和说明，作为竣工图。

④ 竣工图是否与实际情况相符。

⑤ 竣工图图面是否整洁，字迹是否清楚，是否用圆珠笔或其他易于褪色的墨水绘制，若不整洁，字迹不清，使用圆珠笔绘制等，施工单位必须按要求重新绘制。

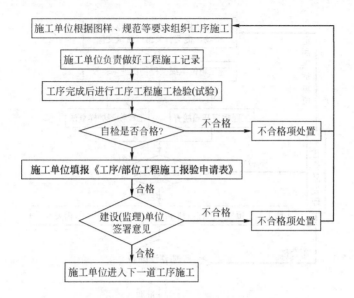

图 6-8 工序施工报验资料管理流程

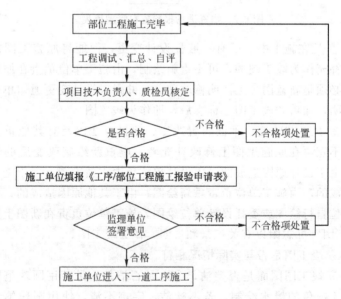

图 6-9 部位工程报验资料管理流程

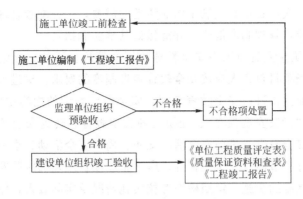

图 6-10　竣工报验资料管理流程

6.7　园林工程项目施工安全管理

在园林工程施工过程中,安全管理的内容主要包括对实际投入的生产要素及作业、管理活动的实施状态和结果所进行的管理和控制,具体包括作业技术活动的安全管理、施工现场文明施工管理、劳动保护管理、职业卫生管理、消防安全管理和季节施工安全管理等。

(1) 作业技术活动的安全管理

园林工程的施工过程体现在一系列的现场施工作业和管理活动中,作业和管理活动的效果将直接影响施工过程的施工安全。为确保园林建设工程项目施工安全,工程项目管理人员要对施工过程进行全过程、全方位的动态管理。作业技术活动的安全管理主要内容如下。

① 从业人员的资格、持证上岗和现场劳动组织的管理。园林施工单位施工现场管理人员和操作人员必须具备相应的执业资格、上岗资格和任职能力,符合政府有关部门规定。现场劳动组织的管理包括从事作业活动的操作者、管理者,以及相应的各种管理制

度，操作人员数量必须满足作业活动的需要，工种配置合理，管理人员到位，管理制度健全，并能保证其落实和执行。

② 从业人员施工中安全教育培训的管理。园林工程施工企业施工现场项目负责人应按安全教育培训制度的要求，对进入施工现场的从业人员进行安全教育培训。安全教育培训的内容主要包括：新工人"三级安全教育"、变换工种安全教育、转场安全教育、特种作业安全教育、班前安全活动交底、周一安全活动、季节性施工安全教育、节假日安全教育等。施工企业项目经理部应落实安全教育培训制度的实施，定期检查考核实施情况及实际效果，保存教育培训实施记录、检查与考核记录等。

③ 作业安全技术交底的管理。安全技术交底由园林工程施工企业技术管理人员根据工程的具体要求、特点和危险因素编写，是操作者的指令性文件。其内容主要包括：该园林工程施工项目的施工作业特点和危险点、针对该园林工程危险点的具体预防措施、园林工程施工中应注意的安全事项、相应的安全操作规程和标准、发生事故后应及时采取的避难和急救措施。

作业安全技术交底的管理重点内容主要体现在两点：首先，应按安全技术交底的规定实施和落实；其次，应针对不同工种、不同施工对象，或分阶段、分部、分项、分工种进行安全交底。

④ 对施工现场危险部位安全警示标志的管理。在园林工程施工现场入口处、起重设备、临时用电设施、脚手架、出入通道口、楼梯口、孔洞口、桥梁口、基坑边沿、爆破物及危险气体和液体存放处等危险部位应设置明显的安全警示标志。安全警示标志必须符合《安全标志及其使用导则》（GB 2894—2008）。

⑤ 对施工机具、施工设施使用的管理。施工机械在使用前，必须由园林施工企业机械管理部门对安全保险、传动保护装置及使用性能进行检查、验收，填写验收记录，合格后方可使用。使用中，应对施工机具、施工设施进行检查、维护、保养和调整等。

⑥ 对施工现场临时用电的管理。园林工程施工现场临时用电

的变配电装置、架空线路或电缆干线的敷设、分配电箱等用电设备，在组装完毕通电投入使用前，必须由施工企业安全部门与专业技术人员共同按临时用电组织设计的规定检查验收，对不符合要求的处须整改，待复查合格后，填写验收记录。使用中由专职电工负责日常检查、维护和保养。

⑦ 对施工现场及毗邻区域地下管线、建（构）筑物等专项防护的管理。园林施工企业应对施工现场及毗邻区域地下管线（如供水、供电、供气、供热、通信、光缆等地下管线）、相邻建（构）筑物、地下工程等采取专项防护措施，特别是在城市市区施工的工程，为确保其不受损，施工中应组织专人进行监控。

⑧ 安全验收的管理。安全验收必须严格遵照国家标准、规定，按照施工方案或安全技术措施的设计要求，严格把关，并办理书面签字手续，验收人员对方案、设备、设施的安全保证性能负责。

⑨ 安全记录资料的管理。安全记录资料应在园林工程施工前，根据建设单位的要求及工程竣工验收资料组卷、归档的有关规定，研究列出各施工对象的安全资料清单。随着园林工程施工的进展，园林施工单位应不断补充和填写关于材料、设备及施工作业活动的有关内容，记录新的情况。当每一阶段施工或安装工作完成，相应的安全记录资料也应随之完成，并整理组卷。施工安全资料应真实、齐全、完整，相关各方人员的签字齐备、字迹清楚、结论明确，与园林施工过程的进展同步。

(2) 文明施工管理

文明施工可以保持良好的作业环境和秩序，对促进建设工程安全生产、加快施工进度、保证工程质量、降低工程成本、提高经济和社会效益起到重要作用。园林工程施工项目必须严格遵守《建筑施工安全检查标准》（JGJ 59—2011）的文明施工要求，保证施工项目的顺利进行。文明施工的管理内容主要包括以下几点。

① 组织和制度管理。园林工程施工现场应成立以施工总承包单位项目经理为第一责任人的文明施工管理组织。分包单位应服从

总包单位的文明施工管理组织统一管理，并接受监督检查。

各项施工现场管理制度应有文明施工的规定，包括个人岗位责任制、经济责任制、安全检查责任制、持证上岗制度、奖惩制度、竞赛制度和各项专业管理制度等。同时，应加强和落实现场文明检查、考核及奖惩管理，以促进施工文明管理工作的实施。检查范围和内容应全面周到，包括生产区、生活区、场容场貌、环境文明及制度落实等内容，对检查发现的问题应采取整改措施。

② 建立收集文明施工的资料及其保存的措施。文明施工的资料包括：关于文明施工的法律法规和标准规定等资料，施工组织设计（方案）中对文明施工的管理规定，各阶段施工现场文明施工的措施，文明施工自检资料，文明施工教育、培训、考核计划的资料，文明施工活动各项记录资料等。

③ 文明施工的宣传和教育。通过短期培训、上技术课、听广播、看录像等方法对作业人员进行文明施工教育，特别要注意对临时工的岗前教育。

(3) 职业卫生管理

园林工程施工的职业危害相对于其他建筑业的职业危害要轻微一些，但其职业危害的类型是大同小异的，主要包括粉尘、毒物、噪声、振动危害以及高温伤害等。在具体工程施工过程中，必须采取相应的卫生防治技术措施。这些技术措施主要包括防尘技术措施、防毒技术措施、防噪技术措施、防震技术措施、防暑降温措施等。

(4) 劳动保护管理

劳动保护管理的内容主要包括劳动防护用品的发放和劳动保健管理两方面。劳动防护用品必须严格遵守国家颁布的《劳动防护用品配备标准》等相关法规，并按照工种的要求进行发放、使用和管理。

(5) 施工现场消防安全管理

我国消防工作坚持"以防为主，防消结合"的方针。"以防为主"就是要把预防火灾的工作放在首要位置,开展防火安全教育,提高人群对火灾的警惕性,健全防火组织,严密防火制度,进行防火检查,消除火灾隐患,贯彻建筑防火措施等。"防消结合"就是在积极做好防火工作的同时,在组织上、思想上、物质上和技术上做好灭火战斗的准备。一旦发生火灾,就能及时有效地将火扑灭。

园林工程施工现场的火灾隐患明显小于一般建筑工地,但火灾隐患还是存在的,如一些易燃材料的堆放场地、仓库、临时性的建(构)筑物、作业棚等。

(6) 季节性施工安全管理

季节性施工主要指雨季施工或冬季施工及夏季施工。雨季施工,应当采取措施防雨、防雷击,组织好排水,同时,应做好防止触电、防坑槽坍塌,沿河流域的工地还应做好防洪准备,傍山施工现场应做好防滑塌方措施,脚手架、塔式起重机等应做好防强风措施。冬季施工,应采取防滑、防冻措施,生活办公场所应当采取防火和防煤气中毒措施。夏季施工,应有防暑降温的措施,防止中暑。

6.8 施工项目风险管理与组织协调

6.8.1 施工项目中的风险

(1) 风险的概念

风险指可以通过分析预测其发生概率、后果很可能造成损失的未来不确定性因素。风险包括三个基本因素。

① 风险因素的存在性;

② 风险因素导致风险事件的不确定性;

③ 风险发生后其产生损失量的不确定性。

项目的一次性使其不确定性要比其他经济活动大得多,而施工项目由于其特殊性,比其他项目的风险又大得多,使得它成为最突出的风险事业之一,因此风险管理的任务是很重要的。根据风险产生原因的不同,可将施工项目的风险因素进行分类,见表 6-33。

表 6-33 风险因素分类表

风险类型		风险因素
技术风险	设计	设计内容不全,缺陷设计、错误和遗漏、规范不恰当,未考虑地质条件,未考虑施工可能性等
	施工	施工工艺的落后,不合理的施工技术和方案,施工安全措施不当,应用新技术、新方案的失败,未考虑现场情况等
	其他	工艺设计未达到先进性指标,工艺流程不合理,未考虑操作安全性等
非技术风险	自然与环境	洪水、地震、火灾、台风、雷电等不可抗拒自然力,不明的水文气象条件,复杂的工程地质条件,恶劣的气候,施工对环境的影响等
	政治、法律	法律及规章的变化,战争和骚乱、罢工、经济制裁或禁运等
	经济	通货膨胀、汇率的变动、市场的动荡、社会各种摊派和征费的变化等
	组织协调	业主和上级主管部门的协调,业主和设计方、施工方以及监理方的协调,业主内部的组织协调等
	合同	合同条款遗漏,表达有误,合同类型选择不当,承发包模式选择不当,索赔管理不力,合同纠纷等
	人员	业主人员、设计人员、监理人员、一般工人、技术员、管理人员的素质(能力、效率、责任心、品德)
	材料	原材料、成品、半成品的供货不足或拖延,数量差错,质量规格有问题,特殊材料和新材料的使用有问题,损耗和浪费等
	设备	施工设备供应不足、类型不配套、故障、安装失误、选型不当
	资金	资金筹措方式不合理、资金不到位、资金短缺

(2) 风险产生的原因及风险成本

① 风险产生的原因

a. 说明或结构的不确定性,即人们由于认识不足,不能清楚地描述和说明项目的目的、内容、范围、组成、性质以及项目同环境之间的关系,风险的未来性使这项原因成为最主要的原因。

b. 计量的不确定性,即由于缺少必要的信息、尺度或准则而产生的项目变数数值大小的不确定性,因为在确定项目变数数值时,人们有时难以获取有关的准确数据,甚至难以确定采用何种计量尺度或准则。

c. 事件后果的不确定性,即人们无法确认事件的预期结果及其发生的概率。

总之,风险产生的原因既由于项目外部环境的千变万化难以预料周详,又由于项目本身的复杂性,还源于人的认识和预测能力的局限性。

② 风险成本。风险事件造成的损失或减少的收益,以及为防止风险事故发生采取预防措施而支付的费用,均构成风险成本。风险成本包括有形成本、无形成本及预防与控制费用。

a. 有形风险成本。指风险事件造成的直接损失和间接损失。直接损失指财产损毁和人员伤亡的价值;间接损失指直接损失之外由于未减少直接损失或由直接损失导致的费用支出。

b. 无形风险成本。指项目主体在风险事件发生前后付出的非物质和费用方面的代价,包括信誉损失、生产效率的损失以及资源重新配置而产生的损失。

c. 风险预防及控制费用。指预防和控制风险损失而采取的各种措施的支出,包括措施费、投保费、咨询费、培训费,工具设备维护费,地基、堤坝加固费等。

认真研究和计算风险成本是有意义的,当风险的不利后果超过为项目风险管理而付出的代价时,就有进行风险管理的必要。

(3) 园林工程项目风险分析

项目风险分析,就是对将会出现的各种不确定性及其可能造成的各种影响及影响程度进行恰如其分的分析和评估,从而为项目管理者采取相应的对策来减少风险的不利影响、降低风险发生的概率提供第一手依据。风险分析的过程,即应用各种风险分析技术,用定性、定量或两者相结合的方式处理不确定性的过程。

风险分析与评价的主要任务是:确定风险发生概率、风险造成后果的严重程度、风险影响范围的大小以及风险发生的时间。下面介绍风险分析的两类方法,即定性风险分析和定量风险分析。

① 定性风险分析。园林工程项目风险管理中常见的定性风险分析采用列举法。列举法,是在对同类已完工程项目的环境、实施过程进行调查、分析、研究后,建立该类项目的基本的风险结构体系,进而建立该类项目的风险知识库(经验库),它包括该类项目常见的各种风险因素。项目管理者在对新项目决策,或在用专家经验法进行风险分析时,该风险知识库能给出提示,帮助管理者列出所有可能的风险因素,从而引起人们的重视,引导进一步地分析并采取相应的防、控措施。

② 定量风险分析。

a. 风险概率数方法。风险概率数方法在量化风险时,通常的方法是:用风险事件发生的概率与风险事件发生以后的损失这两个值的乘积来衡量风险值。风险概率数方法是:用概率度(P)、严重程度(S)和检测能力指标(D)等3个值相乘得到的风险概率数(RPN)来衡量风险大小的方法。RPN越大,风险就越严重。

• 概率度。概率度可以结合风险识别结果用如表6-34所示方法来确定。

表6-34 概率度评分

发生的概率描述	概率度评分	发生的概率描述	概率度评分
极高:发生几乎是肯定的	10	高:有重复发生的可能	8
	9		7
中;偶然发生	6	低;发生可能性较小	3
	5		2
	4	极低:不可能发生	1

● 严重程度。严重程度可以结合风险识别结果用如表6-35所示方法来确定。

表6-35 严重程度评分

不良后果	严重程度评分	不良后果	严重程度评分
危害(没有预兆)	10	危害(有预兆)	9
极其严重	8	严重	7
中等	6	轻	5
极轻	4	微小	3
极微小	2	没有	1

● 检测能力。检测能力是指在问题或者风险发生之前能否检测得到的能力。检测能力的数值越大,说明检测到风险的可能性越小,即能力越小。见表6-36为用来评估项目风险的检测能力。

表6-36 检测能力评分

检测的难易度	检测能力评分	检测的难易度	检测能力评分
绝对不可能	10	中等	5
几乎不可能	9	中等偏高	4
可能性极小	8	高	3
非常低	7	非常高	2
低	6	几乎可确定	1

有了上述3个值以后,就可以得出相应的风险概率数了。

b. 统计试验法。统计实验法是估计经济风险和工程风险常用的方法,其中有代表性的是蒙特卡罗模拟技术,又称随机抽样技巧或方法。在一般研究不确定因素时,通常只考虑最好、最坏和最可能三种估计,如敏感性分析方法,但如果不确定的因素有很多,那么只考虑这三种估计便会使决策发生偏差或失误。例如,当一个保守的决策者只使用所有不确定因素中的最坏估计时,其依据所得结果做出的决策就可能过于保守，会因此而失掉不应失掉的机会；而当一个乐观的决策者只使用所有不确定因素中的最好估计时，其所做出的决策就可能过于乐观，那么他所冒的风险就要比他原来所估计的大得多。蒙特卡罗方法则可以避免这些情况的发生，使在复杂情况下的决策更为合理和准确。

蒙特卡罗模拟技术的基本步骤如下。

- 编制风险清单。
- 制订标准化的风险评价表，采用德尔菲法确定风险因素的影响程度和发生概率。
- 采用模拟技术，确定风险组合。

即对上一步专家调查中获得的主观数据，采用模拟技术加以评价、定量，最后在风险组合中表现出来。

- 分析与总结。

通过模拟技术可以得到项目总风险的概率分布曲线，从曲线中可以看出项目总风险的变化规律，据此确定应急费的大小。

蒙特卡罗模拟技术可以直接处理每一个风险因素的不确定性，并把这种不确定性在成本方面的影响以概率分布的形式表示出来，是一种多元素变化方法，另外，编制计算机软件来对模拟过程进行处理，可以大大节约时间，比较适合在大中型项目中应用。该技术的难点在于对风险因素相关性的辨识与评价。

c. 决策树方法。决策树方法是一种形象化的决策方法，它用树形来表示项目所有可供选择的行动方案、行动方案之间的关系、行动方案的后果，以及这些后果所发生的概率；它采用逐级逼近的计算方法，从出发点开始不断产生分枝以表示所分析问题的各种发展可能性，并以各分枝的损益期望值中的最大值或最小值作为选择的依据（图6-11）。

决策树的画法如下。

- 先画一个方框作为出发点，此点叫做决策点。
- 从决策点引出若干条代表不同方案的线，叫做方案枝。
- 在每个方案枝的末端画一个圆圈，叫做状态点；在枝上注明该种后果的出现概率，故这些枝又称概率枝。在最后的概率枝末

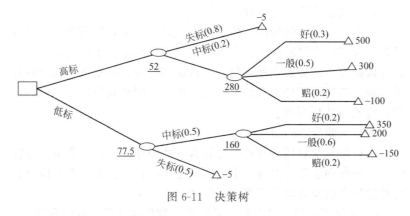

图 6-11 决策树

端画小三角形,并写上自然状态的损益值。

6.8.2 施工项目风险管理

施工项目风险管理是指施工项目管理者对潜在的风险因素以及由此而造成的损失进行辨识、评估并根据具体情况采取相应的措施进行处理,在主观上尽可能有备无患,或在无法避免时亦能寻求切实可行的补救措施,从而减少意外损失的过程。由于施工项目一次性的特点,以及施工活动的复杂性,使其成为最突出的风险事业之一,因此风险管理的任务是很重的。

施工项目风险管理是施工项目管理的重要组成部分,通过风险管理可以有效地降低施工项目进度质量和成本方面的风险,促进施工项目目标的实现。

6.8.2.1 施工项目风险管理的特点

施工项目风险管理具有综合性、主动性、特殊性。

(1) 风险管理的综合性

施工项目的风险来源、风险的形成过程、风险潜在的破坏机制、风险的影响范围及其破坏力错综复杂,单一的管理技术或工程技术由于其局限性都不适用。必须综合运用多种方法和措施,用最少的风险成本将各种不利后果有效化解或减少到最低程度。因此,施工项目风险管理是一种综合性的管理活动,涉及多种学科。

(2) 风险管理的主动性

施工项目风险管理的主体是施工项目经理部,特别是施工项目经理。为了减少风险损失,要求其在风险发生之前采取行动,而不是在风险发生之后被动地应付。在认识和处理错综复杂、性质各异的多种风险时,要统观全局、抓主要矛盾、因势利导,变不利为有利,将威胁转化为机会。

(3) 风险管理的特殊性

进行施工项目风险管理,尽管有一些通用的方法,如概率分析法、专家咨询法等。但对一个具体的施工项目而言必须考虑该项目自身的特点以及风险形成机制,例如:

① 该施工项目的复杂性、系统性、规模及工艺的成熟程度。

② 该施工项目的类型及所在领域。不同领域的施工项目有不同的风险,有不同风险的规律性、行业性特点。例如水利水电项目、土木建筑工程项目就有不同的风险。

③ 该施工项目所在的地域,如国家、宗教、经济发展状况、环境条件等。

6.8.2.2 施工项目风险管理的过程

施工项目风险管理的过程就是施工项目风险识别、风险分析与评估、规划与决策、执行决策,从而达到风险控制目的的过程,如图6-12所示。

(1) 风险识别

风险识别,即确定施工项目风险。进行施工项目风险管理首先必须识别风险,然而,施工项目风险并不是显露于外表,常常隐蔽于施工项目管理的各个环节,难以被发现,甚至存在于种种假象之中,具有迷惑性。因此,风险识别是一项复杂而细致的工作,需要根据施工项目的特点和以往的经验、资料,对可能的风险事件来源进行全面调查、分类。

施工项目风险识别的结果是形成风险清单,在风险清单中应列明编码、风险因素、风险事件和结果。它是施工项目风险管理其他过程的前提并影响风险管理的质量。

(2) 风险分析与评估

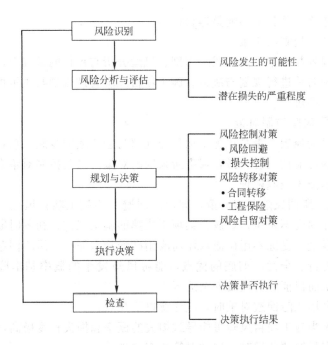

图 6-12 施工项目风险管理流程图

风险分析与评估，即通过分析与评估施工项目发生风险事件的可能性与潜在损失的严重程度，最终确定风险事件对施工项目目标的影响程度。施工项目风险分析与评估的结果是形成风险影响度评估表，该表是在风险清单的基础上，把风险对施工项目目标的影响分为五个等级。

① 严重影响：一旦发生风险，将导致整个项目的目标失败。

② 较大影响：一旦发生风险，将导致整个项目的标值严重下降。

③ 中等影响：一旦风险发生，对项目的目标造成中度影响，但仍能够部分达到。

④ 较小影响：一旦风险发生，对于项目对应部分的目标受到影响，但不影响整体目标。

⑤ 可忽略影响：一旦风险发生，对于项目对应部分的目标影

响可忽略，并且不影响整体目标。

（3）规划与决策

规划与决策，即在风险识别、风险分析与评估的基础上，对风险管理对策进行规划与决策。施工项目风险管理规划与决策可以从三个方面进行。

① 风险控制对策。

风险控制对策是指施工项目经理部为避免或减少施工项目发生风险的可能性及各种潜在损失所采取的对策。风险控制对策有风险回避和损失控制两种。

a. 所谓风险回避对策，即通过回避一些施工项目风险因素而使潜在损失不发生。如放弃某项不成熟的施工工艺；初冬时期，为避免混凝土受冻不用矿渣水泥而改用硅酸盐水泥等。风险回避具有简单易行、全面、彻底的优点，能将风险发生的概率基本降低为零，从而保证施工项目安全运行。

采用风险回避对策时，应注意以下几点：

• 当施工项目风险可能导致损失的概率和损失程度极高，且对风险有足够的认识时，这种对策才有意义；

• 当采用其他风险对策的成本和效益的预期值不理想时，可采用风险回避对策；

• 不是所有的风险都可以采用风险回避对策的，如洪水、台风等。

b. 所谓损失控制对策，即通过减少损失发生的机会或通过降低发生损失的严重性来处理风险。损失控制对策分为损失预防对策和损失减少对策两种。前者旨在减少或消除损失发生的可能性；后者旨在降低损失的潜在严重性。

损失预防对策是指在风险损失发生前为消除或减少可能引起损失的各种因素而采取的各种具体措施。它是损失控制对策的重点，常用以下方法：

• 工程法。即以工程技术为手段，通过对物质因素的处理来达到损失控制的目的。具体措施包括：预防风险因素的产生、减少已存在的风险因素、改变风险因素的基本性质、加强风险的预防能力等。

• 教育法。即通过教育培训来消除人为的风险因素，防止不安全行为的出现，来达到损失控制的目的。例如进行风险知识教育、安全技能教育等。

• 程序法。即以制度化的程序作业方式进行损失控制。其实质是通过加强管理，从根本上对风险因素进行处理。例如制订安全管理制度、制订设备定期维修制度和定期进行安全检查等。

损失减少对策是指损失发生时或发生后，为减少损失程度所采取的各种措施。

施工项目损失控制对策的关键是制订损失控制计划。损失控制计划主要由安全计划、灾害计划和应急计划组成。其中，安全计划应包括安全要求、特殊设备运转规程、各种保护措施等；灾害计划为现场人员提供明确的行动指南，以处理各种紧急事件；应急计划是对付损失造成局面的措施和职责。

施工项目损失控制计划的编制要点是：

• 施工项目经理部各部门配合编制，并明确各类人员的责任与义务；

• 在分析所有可能影响施工项目的风险因素、可能产生的后果及其应采取哪些措施；

• 应设立检查人员定期检查计划的实施情况。

② 风险转移对策。

风险转移对策是指施工项目经理部为避免承担风险损失，而有意识地将损失或与损失有关的财务后果转嫁给另外的单位或个人去承担所采取的对策。风险转移对策常用的方法有合同转移和工程保险两种类型。

a. 合同转移。是指用合同规定双方的风险责任，从而将活动本身转移给对方以减少自身的损失。施工项目经理部可以通过相关合同将风险转移给业主、分包单位和材料供应单位等。

b. 工程保险。是指施工企业参加工程保险，当风险事故发生时，可以获得保险公司的补偿，从而将风险转移给保险公司。工程保险是施工项目重要的风险转移对策，虽然付出了保险费，却提高了损失控制的效率,并能在损失发生后得到补偿。工程保险的目标是最优的工程保险费和最理想的保障。

③ 风险自留对策。

风险自留对策是指施工项目经理部有意识、有计划地将施工项目风险留给自己承担,不予转移。风险自留是否合理、明智取决于风险自留决策的有关环境,有时,施工项目经理部不能回避风险的发生且没有转移的可能,只好选择风险自留,但是如果风险自留不是唯一的对策,施工项目经理部就应认真研究分析,制订最佳决策。

一般选择风险自留的条件有以下几点:

a. 风险自留费用低于保险费用;

b. 施工项目风险管理的目标可以承受年度损失的重大差异;

c. 费用和损失的支付分布于很长的时间内,因而导致很大的机会成本。

6.8.3 施工项目组织协调

6.8.3.1 施工项目组织协调及其作用

施工项目组织协调是指以一定的组织形式、手段和方法,对施工项目中产生的关系不畅进行疏通,对产生的干扰和障碍予以排除的活动。在施工项目实施过程中,项目经理是组织协调的中心和沟通的桥梁。

组织协调是施工项目管理的一项重要工作,施工项目要取得成功,组织协调具有重要的作用。一个施工项目,在其目标规划、计划与控制实施过程中有着各式各样的组织协调工作,例如,项目目标因素之间的组织协调;项目各子系统内容、子系统之间、子系统与环境之间的组织协调;各种施工技术之间的组织协调;各种管理方法、管理过程的组织协调;各种管理职能(如成本、工期、质量、合同等)之间的组织协调;项目参加者之间的组织协调等。组织协调可使矛盾着的各个方面居于一个统一体中,解决它们之间的不一致和矛盾,使项目实施和运行过程顺利。

6.8.3.2 施工项目组织协调的范围

施工项目组织协调的范围包括内部关系的协调、近外层关系的协调和远外层关系的协调。

内部关系包括施工项目经理部内部关系、施工项目经理部与企业之间的关系、施工项目经理部与作业层之间的关系。

近外层关系是指施工项目承包人与业主、监理单位、设计单位、材料物资供应单位、分包单位、开户银行、保险公司之间的关系。这种关系往往体现为直接或间接的合同关系，应作为施工项目组织协调的重点。

远外层关系是指与施工项目承包人虽无直接或间接的合同关系，但却有法律、法规和社会公德等约束的关系，包括承包人与政府、环保、交通、消防、公安、环卫、绿化、文物等管理部门之间的关系。

6.8.3.3 施工项目组织协调的内容

（1）人际关系的协调

人际关系的协调包括施工项目经理部内部人际关系的协调和施工项目经理部与关联单位之间人际关系的协调。协调的对象应是相关工作结合部中人与人之间在管理工作中的联系和矛盾。

施工项目经理部内部人际关系是指项目经理部各成员之间、项目经理部成员与劳务层之间、劳务层各班组之间的人员工作关系的总称。内部人际关系的协调主要是通过交流、活动增进相互之间的了解与亲和力，促进相互之间的工作支持，提高工作效率；通过调解、互谅互让来缓和工作之间的利益冲突，化解矛盾。

施工项目经理部与关联单位之间的人际关系是指项目经理部成员与施工企业职能管理部门成员、近外层关系单位工作人员、远外层关系单位工作人员之间工作关系的总称。与关联单位之间人际关系的协调同样要通过各种途径加强友谊、增进了解、提高相互之间的信任度，有效地避免和化解矛盾，减少扯皮、提高工作效率。

（2）组织关系的协调

组织关系的协调主要是对施工项目经理部内部各部门之间工作

关系的协调，具体包括各部门之间的合理分工与有效协作。分工与协作同等重要，合理的分工能保证任务之间的平衡匹配，有效协作既可避免相互之间的利益分割，又可提高工作效率。

（3）供求关系的协调

供求关系的协调应包括施工企业物资供应部门与施工项目经理部及生产要素供应单位之间关系的协调。主要是保证施工项目实施过程中所发生的人力、材料、机械设备、技术、信息等生产要素供应的优质、优价和适时、适量，避免相互之间的矛盾、保证项目目标的实现。

（4）协作配合关系的协调

协作配合关系的协调主要是指与近外层关系的协作配合协调和施工项目经理部内部各部门、各层次之间协作关系的协调。这种关系的协调主要通过各种活动和交流相互了解，相互支持，缩短距离，实现相互之间协作配合的高效化。

（5）约束关系的协调

约束关系的协调包括法律、法规约束关系的协调和合同约束关系的协调。前者主要通过提示、教育等手段提高关系双方的法律、法规意识，避免产生矛盾或及时、有效地解决矛盾；后者主要通过过程监督和适时检查以及教育等手段主动杜绝冲突与矛盾或依照合同及时、有效地解决矛盾。

6.8.3.4　施工项目经理部内部关系的协调

（1）内部人际关系的协调

内部人际关系的协调主要靠执行施工项目管理制度，坚持民主集中制，充分调动每个人的积极性，要用人所长，责任分明，实事求是地对每个人的绩效进行评价和激励。在调解人与人之间的矛盾时，要注意方法，重在疏导。

（2）内部组织关系的协调

施工项目经理部内各部门构成一定的分工协作和信息沟通关系，通过内部组织关系的协调，可以使组织运转正常，充分发挥组织力的作用。

内部组织关系的协调主要应从以下几个方面进行：

① 要明确各个部门的职责；
② 要通过制度明确各个部门在工作中的相互关系；
③ 要建立信息沟通制度，制订工作流程图；
④ 要根据矛盾冲突的具体情况及时灵活地加以解决，不使矛盾冲突扩大化。

（3）内部需求关系的协调

施工项目经理部内部需求关系的协调应围绕施工项目的资源保证进行，其主要环节如下：

① 满足人、财、物的需求要抓好计划环节。计划的编制过程，就是生产要求与供应之间的平衡过程，要用计划规定资源需求的时间、规格、数量和质量，并认真执行计划。

② 抓住瓶颈环节，对需求进行平衡。瓶颈环节即关键环节，对全局影响较大，抓住了瓶颈环节，就抓住了需求关系协调的重点与关键。

③ 加强调度工作，排除障碍。调度工作即协调工作，调度人员是协调工作的责任者，应健全调度体系，充分发挥调度人员的作用。

6.8.3.5 施工项目近外层和远外层关系的组织协调

施工项目经理部进行近外层和远外层关系的组织协调必须在施工企业法人代表的授权范围内实施，做好组织协调工作应注意：

① 施工项目经理部与业主之间关系的协调，应贯穿于施工项目的全过程。协调的目的是搞好协作，处理两者之间的关系主要是通过洽谈、签订和履行施工合同，协调的重点是资金问题、质量问题、进度问题和工程变更等，有了纠纷，应在协商的基础上以施工合同为依据解决。

② 施工项目经理部与监理单位关系的协调应在遵守《建设工程监理规范》的规定和施工合同的要求，接受监理单位监督管理的前提下，坚持相互信任、相互支持、相互尊重、共同负责的原则，搞好协作配合，使双方的关系融洽起来。

③ 施工项目经理部与设计单位关系的协调准则是使施工活动取得设计单位的理解和支持，特别是在设计交底、图纸会审、设计

变更、地基处理、隐蔽工程验收和竣工验收等环节应与设计单位密切配合，尽量避免冲突和矛盾，如果出现问题应及时协商或接受业主和监理单位协调。

④ 施工项目经理部与材料供应单位关系的协调应以供应合同为依据，运用价格机制、竞争机制和供求机制搞好协作配合。

⑤ 施工项目经理部与分包单位关系的协调应以分包合同为依据，在对分包单位进行监督与支持的原则下，正确处理技术关系、经济关系和协作关系。

⑥ 施工项目经理部处理远外层关系应以法律、法规和社会道德为准绳，相互支持、密切配合，在处理和解决矛盾的过程中，应充分进行协商，并注意发挥中介机构和社会管理机构的作用。

6.8.3.6 施工项目组织协调通病及解决措施

(1) 施工项目组织协调通病

① 施工项目经理部中组织协调混乱，不同部门和个人的工作不是围绕施工项目目标展开，而是各有各的打算和做法，甚至尖锐对立，项目经理无法调解。

② 施工项目不能很好地得到企业职能部门的支持和管理服务，甚至受到职能部门的干扰，项目经理花大量的时间和精力周旋于职能部门之间。

③ 施工项目经理部中没有应有的正常的争执，但争执却在潜意识中存在，人们不敢或不习惯将正常的争执公开化，而是转入地下，使争执不能得到协调。

④ 信息不能在恰当的时间以正确的内容、形式和详细程度传达到正确的位置，人们常常抱怨信息流通不够、不及时或不得要领，从而影响组织协调工作。

(2) 组织协调通病的解决措施

以上施工项目组织协调通病虽然有不同的表现，但其原因只有一个，即施工项目组织协调不力，其结果必将导致组织争执。解决了组织争执，也就达到了消除施工项目组织协调通病的目的。

对组织争执的处理，首先取决于项目经理的性格及对争执的认知程度。项目经理要有效地管理争执，有意识地引起争执，通过争执引起讨论和沟通；通过详细地协商解决争执，以平衡和满足各方面的利益，从而使大家围绕施工项目目标的实现开展工作。

6.9 思 考 题

1. 园林工程施工项目管理分为哪几类？
2. 园林工程施工现场管理包括哪些内容？
3. 园林工程施工材料管理经过哪些过程？
4. 园林工程施工成本主要有哪些形式？
5. 施工现场管理有哪些意义？
6. 项目工程风险因素有哪些类型？
7. 施工过程应该如何进行检查和监督？

7 园林工程项目合同管理

7.1 园林工程施工合同

7.1.1 园林工程施工合同的概述

7.1.1.1 园林工程施工合同的形式

合同的形式是指当事人意思表示一致的外在表现形式。一般认为，合同的形式可分为书面形式、口头形式和其他形式。口头形式是以口头语言形式表现合同内容的合同。书面形式是指合同书、信件和数据电文等可以有形地表现所载内容的形式。其他形式则包括公证、审批、登记等形式。此处着重介绍书面合同与口头合同。

（1）书面合同

书面合同是指用文字书面表达的合同。对于数量较大、内容比较复杂以及容易产生争执的经济活动必须采用书面形式的合同。书面形式合同的优点主要有以下几点：

① 有利于合同形式和内容的规范化。

② 有利于合同管理规范化，便于检查、管理和监督，有利于双方依约执行。

③ 有利于合同的执行和争执的解决，举证方便，有凭有据。

④ 有利于更有效地保护合同双方当事人的权益。

书面形式的合同由当事人经过协商达成一致后签署。如果委托他人代签，代签人必须事先取得委托书作为合同附件，证明具有法律代表资格。书面合同是最常用、也是最重要的合同形式，人们通常所指的合同就是这一类。

如果以合同形式的产生依据划分，合同形式则可分为法定形式和约定形式。合同的法定形式是指法律直接规定合同应当采取的形式。如《合同法》规定建设工程合同应当采用书面形式，则当事人不能对合同形式加以选择。合同的约定形式是指法律没有对合同形式做出要求，当事人可以约定合同采用的形式。

（2）口头合同

在日常的商品交换，如买卖、交易关系中，口头形式的合同被人们广泛地应用。

① 口头合同的优点：简便、迅速、易行。

② 口头合同的缺点：一旦发生争议就难以查证，对合同的履行难以形成法律约束力。

因此，口头合同要建立在双方相互信任的基础上，且适用于不太复杂、不易产生争执的经济活动。

在当前，运用现代化通信工具，如电话订货等，作为一种口头要约，也是被承认的。

7.1.1.2　园林工程施工合同的类型

（1）按签约各方的关系分类

① 总包合同。

② 分包合同。

③ 联合承包合同等。

（2）按合同标的性质划分

① 可行性研究合同。

② 勘察合同。

③ 设计合同。

④ 施工合同。

⑤ 监理合同。

⑥ 材料设备供应合同。

⑦ 劳务合同。

⑧ 安装合同。
⑨ 装修合同等。
(3) 按照支付方式进行合同分类

① 总价合同。又称为约定总价合同或包干合同，通常要求投标人按照招标文件要求报一个总价，在这个价格下完成合同规定的全部工作内容。总价合同通常有五种方式，见表7-1。

表7-1 总价合同的形式

序号	形式	内容
1	固定总价合同	承包商的报价以业主方的详细设计图纸及计算为基础，并考虑到一些费用的上升因素，如图纸及工程要求不变动则总价固定，但当施工图纸或工程质量要求变更，或工期要求提前，则总价也改变。这种合同适用于工期不长（一般不超过一年），对工程项目要求十分明确的项目，如工期不长则可一次性付款。承包商将承担全部风险，将为许多不可预见因素付出代价，因此一般报价较高
2	调价总价合同	在报价及签订合同时，以招标文件的要求及当时的物价计算总价的合同。但在合同条款中双方商定：如果在执行合同中由于通货膨胀引起工料成本增加达到某一限度时，合同总价应相应调整。这种合同，业主承担通货膨胀这一不可预见的费用因素的风险，承包商承担其他风险。采用这种合同形式的项目，一般工期较长（一年以上）
3	固定工程量总价合同	即业主要求投标人在投标时按单价合同办法分别填报业主编制的工程量表中各个分项工程的单价，从而计算出工程总价，据之签订合同。原定工程项目全部完成后，根据合同总价付款给承包商。工期较长的大中型工程也可分段付款，但要在签订合同时说明。如果改变设计或增加新项目，则用合同中已经确定的单价来计算新的工程量和调整总价，这种方式适用于工程量变化不大的项目。这种方式对业主比较有利
4	附费率表的总价合同	与上一种相似，只是业主没有力量或来不及编制工程量表时，可规定由投标人编制工程量表并填入费率，以之计算总价及签订合同。这种合同适用于较大的、可能有变更及分阶段付款的合同
5	管理费总价合同	业主雇用某一公司的管理专家对发包合同的工程项目进行管理和协调，由业主给付一笔总的管理费用 采用这种合同时要明确具体工作范围

② 单价合同。当准备发包的工程项目的内容和设计指标一时不能十分确定,或工程量不能准确确定时,则以采用单价合同形式为宜。单价合同通常可以分为三种形式,见表 7-2。

表 7-2 单价合同的形式

序号	形式	内容
1	估计工程量单价合同	业主在准备此类合同的招标文件时,按照分部分项工程列出工程量表(清单)并填入估算的工程量,承包商投标时在工程量表中填入各项单价,据之计算出总价作为投标报价之用。但是在每月结账时,以实际完成的工程量结算。工程全部完成时,以竣工图和某些只能现场测量的工程量为依据,最终结算工程的总价格 有的合同规定,当某一分项工程的实际工程量与招标文件上的工程量相差一定百分比(一般为±15%~±30%)时,双方可以讨论改变单价,但单价调整方法和比例最好在签订合同时即写明,以免日后发生纠纷
2	纯单价合同	在设计单位还来不及提供施工详图,或虽有施工图但由于某些原因不能较为准确地估算工程量时,采用纯单价合同。招标文件只向投标人给出各分项工程内的工作项目一览表、工程范围及必要的说明,而不提供工程量,承包商只要给出表中各项目的单价即可,将来施工时按实际工程量计算
3	单价与子项包干混合式合同	以估计工程量单价合同为基础,但对其中某些不易计算工程量的分项工程(如小型设备购置与安装调试)则采用包干办法,而对能用某种单位计算工程量的,均要求报单价,按实际完成工程量及工程量表中单价结算。这种方式在很多大中型土木工程中普遍采用

③ 成本补偿合同。成本补偿合同也称成本加酬金合同(简称 CPF 合同),即业主向承包商支付实际工程成本中直接费,并按事先协议好的某一种方式支付管理费及利润的一种合同方式。成本补偿合同有多种形式。

7.1.1.3 园林工程施工合同的特点

(1) 合同标的的特殊性

园林工程施工合同的标的是园林工程的各类产品。园林工程产品是不动产，建造过程中往往受到各种因素的影响。这就决定了每个施工合同的标的物不同于工厂批量生产的产品，具有单件性的特点。

（2）合同履行期限的长期性

由于园林工程产品施工周期都较长，施工工期少则几个月，一般都是几年甚至十几年。

（3）合同内容的多样性和复杂性

与大多数合同相比较，施工合同的履行期限长、标的额大。涉及的法律关系则包括了劳动关系、保险关系、运输关系、购销关系等，具有多样性和复杂性。

（4）合同管理的严格性

合同管理的严格性主要体现在以下几个方面：对合同签订管理的严格性；对合同履行管理的严格性；对合同主体管理的严格性。

7.1.1.4 园林工程施工合同的作用

园林工程施工合同的作用主要体现在以下几个方面。

（1）明确建设单位和施工企业在园林工程施工中的权利和义务

园林工程施工合同一经签订，即具有法律效力，是合同双方在履行合同中的行为准则，双方都应以施工合同作为行为的依据。

（2）有利于对园林工程施工的管理

合同当事人对园林工程施工的管理应以合同为依据。有关的国家机关、金融机构对施工的监督和管理，也是以园林施工合同为其重要依据的。

（3）有利于建筑市场的培育和发展

随着市场经济新体制的建立，建设单位和施工单位将逐渐成为建筑市场的合格主体，建设项目实行真正的业主负责制，施工企业参与市场公平竞争。在建筑商品交换过程中，双方都要利用合同这一法律形式，明确规定各自的权利和义务，以最大限度地实现自己的经济目的和经济效益。施工合同作为建筑商品交换的基本法律形式，贯穿于建筑交易的全过程。建设工程合同的依法签订和全面履行，是建立一个完善的建筑市场的最基本条件。

（4）进行监理的依据和推行监理制的需要

在监理制度中,建设单位(业主)、施工企业(承包商)、监理单位三者的关系是通过园林工程建设施工合同和监理合同来确立的。国内外实践经验表明,园林工程建设监理的主要依据是合同。园林监理工程师在园林工程监理过程中要做到坚持按合同办事,坚持按规范办事,坚持按程序办事。园林监理工程师必须根据合同秉公办事,监督业主和承包商都履行各自的合同义务。因此承发包双方签订一个内容合法,条款公平、完备,适应建设监理要求的施工合同是园林监理工程师实施公正监理的根本前提条件,也是推行建设监理制的内在要求。

7.1.1.5 园林工程施工合同的基本内容

园林工程本身的特殊性和施工生产的复杂性,决定了施工合同必须有很多条款。根据《建设工程施工合同管理办法》,施工合同主要应具备以下几点内容:

① 工程名称、地点、范围、内容,工程价款及开竣工日期。
② 双方的权利、义务和一般责任。
③ 施工组织设计的编制要求和工期调整的处置办法。
④ 工程质量要求、检验与验收方法。
⑤ 合同价款调整与支付方式。
⑥ 材料、设备的供应方式与质量标准。
⑦ 设计变更。
⑧ 竣工条件与结算方式。
⑨ 违约责任与处置办法。
⑩ 争议解决方式。
⑪ 安全生产防护措施。

此外,关于索赔、专利技术使用、发现地下障碍和文物、工程分包、不可抗力、工程保险、工程停建或缓建以及合同生效与终止等也是施工合同的重要内容。

7.1.2 园林工程施工合同谈判

谈判是工程施工合同签订双方对是否签订合同以及合同具体内

容达成一致的协商过程。通过谈判,能够充分了解对方及项目的情况,为高层决策提供信息和依据。

7.1.2.1 园林工程施工谈判的目的

(1) 招标人参加谈判的目的

① 通过谈判,了解投标者报价的构成,进一步审核和压低报价。

② 进一步了解和审查投标者的施工规划和各项技术措施是否合理,以及负责项目实施的班子力量是否足够雄厚,能否保证工程的质量和进度。

③ 根据参加谈判的投标者的建议和要求,也可吸收其他投标者的建议,对设计方案、图纸、技术规范进行某些修改后,估计可能对工程报价和工程质量产生的影响。

(2) 投标人参加谈判的目的

① 争取中标。即通过谈判宣传自己的优势,包括技术方案的先进性,报价的合理性,所提建议方案的特点,许诺优惠条件等,以争取中标。

② 争取合理的价格,既要准备应付招标人的压价,又要准备当招标人拟增加项目、修改设计或提高标准时适当增加报价。

③ 争取改善合同条款,包括争取修改苛刻的和不合理的条款、澄清模糊的条款以及增加有利于保护自身利益的条款。

虽然双方的目的看起来是对立的、矛盾的,但在为工程选择一家合格的承包商这一点上又是统一的。参加竞争的投标者中,谁能掌握招标人的心理,充分利用谈判技巧争取中标,谁就是强者。

7.1.2.2 园林工程施工合同谈判准备工作

开始谈判之前,必须细致地做好以下几方面的准备工作。

(1) 谈判资料准备

谈判准备工作的首要任务就是要收集整理有关合同对方及项目的各种基础资料和背景材料。资料准备可以起到双重作用:

① 双方在某一具体问题上争执不休时,提供证据资料、背景资料,可起到事半功倍的作用;

② 防止谈判小组成员在谈判中出现口径不一的情况，造成被动。

(2) 具体分析

在获得了这些基础资料的基础上，即可进行一定的分析。

① 对本方的分析。签订园林工程施工合同之前，首先要确定园林工程施工合同的标的物，即拟建工程项目。发包方必须运用科学研究的成果，对拟建园林工程项目的投资进行综合的分析、论证和决策。发包方必须按照可行性研究的有关规定，作定性和定量的分析研究、工程水文地质勘察、地形测量以及项目的经济、社会、环境效益的测算比较，在此基础上论证项目在技术上、经济上的可行性，经济方案比较、推算出最佳方案。依据获得批准的项目建议书和可行性研究报告，编制项目设计任务书并选择建设地点。其次要进行招标投标工作的准备。园林建设项目的设计任务书和选点报告批准后，发包方就可以进行招标或委托取得园林工程设计资格证书的设计单位进行设计，然后再进行招标。

对于承包方，在获得发包方发出招标公告后，不应一味盲目投标。承包方首先应该对发包方做一系列调查研究工作。如园林工程建设项目是否确实由发包方立项，该项目的规模如何，是否适合自身的资质条件，发包方的资金实力如何等。这些问题可以通过审查有关文件，如发包方的法人营业执照、项目可行性研究报告、立项批复、建设用地规划许可证等加以解决。其次，承包方为了承接项目，往往主动提出某些让利的优惠条件，但是，这些优惠条件必须是在项目是真实的，发包方主体是合法的，建设资金已经落实的前提条件下进行的让步。否则，即使在竞争中获胜，即使中标承包了项目，一旦发生问题，合同的合法性和有效性很难得到保证。此种情况下，受损害最大的往往是承包方。最后要注意到该项目本身是否有效益以及己方是否有能力投入或承接。权衡利弊，做深入仔细地分析，得出客观可行的结论，供企业决策层参考、决策。

② 对对方的分析。对对方的基本情况的分析主要从以下几方面入手：

a. 对对方谈判人员的分析。了解对方组成人员的身份、地位、权限、性格、喜好等,掌握与对方建立良好关系的办法和途径,进而发展谈判双方的友谊,争取在到达谈判桌以前就有了一定的亲切感和信任感,为谈判创造良好的氛围。

b. 对对方实力的分析,主要指的是对对方诚信、技术、物力、财力等状况的分析,可以通过各种渠道和信息传递手段取得有关资料。

③ 对谈判目标进行可行性分析。分析自身设置的谈判目标是否正确合理、是否切合实际、是否能为对方接受以及接受的程度。同时要注意对方设置的谈判目标是否合理,与自己所设立的谈判目标差距以及自己的接受程度等。在实际谈判中,也要注意目前建筑市场的实际情况,发包方是占有一定优势的,承包方往往接受发包方一些极不合理的要求,如带资垫资、工期短等,很容易发生回收资金、获取工程款、工期反索赔方面的困难。

④ 对双方地位进行分析。对在此项目上与对方相比己方所处的地位的分析也是必要的。这一地位包括整体的与局部的优劣势。如果己方在整体上存在优势,而在局部存有劣势,则可以通过以后的谈判等弥补局部的劣势。但如果己方在整体上已显劣势,则除非能有契机转化这一形势,否则就不宜再耗时耗资去进行无利的谈判。

(3) 园林工程施工谈判的组织准备

主要包括谈判组的成员组成和谈判组长的人选确定。

① 谈判组的成员组成。一般来说,谈判组成员的选择要考虑下列几点:

a. 能充分发挥每一个成员的作用。

b. 组长便于组内协调。

c. 具有专业知识组合优势。

② 谈判组长的人选。谈判组长即主谈,是谈判小组的关键人物,一般要求主谈具有如下基本素质:

a. 具有较强的业务能力和应变能力。

b. 具有较宽的知识面和丰富的工程经验与谈判经验。

c. 具有较强的分析、判断能力,决策果断。

d. 年富力强，思维敏捷，体力充沛。

(4) 谈判的方案准备与思想准备

谈判的方案准备是指参加谈判前拟定好预达成的目标、所要解决的问题及其具体措施等。思想准备则是指进行谈判的有利与不利因素分析，设想出谈判可能出现的各种情况，制订相应的解决办法，以避免不应有的错误。

(5) 谈判的议程安排

主要指谈判的地点选择、主要活动安排等准备内容。承包合同谈判的议程安排一般由发包人提出，征求对方意见后再确定。作为承包商要充分认识到非"主场"谈判的难度，做好充分的心理准备。

7.1.2.3 园林工程施工谈判阶段

(1) 定标前的谈判

有的招标人把全部谈判均放在定标之前进行，以利用投标者希望中标的心情压价，并取得对自己有利的条件。

招标人在定标前与初选出的几家投标者谈判的内容主要有以下两个方面：

① 技术答辩。

技术答辩由评标委员会主持，了解投标者如果中标后将如何组织施工，如何保证工期，对技术难度较大的部位采取什么措施等。虽然投标人在编制投标文件时对上述问题已有准备，但在开标后，应该在这方面再进行认真细致的准备，以便顺利通过技术答辩。

② 价格问题。

价格问题是一个十分重要的问题，招标人利用其有利地位，要求投标者降低报价，并就工程款额中付款期限、贷款利率（对有贷款的投标）以及延期付款条件等方面要求投标者做出让步。投标者对招标人的要求进行逐条分析，在合适时机适当、逐步地让步。然而，我国《招标投标法》中规定，依法必须进行招标的项目，招标人和投标人在中标人确定前不得就投标价格、投标方案等实际内容进行磋商、谈判。

(2) 定标后的谈判

招标人确定出中标者并发出中标函后,招标人和中标人还要进行定标后的谈判,即将过去双方达成的协议具体化,并最后签署合同协议书,对价格及所有条款加以确认。

定标后,中标者地位有所改善,可以利用这一点,积极地、有理有节地同招标人进行定标后的谈判,争取协议条款公正合理。对关键性条款的谈判,要做到彬彬有礼而又不做大的让步;然而对于有些过分不合理的条款,一旦接受了会带来无法负担的损失,则宁可冒损失投标保证金的风险而拒绝招标人要求或退出谈判,以迫使招标人让步。

招标人和中标人在对价格和合同条款达成充分一致的基础上,签订合同协议书。至此,双方即建立了受法律保护的合作关系,招标投标工作即告成。

7.1.2.4　园林工程施工谈判内容

(1) 关于园林工程的范围

承包商所承担的工作范围主要包括:施工、设备采购、安装以及调试等。在签订合同时要做到明确具体,范围清楚,责任分明,否则将导致计价范围错误,造成经济损失或者实施过程中的扯皮与矛盾。

谈判中要特别注意合同条件中不确定的内容,可做无限制解释的条款应该在合同中加以明确;对于现场监理工程师的办公建筑、家具设备、车辆和各项服务,若已包括在投标价格中,而且招标书规定得比较明确和具体,则应当在签订合同时予以审定和确认。特别是对于建筑面积和标准,设备和车辆的牌号以及服务的详细内容等,应当十分具体和明确。此外,还应划清业主各自应负责的范围。

(2) 关于施工合同文件

对当事人来说,合同文件就是法律文书,应该使用严谨、周密的法律语言,以防一旦发生争端合同中无准确依据,以至于影响合同的履行,并为索赔成功创造一定的条件。

① 对拟定的合同文件中的缺欠,经双方一致同意后,可进行修改和补充,并应整理为正式的"补遗"或"附录",由双方签字

后作为合同的组成部分,注明哪些条件由"补遗"或"附录"中的相应条款替代,以免发生矛盾与误解,在实施工程中发生争端。

② 应当由双方同意将投标前发包人对各投标人质疑的书面答复或通知,作为合同的组成部分。这是由于这些答复或通知,即为标价计算的依据,也可能是今后索赔的依据。

③ 承包商提供的施工图纸是正式的合同文件内容,而不能只认为"发包人提交的图纸属于合同文件"。应该表明"与合同协议同时由双方签字确认的图纸属于合同文件",以防止发包人借补充图纸的机会增加工程内容。

④ 对于作为付款和结算工程价款的工程量及价格清单,应该根据议标阶段做出的修正重新整理和审定,并经双方签字。

⑤ 尽管采用的是标准合同文本,但是在签字前必须对合同进行全面检查,对于关键词语和数字更应反复核对,不得有任何差错。

(3) 关于双方的一般义务

① 关于"工作必须使监理工程师满意"的条款,在合同条件中常常可以见到关于"工作必须使监理工程师满意"的条款,该条款处应载明"使监理工程师满意"只能是针对施工技术规范和合同条件范围内的满意,而并不包括其他。合同条件中还常常规定"应该遵守并执行监理工程师的指示",对此,承包商通常是用书面记录下他对该指示的不同意见和理由,以作为日后进行索赔的依据。

② 关于履约保证,在合同签订前,应与业主商议选定一家银行开具保函,并事先与该银行协商同意。

③ 关于工程保险,应与业主商议选定一家保险公司,并出具的工程保险单。

④ 关于不可预见的自然条件和人为障碍问题,通常合同条件中虽有"可取得合理费用"的条款,然而由于其措辞含糊,容易在实施中引起争执,因此,必须在合同中明确界定"不可预见的自然条件和人为障碍"的具体内容。对于招标文件中提供的气象、地质、水文资料与实际情况有出入者,则应争取列为"非正常气象、地质和水文情况"由业主提供额外补偿费用的条款。

(4) 关于材料和操作工艺

① 对于报送材料样品给监理工程师或业主审批和认可,应明确规定答复期限。若业主或监理工程师在规定答复期限不予答复,则视为"默许"。经"默许"后再提出更换时,应由业主承担因工程延误施工期和原报批的材料已订货而造成的损失。

② 对于应向监理工程师提供的现场测量和试验的仪器设备,应在合同中列出清单,写明型号、规格、数量等。若出现超出清单内容的设备,则应由业主承担超出的费用。

③ 争取在合同或"补遗"中写明材料化验和试验的权威机构,以防止对化验结果的权威性产生争执。

④ 如果发生材料代用、更换型号及其标准问题时,承包商应注意以下两点:

a. 将这些问题载入合同或"补遗"中去。

b. 如有可能,可趁业主在议标时压价而提出材料代用的意见,更换那些原招标文件中规定的高价而难以采购的材料,用承包商熟悉货源并可获得优惠价格的材料代替。

⑤ 关于工序质量检查问题。若监理工程师延误了上道工序的检查时间,而使承包商无法按期进行下道工序,致使工程进度受到严重影响时,应对工序检验制度做出具体规定,不得简单地以规定"不得无理拖延"了事。特别是对及时安排检验要有时间限制,超出限制时,监理工程师未予检查,则承包商可认为该工序已被接受,可进行下一道工序施工。

(5) 关于工程的开工和工期

① 区别工期与合同(终止)期的概念:

a. 合同期是表明一份合同的有效期,即从合同生效之日至合同终止之日的一段时间。

b. 工期是对承包商完成其工作所规定的时间。

在工程承包合同中,通常是施工期虽已结束,但合同期并未终止。因为该工程价款酬金尚未清结,工程缺陷维修期尚未结束,合同仍然有效。

② 应明确规定保证开工的措施。要保证工程按期竣工,首先

要确保按时开工。对于业主影响开工的因素应列入合同条件之中。如果由于业主的原因导致承包商不能如期开工，则工期应顺延。

③ 施工中，若由于变更设计造成工程量增加或修改原设计方案或工程师不能按时验收工程，则承包商有权要求延长工期。

④ 必须要求业主按时验收工程，以免拖延付款和影响承包商的资金周转，同时影响工期。

⑤ 由于我国的公司通常动员准备时间较长，应争取适当延长工程准备时间，并且规定工期应由正式开工之日算起。

⑥ 业主向承包商提交的现场应包括施工临时用地，并写明其占用土地的一切补偿费用均由业主承担。

⑦ 应规定现场移交的时间和移交的内容。所谓移交现场应包括场地测量图纸、文件和各种测量标志（平面和高程控制点）的移交。

⑧ 对于单项工程较多的工程，应争取分批竣工，并提交监理工程师验收，发给竣工证明。工程全部具备验收条件而业主无故拖延检验时，应规定业主向承包商支付工程看管费用。

⑨ 凡已竣工验收的部分工程，其维修费应从出具该部分工程竣工证书之日算起。

⑩ 应规定工程延期竣工的违约金的最高限额。如有部分工程已获竣工证书，则违约金应按比例削减。

⑪ 承包商应当享有由于工程变更（额外追加工程数量、中途变更方案等）、恶劣气候影响或其他由于业主的原因要求延长施工时间的正当权利。

（6）关于工程维修

① 应当明确维修工程的范围以及维修责任。承包商只能承担由于材料、工艺不符合合同要求而产生的缺陷，以及没有看管好工程而遭损坏的责任。

② 通常工程维修期届满应退还维修保证金。承包商应当争取以维修保函替代工程价款的保留金。因为维修保函具有保函有效期的规定，可以保障承包商在维修期满时自行撤销其维修责任。

（7）关于工程的变更和增减

该部分主要涉及园林工程变更与增减的基本要求,由于园林工程变更导致的经济支出承包商核实的确定方法,发包人应承担的责任,延误的工期处理等内容。其内容主要包括:

① 园林工程变更应有一个合适的限额,超过限额,承包商有权修改单价。

② 对于单项工程的大幅度变更,应在园林工程施工初期提出,并争取规定限期。

a. 超过限期大幅度增加单项工程,由发包人承担材料、工资价格上涨而引起的额外费用。

b. 大幅度减少单项工程,发包人应承担材料已订货而造成的损失。

(8) 关于付款

付款是承包商最为关心而又最为棘手的问题。业主和承包商之间发生的争议,大都集中在付款问题上,包括支付时间、支付方式以及支付保证等问题。在支付时间上,承包商越早得到付款越好。支付的方法有:预付款、工程进度付款、最终付款和退还保留金4种。对于承包商来说,一定要争取得到预付款,而且,预付款的偿还按预付款与合同总价的同一比例,每次在工程进度款中扣除为好。对于工程进度付款,应争取其不仅包括当月已完成的工程价款,还应包括运到现场的合格材料与设备费用。最终付款,意味着工程的竣工,承包商有权取得全部工程的合同价款中一切尚未付清的款项。承包商应争取将工程竣工结算和维修责任分开来,可以用一份维修工程的银行担保函来担保自己的维修责任,并争取早日得到全部工程款。关于退还保留金问题,承包商争取降低扣留金额的数额,使之不超过合同总价的5%,并争取工程竣工验收合格后全部退回或者用维修保函代替扣留的应付工程款;对于分批交工的工程,应在每批工程交工时退还该批工程的全部保留金或部分保留金。

(9) 关于工程验收

工程验收主要包括对中间和隐蔽工程的验收、竣工验收和对材料设备的验收。在审查验收条款时，应注意的问题主要有：验收范围、验收时间以及验收质量标准等问题是否在合同中明确表明。由于验收是承包工程实施过程中的一项重要工作，它直接影响工程的工期和质量问题，因此，需要认真对待。

（10）关于违约责任

在审查违约责任条款时，主要应注意以下几点：

① 要明确不履行合同的行为。在对自己一方确定违约责任时，一定要同时规定对方的某些行为是自己一方履约的先决条件，否则不应构成违约责任。

② 针对自己关键性的权利，即对方的主要义务，应向对方规定违约责任。规定对方的违约责任就是保证自己享有的权利。

需要谈判的内容非常多，而且双方均以维护自身利益为核心进行谈判，更增加了谈判的难度和复杂性。就某一具体谈判而言，由于项目的特点，不同的谈判的客观条件等因素决定，在谈判内容上通常有所侧重，需谈判小组认真仔细地研究，进行具体谋划。

7.1.2.5 园林工程施工谈判策略

谈判是通过不断的会晤确定各方权利、义务的过程，它直接关系到谈判桌上各方最终利益的得失。因此，谈判绝不是一项简单的机械性工作，而是集合了策略与技巧的艺术。常见的谈判策略和技巧见表 7-3。

表 7-3 园林工程施工谈判策略和技巧

序号	策略	内容
1	掌握谈判的进程	指掌握谈判过程的发展规律。谈判大体上可分为五个阶段，即探测、报价、还价、拍板和签订合同。谈判各个阶段中谈判人员应该采取的策略主要有： ① 设计探测策略。探测阶段是谈判的开始，设计探测策略的主要目的在于尽快摸清对方的意图及关注的重点，以便在谈判中做到对症下药，有的放矢

续表

序号	策略	内容
1	掌握谈判的进程	② 讨价还价阶段。此阶段是谈判的实质性进展阶段。在本阶段中双方从各自的利益出发,相互交锋、相互角逐。谈判人员应保持清醒的头脑,在争论中保持心平气和的态度,临阵不乱、镇定自若、据理力争。要避免不礼貌的提问,以防引起对方反感甚至导致谈判破裂。应努力求同存异,创造和谐气氛,逐步接近 ③ 控制谈判的进程。工程建设这样的大型谈判一定会涉及诸多需要讨论的事项,而各谈判事项的重要性并不相同,谈判各方对同一事项的关注程度也并不相同。成功的谈判者善于掌握谈判的进程,在充满合作气氛的阶段,展开自己所关注议题的商讨,从而抓住时机,达成有利于己方的协议。而在气氛紧张时,则引导谈判进入双方具有共识的议题,一方面缓和气氛,另一方面缩小双方差距,推进谈判进程。同时,谈判者应懂得合理分配谈判时间。对于各议题的商讨时间应得当,不要过多拘泥于细节性问题,这样可以缩短谈判时间,降低交易成本 ④ 注意谈判氛围。谈判各方往往存在利益冲突,要兵不血刃即获得谈判成功是不现实的。但有经验的谈判者会在各方分歧严重,谈判气氛激烈的时候采取润滑措施,舒缓压力。在我国最常见的方式是饭桌式谈判,通过餐宴,联络谈判方的感情,拉近双方的心理距离,进而在和谐的氛围中重新回到议题
2	打破僵局策略	僵局往往是谈判破裂的先兆,因而为使谈判顺利进行,并取得谈判成功,遇有僵持的局面时必须适时采取相应策略。常用的打破僵局的方法有: ① 拖延和休会。当谈判遇到障碍、陷入僵局的时候,拖延和休会可以使明智的谈判方有时间冷静思考,在客观分析形势后提出替代性方案。在一段时间的冷处理后,各方都可以进一步考虑整个项目的意义,进而弥合分歧,将谈判从低谷引向高潮 ② 假设条件。即当遇有僵持局面时,可以主动提出假设我方让步的条件,试探对方的反应,这样可以缓和气氛,增加解决问题的方案

续表

序号	策略	内容
2	打破僵局策略	③ 私下个别接触。当出现僵持局面时,观察对方谈判小组成员对引发僵持局面的问题的看法是否一致,寻找对本方意见的同情者与理解者,或对对方的意见持不同意见者,通过私下个别接触缓和气氛、消除隔阂、建立个人友谊,为下一步谈判创造有利条件 ④ 设立专门小组。本着求同存异的原则,谈判中遇到各类障碍时,不必都在谈判桌上解决,而是建议设立若干专门小组,由双方的专家或组员去分组协商,提出建议。一方面可使僵持的局面缓解,另一方面可提高工作效率,使问题得以圆满解决
3	高起点战略	谈判的过程是各方妥协的过程,通过谈判,各方都或多或少会放弃部分利益以求得项目的进展。而有经验的谈判者在谈判之初会有意识向对方提出苛求的谈判条件。这样对方会过高估计本方的谈判底线,从而在谈判中更多做出让步
4	避实就虚	谈判各方都有自己的优势和弱点。谈判者应在充分分析形势的情况下,做出正确判断,利用对方的弱点,猛烈攻击,迫其就范,做出妥协。而对于己方的弱点,则要尽量注意回避
5	对等让步策略	为使谈判取得成功,谈判中对对方所提出的合理要求进行适当让步是必不可少的,这种让步要求对双方都是存在的。但单向的让步要求则很难达成,因而主动在某些问题上让步时,同时对对方提出相应的让步条件,一方面可争得谈判的主动,另一方面又可促使对方让步条件的达成
6	充分利用专家的作用	现代科技发展使个人不可能成为各方面的专家。而工程项目谈判又涉及广泛的学科领域,充分发挥各领域专家的作用,既可以在专业问题上获得技术支持,又可以利用专家的权威性给对方以心理压力

7.1.3 园林工程施工合同的履行

7.1.3.1 准备工作

通常,承包合同签订1～2个月内,监理工程师即下达开工令

(也有的工程合同协议内规定合同签订之日,即算开工之日)。无论如何,承包商都要竭尽全力做好开工前的准备工作并尽快开工,避免因开工准备不足而延误工期。

(1) 人员和组织准备

由于项目经理部是实施项目的关键,所以尤其要选好项目经理及其他主要人员。确定项目经理部主要人员后,由项目经理针对项目性质和工程大小。再选择其他经理部人员和施工队伍。同时与分包单位签订协议,明确他们的责、权、利,使他们对项目有足够的重视,派出胜任承包任务的人员。

① 项目经理人选确定。项目经理是项目施工的直接组织者与领导者,其能力与素质直接关系到项目管理的成败,因而要求项目经理具有如下基本素质:

a. 具有较强的组织管理能力和市场竞争意识。

b. 掌握扎实的专业基础知识与合同管理知识。

c. 具有丰富的现场施工经验。

d. 具有较强的公共关系能力。

e. 能吃苦,精力、体力充沛。

② 选择项目经理部的其他人员。由项目经理负责,针对项目性质和工程大小选择项目经理部的其他人选。

③ 施工作业队伍选择与分包单位签订合同。

④ 聘请专业顾问。

(2) 施工准备

项目经理部组建后,就要着手施工准备工作。施工准备应着眼于以下几方面。

① 接收现场。

② 领取施工图纸等有关文件。

③ 建立现场生活和生产营地。

④ 编制施工进度计划及付款计划表。

⑤ 材料、设备采购订货。

⑥ 签订有关分包合同。

(3) 办理有关保函及保险

承包商在接到发包人发出的中标函并最后签订园林工程合同之前，要根据合同文件的有关条款要求，办理保函手续（包括履约保函、预付款保函等）和保险手续（包括工程保险、第三方责任险、工程一切险等），一般要求在签订工程合同前，提交履约保函和预付款保函。提交保险单的日期一般在合同条件中注明。

（4）资金的筹措

筹集施工所需的流动资金，保证园林工程施工的顺利进行。

（5）学习合同文件

在执行合同前，要组织有关人员认真学习合同文件，掌握各合同条款的要点与内涵，以利执行"实际履行与全面履行"的合同履行的原则。

7.1.3.2 园林工程施工合同的履行

总包单位必须自行完成建设项目（或单项、单位工程）的主要部分，其非主要部分或专业性较强的园林工程可分包给营业条件符合该工程技术要求的建筑安装单位。结构和技术要求相同的群体园林工程，总包单位应自行完成半数以上的单位工程。

（1）总包单位的责任

① 编制施工组织总设计，全面负责工程进度、园林工程质量、施工技术、安全生产等管理工作。

② 按照合同或协议规定的时间，向分包单位提供建筑材料、构配件、施工机具及运输条件。

③ 统一向发包单位领取园林工程技术文件和施工图纸，按时供给分包单位。属于安装工程和特殊专业工程的技术文件和施工图纸，经发包单位同意，也可委托分包单位直接向发包单位领取。

④ 按合同规定统筹安排分包单位的生产、生活临时设施。

⑤ 参加分包工程技师检查和竣工验收。

⑥ 统一组织分包单位编制园林工程预算、拨款及结算。属于安装工程和特殊专业工程的预决算，经总包单位委托，发包单位同意，分包单位也可直接对发包单位。

（2）分包单位的责任

① 保证分包园林工程质量，确保分包园林工程按合同规定的

工期完成。

② 按施工组织总设计编制分包园林工程的施工组织设计或施工方案，参加总包单位的综合平衡。

③ 编制分包园林工程的预（决）算，施工进度计划。

④ 及时向总包单位提供分包工程的计划、统计、技术、质量等有关资料。

(3) 分包合同文件组成及优先顺序

① 分包合同协议书。

② 承包人发出的分包中标书。

③ 分包人的报价书。

④ 分包合同条件。

⑤ 标准规范、图纸、列有标价的工程量清单。

⑥ 报价单或施工图预算书。

(4) 分包合同的履行

① 园林工程分包不能解除承包人任何责任与义务，承包人应在分包现场派驻相应的监督管理人员，保证本合同的履行。履行分包合同时，承包人应就承包项目（其中包括分包项目），向发包人负责，分包人就分包项目向承包人负责。分包人与发包人之间不存在直接的合同关系。

② 分包人应按照分包合同的规定，实施和完成分包园林工程，修补其中的缺陷，提供所需的全部工程监督、劳务、材料、工程设备和其他物品，提供履约担保、进度计划，同时不得将分包园林工程进行转让或再分包。

③ 承包人应提供总包合同（工程量清单或费率所列承包人的价格细节除外）供分包人查阅。

④ 分包人应当遵守分包合同规定的承包人的工作时间和规定的分包人的设备材料进出场的管理制度。承包人应为分包人提供施工现场及其通道；分包人应允许承包人和监理工程师等在其工作时间内合理进入分包工程的现场，并为其提供方便，做好协助工作。

⑤ 分包人延长竣工时间主要应满足下列条件：承包人根据总

包合同延长总包合同竣工时间，承包人指示延长，承包人违约。分包人必须在延长开始14天内将延长情况通知承包人，同时提交一份证明或报告，否则分包人无权获得延期。

⑥ 分包人仅从承包人处接受指示，并执行其指示。若上述指示从总包合同来分析是监理工程师失误所致，则分包人有权要求承包人补偿由此而导致的费用损失。

⑦ 分包人应根据下列指示变更、增补或删减分包园林工程：

a. 监理工程师根据总包合同做出的指示，再由承包人作为指示通知分包人。

b. 承包人的指示。

⑧ 分包工程价款由承包人与分包人结算。发包人未经承包人同意不得以任何名义向分包单位支付各种工程款项。

⑨ 承包人应承担由于分包人的任何违约行为、安全事故或疏忽、过失导致工程损害或给发包人造成损失而产生的连带责任。

7.1.3.3 园林工程施工合同履行的管理

（1）合同管理的内容

见表7-4。

表7-4 合同管理的内容

序号	内容	具体说明
1	接受有关部门对施工合同的管理	从合同管理主体的整体来看，除企业自身外，还包括工商行政管理部门、主管部门和金融机构等相关部门。工商行政管理部门主要是从行政管理的角度，上级主管部门主要是从行业管理的角度，金融部门主要是从资金使用与控制的角度对园林工程施工合同进行管理。在合同履行中，承包商必须主动接受上述部门对园林工程合同履行的监督与管理
2	进行认真、严肃、科学、有效的内部合同管理	外因是变化的条件，内因是变化的根据。提高企业的合同管理水平，取得合同管理的实效关键在于企业自己。企业为搞好合同管理必须做好如下工作：

续表

序号	内容	具体说明
2	进行认真、严肃、科学、有效的内部合同管理	①充分认识合同管理的重要性。合同界定了项目的大小和承包商的责、权、利,作为承包商,企业的经济效益主要来源于项目效益,因而搞好合同管理是提高企业经济效益的前提。合同属于法律的范畴,合同管理的过程也就是法制建设的过程,加强合同管理是科学化、法制化、规范化管理的重要基础。只有充分认识到合同管理的重要性,才能有合同管理的自觉性与主动性 ②根据一定时期企业施工合同的要求制订企业目标及其工作计划。即在一定时期内,以承包合同的内容为线索,根据合同要求制订一定时期企业的工作目标,并在此基础上形成工作计划。也就是说合同管理不能只停留在口头上,而应使其成为指导企业经营管理活动的主线 ③建立严格的合同管理制度。合同管理必须打破传统的合同管理观念,即不能把其局限于保管与保密的状态之中,而要把合同作为各工作环节的行为准则。为确保合同管理目标的达成,必须建立健全相应的合同管理制度 ④加强合同执行情况的监督与检查。园林工程施工企业合同管理的任务包括两个方面:一是对与甲方签订的承包合同的管理,主要目标是落实"实际履行的原则与全面履行的原则";二是进行企业内部承包合同的管理,其主要目标是确保合同真实、有效、合法,并真正落实与实施。因而应建立完备的监督、检查机制 ⑤建立科学的评价标准,确保公平竞争。建立科学的评价标准,是科学评价项目经理及项目经理部工作业绩的基础,是形成激励机制和公平竞争局面的前提,也是确保企业内部承包合同公平、合理的保障

(2) 园林施工合同管理应注意的问题

① 由于合同是园林工程的核心,因此,必须弄清合同中的每一项内容。

② 考虑问题要灵活,并且管理工作要做在其他工作的前面。要积累园林施工中一切资料、数据、文件。

③ 园林工程细节文件的记录主要应包括以下内容:信件,会议记录,业主的规定、指示,更换方案的书面记录以及特定的现场

情况等。

④ 应该想办法把弥补园林工程损失的条款写到合同中去,以减少风险。

⑤ 有效的合同管理是管理而不是控制。

7.1.4 园林工程施工合同的争议处理

7.1.4.1 园林工程施工合同常见的争议

常见的争议见表 7-5。

表 7-5 园林工程施工合同常见的争议

序号	争议类别	内容
1	园林工程进度款支付、竣工结算及审价争议	尽管合同中已列出了工程量,约定了合同价款,但实际施工中会有很多变化,包括设计变更,现场工程师签发的变更指令,现场条件变化如地质、地形等,以及计量方法等引起的工程数量的增减。这种工程量的变化几乎每天或每月都会发生,而且承包商通常在其每月申请工程进度付款报表中列出,希望得到(额外)付款,但常因与现场监理工程师有不同意见而遭拒绝或者拖延不决。这些实际已完的工程而未获得付款的金额,由于日积月累,在后期可能增大到一个很大的数字,这时发包人更加不愿支付,因而造成更大的分歧和争议 在整个施工过程中,发包人在按进度支付工程款时往往会根据监理工程师的意见,扣除那些他们未予确认的工程量或存在质量问题的已完工程的应付款项,这种未付款项累积起来往往可能形成一笔很大的金额,使承包商感到无法承受而引起争议,而且这类争议在园林工程施工的中后期可能会越来越严重。承包商会认为由于未得到足够的应付工程款而不得不将园林工程进度放慢下来,而发包人则会认为在工程进度拖延的情况下更不能多支付给承包商任何款项,这就会形成恶性循环而使争端愈演愈烈 更主要的是,大量的发包人在资金尚未落实的情况下就开始园林工程的建设,致使发包人千方百计要求承包商垫资施工,不支付预付款,尽量拖延支付进度款,拖延工程结算及工程审价进程,导致承包商的权益得不到保障,最终引起争议

续表

序号	争议类别	内容
2	安全损害赔偿争议	安全损害赔偿争议包括相邻关系纠纷引发的损害赔偿,设备安全、施工人员安全、施工导致第三人安全、园林工程本身发生安全事故等方面的争议。其中,园林工程相邻关系纠纷发生的频率已越来越高,其牵涉主体和财产价值也越来越多,已成为城市居民十分关心的问题。《中华人民共和国建筑法》第三十九条为建筑施工企业设定了这样的义务:"施工现场对毗邻的建筑物、构筑物和特殊作业环境可能造成损害的,建筑施工企业应当采取安全防护措施。"
3	园林工程价款支付主体争议	施工企业被拖欠巨额工程款已成为整个建设领域中屡见不鲜的"正常事"。往往出现工程的发包人并非工程真正的建设单位或工程的权利人。在该种情况下,发包人通常不具备工程价款的支付能力,施工单位该向谁主张权利,以维护其合法权益会成为争议的焦点。此时,施工企业应理顺关系,寻找突破口,向真正的发包方主张权利,以保证合法权利不受侵害
4	园林工程工期拖延争议	园林工程的工期延误,往往是由于错综复杂的原因造成的。在许多合同条件中都约定了竣工逾期违约金。由于工期延误的原因可能是多方面的,要分清各方的责任往往十分困难。我们经常可以看到,发包人要求承包商承担工程竣工逾期的违约责任,而承包商则提出因诸多发包人的原因及不可抗力等工期应相应顺延的理由,有时承包商还就工期的延长要求发包人承担停工、窝工的费用
5	合同中止及终止争议	中止合同造成的争议有:承包商因这种中止造成的损失严重而得不到足够的补偿;发包人对承包商提出的就终止合同的补偿费用计算持有异议;承包商因设计错误或发包人拖欠应支付的工程款而造成困难提出中止合同,发包人不承认承包商提出的中止合同的理由,也不同意承包商的责难及其补偿要求等 除非不可抗拒力外,任何终止合同的争议往往是难以调和的矛盾造成的。终止合同一般都会给某一方或者双方造成严重的损害。如何合理处置终止合同后双方的权利和义务,往往是这类争议的焦点。终止合同可能有以下几种情况: (1)属于承包商责任引起的终止合同 (2)属于发包人责任引起的终止合同 (3)不属于任何一方责任引起的终止合同 (4)任何一方由于自身需要而终止合同

序号	争议类别	内容
6	园林工程质量及保修争议	质量方面的争议包括园林工程中所用材料不符合合同约定的技术标准要求,提供的设备性能和规格不符,或者不能生产出合同规定的合格产品,或者是通过性能试验不能达到规定的质量要求,施工和安装有严重缺陷等。这类质量争议在施工过程中主要表现为:工程师或发包人要求拆除和移走不合格材料,或者返工重做,或者修理后予以降价处理。对于设备质量问题,则常见于调试和性能试验后,发包人不同意验收移交,要求更换设备或部件,甚至退货并赔偿经济损失。而承包商则认为缺陷是可以改正的,或者业已改正;对生产设备质量则认为是性能测试方法错误,或者制造产品所投入的原料不合格或者是操作方面的问题等,质量争议往往变成为责任问题争议。 此外,在保修期的缺陷修复问题往往是发包人和承包商争议的焦点,特别是发包人要求承包商修复工程缺陷而承包商拖延修复,或发包人未经通知承包商就自行委托第三方对工程缺陷进行修复。在此情况下,发包人要预留的保修金扣除相应的修复费用,承包商则主张产生缺陷的原因不在承包商或发包人未履行通知义务,且其修复费用未经其确认而不予同意

7.1.4.2 园林工程施工合同的争议管理

(1) 有理有礼有节,争取协商调解

很多企业都参照国际惯例,设置并逐步完善了自己的内部法律机构或部门,专职实施对争议的管理,这是企业进入市场之必需。通过诉讼解决争议未必是最有效的方法,因此,要注意预防"解决争议找法院打官司"思维模式。由于园林工程施工合同争议情况复杂,专业问题多,有许多争议法律无法明确规定,往往造成主审法官难以判断、无所适从。因此,要深入研究案情和对策,处理争议要有理有礼有节,能采取协商、调解,甚至争议评审方式解决争议的,尽量不要采取诉讼或仲裁方式,这是由于,通常园林工程合同纠纷案件要经法院几个月的审理,由于解决困难,法庭只能采取反复调解的方式,以求调解结案。

(2) 重视诉讼、仲裁时效，及时主张权利

通过仲裁、诉讼的方式解决园林工程合同纠纷时，应特别注意有关仲裁时效与诉讼时效的法律规定，在法定诉讼时效或仲裁时效内主张权利。

时效制度是指一定的事实状态经过一定的期间之后即发生一定的法律后果的制度。

法律确立时效制度的意义在于：首先是为了防止债权债务关系长期处于不稳定状态；其次是为了催促债权人尽快实现债权；再次，可以避免债权债务纠纷因年长日久而难以举证，不便于解决纠纷。

仲裁时效是指当事人在法定申请仲裁的期限内没有将其纠纷提交仲裁机关进行仲裁的，即丧失请求仲裁机关保护其权利的权利。在明文约定合同纠纷由仲裁机关仲裁的情况下，若合同当事人在法定提出仲裁申请的期限内没有依法申请仲裁的，则该权利人的民事权利不受法律保护，债务人可依法免于履行债务。

诉讼时效是指权利人在法定提起诉讼的期限内如不主张其权利，即丧失请求法院依诉讼程序强制债务人履行债务的权利。诉讼时效实质上就是消灭时效，诉讼时效期间届满后，债务人依法可免除其应负之义务。即若权利人在诉讼时效期间届满后才主张权利的，则丧失了胜诉权，其权利不受司法保护。

① 关于仲裁时效期间和诉讼时效期间的计算问题

a. 追索工程款、勘察费、设计费，仲裁时效期间以及诉讼时效期间均为两年，从工程竣工之日起计算，双方对付款时间有约定的，从约定的付款期限届满之日起计算。园林工程因建设单位的原因中途停工的，仲裁时效期间和诉讼时效期间应当从工程停工之日起计算。

b. 追索材料款、劳务款，仲裁时效期间和诉讼时效期间为两年，从双方约定的付款期限届满之日起计算；没有约定期限的，从购方验收之日起计算，或从劳务工作完成之日起计算。

c. 出售质量不合格的商品未声明的，仲裁时效期间和诉讼时效期间均为一年，从商品售出之日起计算。

② 适用时效规定，及时主张自身权利的具体做法

根据《中华人民共和国民法通则》的规定，诉讼时效因提起诉讼、债权人提出要求或债务人同意履行债务而中断。从中断时起，诉讼时效期间重新计算。因此，对于债权，具备申请仲裁或提起诉讼条件的，应在诉讼时效的期限内提起仲裁或提起诉讼。尚不具备条件的，应设法引起诉讼时效中断，其具体办法主要有：

a. 园林工程竣工后或工程中间停工的，应尽早向建设单位或监理单位提出结算报告；对于其他债权，也应以书面形式主张债权；对于履行债务的请求，应争取到对方有关工作人员签名、盖章，并签署日期。

b. 债务人不予接洽或拒绝签字盖章的，应及时将要求该单位履行债务的书面文件制作一式数份，自存至少一份备查后，将该文件以书面形式或其他妥善的方式，将请求履行债务的要求通知对方。

③ 主张债权已超过诉讼时效期间的补救办法

债权人主张债权超过诉讼时效期间的，除非债务人自愿履行，否则债权人依法不能通过仲裁或诉讼的途径使其履行。该情况下，应设法与债务人协商，并争取达成履行债务的协议。只要签订该协议，债权人仍可通过仲裁或诉讼途径使债务人履行债务。

(3) 全面收集证据，确保客观充分

收集证据是一项十分重要的准备工作，根据法律规定和司法实践，收集证据应当遵守以下几点要求：

① 为了及时发现和收集到充分、确凿的证据，在收集证据以前应当认真研究已有材料，分析案情，并在此基础上制订收集证据的计划、确定收集证据的方向、调查的范围和对象、应当采取的步骤和方法，同时还应考虑到可能遇到的问题和困难以及解决问题和克服困难的办法等。

② 收集证据的程序和方式必须符合法律规定。凡是收集证据的程序和方式违反法律规定的，所收集到的材料一律不能作为证据来使用。

③ 收集证据必须客观、全面。收集证据必须尊重客观事实，

按照证据的本来面目进行收集，不能弄虚作假、断章取义，制造假证据。全面收集证据就是要收集能够收集到的、能够证明案件真实情况的全部证据，不能只收集对自己有利的证据。

④ 收集证据必须深入、细致。实践证明，只有深入、细致地收集证据，才能把握案件的真实情况。

⑤ 收集证据必须积极主动、迅速。证据虽然是客观存在的事实，但可能由于外部环境或外部条件的变化而变化，若不及时予以收集，就有可能灭失。

(4) 摸清财务状况，做好财产保全

① 调查债务人的财产状况

对园林工程承包合同的当事人而言，提起诉讼的目的，大多数情况下是为了实现金钱债权，因此，必须在申请仲裁或者提起诉讼前调查债务人的财产状况，为申请财产保全做好充分准备。根据司法实践，调查债务人的财产范围主要应包括以下几点：

a. 固定资产，尽可能查明其数量、质量、价值，是否抵押等具体情况。

b. 开户行、账号、流动资金的数额等情况。

c. 有价证券的种类、数额等情况。

d. 债权情况。

e. 对外投资情况应了解其股权种类、数额等。

f. 债务情况。债务人是否对他人尚有债务未予清偿，以及债务数额、清偿期限的长短等，都会影响到债权人实现债权的可能性。

g. 此外，如果债务人是企业的，还应调查其注册资金与实际投入资金的具体情况，两者之间是否存在差额，以便确定是否请求该企业的开办人对该企业的债务在一定范围内承担清偿责任。

② 做好财产保全

《中华人民共和国民事诉讼法》第九十二条中规定："人民法院对于可能因当事人一方的行为或者其他原因，使判决不能执行或者难以执行的案件，可以根据对方当事人的申请，做出财产保全的裁定；当事人没有提出申请的，人民法院在必要时也可以裁定采取财产保全措施。"第九十三条中同时规定："利害关系人因情况紧急，不立即申请财产保全将会使其合法权益受到难以弥补的损害的，可以在起诉前向人民法院申请采取财产保全措施。"应注意，申请财产保全，通常应当向人民法院提供担保，且起诉前申请财产保全的，必须提供担保。担保应以金钱、实物或人民法院同意的担保等形式实现，所提供的担保的数额应相当于请求保全的数额。

因此，申请财产保全的应当先作准备，了解保全财产的情况后，缜密地做好以上各项工作后，即可申请仲裁或提起诉讼。

（5）聘请专业律师，尽早介入争议处理

施工单位不论是否有自己的法律机构，当遇到案情复杂难以准确判断的争议，应当尽早聘请专业律师，避免走弯路。施工合同争议的解决不仅取决于对行业情况的熟悉，很大程度上取决于诉讼技巧和正确的策略，而这些都是专业律师的专长。

7.2　园林工程施工合同索赔与反索赔

7.2.1　园林工程施工索赔概述

7.2.1.1　索赔的概念

索赔是指在合同履行过程中，当事人一方就对方不履行或不完全履行合同义务，或就可归责于对方的原因而造成的经济损失，向对方提出赔偿或补偿要求的行为。园林工程索赔通常是指在园林工程合同履行过程中，合同当事人一方因非自身责任或对方不履行或未能正确履行合同而受到经济损失或权利损害时，通过一定的合法程序向对方提出经济或时间补偿的要求。索赔是一种正当的权利要求，是发包人、工程师以及承包人之间一项正常的、大量发生且普遍存在的合同管理业务，是一种以法律和合同为依据的、合情合理的行为。园林工程索赔可能发生在各类园林工程合同的履行过程中，但在施工合同中较为常见，因此，通常所说的索赔往往是指施工索赔。

7.2.1.2 索赔的特征

（1）索赔是双向的，不仅承包人可以向发包人索赔，发包人同样也可以向承包人索赔。由于实践中发包人向承包人索赔发生的频率相对较低，而且在索赔处理中，发包人始终处于主动和有利的地位，他可以直接从应付工程款中扣抵或没收履约保函、扣留保留金甚至留置承包商的材料设备作为抵押等来实现自己的索赔要求，不存在"索"。因此在工程实践中，大量发生的、处理比较困难的是承包人向发包人的索赔，这也是索赔管理的主要对象和重点内容。

（2）只有实际发生了经济损失或权利损害，一方才能向对方索赔。经济损失是指发生了合同以外的额外支出。权利损害是指虽然没有经济上的损失，但造成了一方权利上的损害。因此，发生了实际的经济损失或权利损害，应是一方提出索赔的一个基本前提条件。

（3）索赔是一种未经对方确认的单方行为，它与工程签证不同。索赔，对对方尚未形成约束力，这种索赔要求能得到最终实现，必须要通过确认（如双方协商、谈判、调解或仲裁、诉讼）后才能实现。

归纳起来，索赔的本质特征主要有以下几点：

① 索赔是要求给予补偿（赔偿）的一种权利、主张。

② 索赔的依据是法律法规、合同文件及工程建设惯例，但主要是合同文件。

③ 索赔是因非自身原因导致的，要求索赔方没有过错。

④ 与原合同相比较，已经发生了额外的经济损失或工期损害。

⑤ 索赔必须有切实有效的证据。

⑥ 索赔是单方行为，双方还没有达成协议。

7.2.1.3 索赔的分类

由于索赔可能发生的范围比较广泛，贯穿于园林工程项目全过程，其分类随标准或方法的不同而不同，索赔的分类见表7-6。

表 7-6 索赔的分类

序号	分类方式	类别	内容	备注
1	按索赔有关当事人分类	承包人与发包人间的索赔	这类索赔大多是有关工程量计算、变更、工期、质量和价格方面的争议,也有中断或终止合同等其他违约行为的索赔	此两种涉及工程项目建设过程中施工条件或施工技术、施工范围等变化引起的索赔,一般发生频率高,索赔费用大,有时也称为施工索赔
		总承包人与分包人间的索赔	其内容与"承包人与发包人间的索赔"大致相似,但大多数是分包人向总承包人索要付款或赔偿及总承包人向分包人罚款或扣留支付款等	
		发包人或承包人与供货人、运输人间的索赔	其内容多系商贸方面的争议,如货品质量不符合技术要求、数量短缺、交货拖延、运输损坏等	此两种在工程项目实施过程中的物资采购、运输、保管、工程保险等方面活动引起的索赔事项,又称商务索赔
		发包人或承包人与保险人间的索赔	此类索赔多系被保险人受到灾害、事故或其他损害或损失,按保险单向其投保的保险人索赔	
2	按索赔依据分类	合同内索赔	合同内索赔是指索赔所涉及的内容可以在合同文件中找到依据,并可根据合同规定明确划分责任。一般情况下,合同内索赔的处理和解决要顺利一些	—
		合同外索赔	合同外索赔是指索赔所涉及的内容和权利难以在合同文件中找到依据,但可从合同条文引申含义和合同适用法律或政府颁发的有关法规中找到索赔的依据	—

续表

序号	分类方式	类别	内容	备注
2	按索赔依据分类	道义索赔	道义索赔是指承包人在合同内或合同外都找不到可以索赔的依据，因而没有提出索赔的条件和理由，但承包人认为自己有要求补偿的道义基础，而对其遭受的损失提出具有优惠性质的补偿要求，即道义索赔。道义索赔的主动权在发包人手中，发包人一般在下面4种情况中，可能会同意并接受这种索赔： ①若另找其他承包人，费用会更大 ②为了树立自己的形象 ③出于对承包人的同情与信任 ④谋求与承包人的相互理解或更长久的合作	—
3	按索赔要求分类	工期索赔	工期索赔，即由于非承包人自身原因造成拖期的预定竣工日期，避免违约误期罚款等，要求延长合同工期	—
		费用索赔	费用索赔，即要求发包人补偿费用损失，调整合同价格，弥补经济损失，要求追加费用，提高合同价格	—
4	按索赔事件性质分类	工程延期索赔	承包人因发包人未按合同要求提供施工条件，如未及时交付设计图纸、施工现场、道路等，或因发包人指令工程暂停或不可抗力事件等原因造成工期拖延提出索赔	这种分类能明确指出每一项索赔的根源所在，使发包人和工程师便于审核分析

续表

序号	分类方式	类别	内容	备注
4	按索赔事件性质分类	工程变更索赔	由于发包人或工程师的指令增加或减少工程量或增加附加工程、设计变更、修改施工顺序等,造成工期延长和费用增加,承包人对此提出索赔	这种分类能明确指出每一项索赔的根源所在,使发包人和工程师便于审核分析
		工程终止索赔	由于发包人违约或发生了不可抗力事件等造成工程非正常终止,承包人因蒙受经济损失而提出的索赔	
		工程加速索赔	由于发包人或工程师指令承包人加快施工速度、缩短工期,引起承包人的人、财、物的额外开支而提出的索赔	
		意外风险和不可预见因素索赔	在工程实施过程中,因人力不可抗拒的自然灾害、特殊风险以及一个有经验的承包人通常不能合理预见的不利施工条件或客观障碍,如地下水、地质断层、溶洞、地下障碍物等引起的索赔	
		其他索赔	如因货币贬值、汇率变化,物价工资上涨、政策法令变化等原因引起的索赔	
5	按索赔处理方式分类	单项索赔	单项索赔就是采取一事一索赔的方式	—
		综合索赔	综合索赔又称一揽子索赔,即对整个工程(或某项工程)中所发生的数起索赔事项,综合在一起进行索赔	—

7.2.1.4 索赔的要求

在承包园林工程中,索赔要求通常有两个。

① 合同工期的延长。承包合同中都有工期(开始期和持续时间)和工程拖延的罚款条款。

② 费用补偿。由于非承包商自身责任造成工程成本增加,使承包商增加额外费用,蒙受经济损失,承包商可以根据合同规定提出费用赔偿要求。

7.2.1.5 索赔的作用与条件

(1) 索赔的作用

索赔与园林工程施工合同同时存在,它的主要作用如下。

① 索赔是合同和法律赋予正确履行合同者免受意外损失的权利,索赔是当事人一种保护自己、避免损失、增加利润、提高效益的重要手段。

② 索赔是落实和调整合同双方经济责、权、利关系的手段,也是合同双方风险分担的又一次合理再分配。

③ 索赔是合同实施的保证。索赔是合同法律效力的具体体现,对合同双方形成约束条件,特别能对违约者起到警戒作用,违约方必须考虑违约后的后果,从而尽量减少其违约行为的发生。

④ 索赔对提高企业和园林工程项目管理水平起着重要的促进作用。承包商应正确地、辩证地对待索赔问题。在任何工程中,索赔是不可避免的,通过索赔能使损失得到补偿,增加收益。所以承包商要保护自身利益,争取利益最大化,不能不重视索赔问题。

但从根本上说,索赔是由于工程受干扰引起的。这些干扰事件对双方都可能造成损失,影响工程的正常施工,造成混乱和拖延。所以从合同双方整体利益的角度出发,应极力避免干扰事件,避免索赔的产生。

(2) 索赔的条件

索赔的根本目的在于保护自身利益,追回损失(报价低也是一种损失),避免亏本,因此是不得已而用之。要取得索赔的成功,必须符合三个基本条件。

① 客观性。确实存在不符合合同或违反合同的干扰事件，它对承包商的工期和成本造成影响。承包商提出的任何索赔，首先必须是真实的。

② 合法性。干扰事件非承包商自身责任引起，按照合同条款对方应给予补（赔）偿。索赔要求必须符合本工程承包合同的规定。不同的合同条件，索赔要求就有不同的合法性，就会有不同的解决结果。

③ 合理性。索赔要求合情合理，符合实际情况，真实反映由于干扰事件引起的实际损失，采用合理的计算方法和计算基础。承包商必须证明干扰事件与干扰事件的责任、与施工过程所受到的影响、与承包商所受到的损失、与所提出的索赔要求之间存在着因果关系。

7.2.1.6 索赔的意义

（1）索赔是合同管理的重要环节

索赔和合同管理有直接的联系，合同是索赔的依据。整个索赔处理的过程是执行合同的过程，从园林工程开工后，合同人员就必须将每日的实施合同的情况与原合同分析，若出现索赔事件，就应当研究是否提出索赔。索赔的依据在于日常合同管理的证据，要想索赔就必须加强合同管理。

（2）索赔是计划管理的动力

园林工程计划管理一般指项目实施方案、进度安排、施工顺序、劳动力及机械设备材料的使用与安排。而索赔必须分析在园林工程施工过程中，实际实施的计划与原计划的偏高程度。比如工期索赔就是通过实际过程中与原计划的关键路线分析比较，才能成功，其费用索赔往往也是基于这种比较分析基础之上。因此，在某种意义上讲，离开了计划管理，索赔将成为一句空话。反过来讲要索赔就必须加强项目的计划管理，索赔是计划管理的动力。

（3）索赔是挽回成本损失的重要手段

在合同报价中最主要的工作是计算工程成本的花费，承包商按合同规定的工程量和责任、合同所给定的条件以及当时项目的自然、经济环境作出成本估算。在合同实施过程中，由于这些条件和环境的变化，使承包商的实际工程成本增加，承包商为挽回这些实际工程成本的损失，只有通过索赔这种手段才能得到。

索赔是以赔偿实际损失为原则，这就要求有可靠的工程成本计算的依据。所以，要搞好索赔，承包商必须建立完整的成本核算体系，及时、准确地提供整个工程以及分项工程的成本核算资料，索赔计算才有可靠的依据。因此，索赔又能促进工程成本的分析和管理，以便挽回损失的数量。

（4）索赔要求提高文档管理的水平

索赔要有证据，证据是索赔报告的重要组成部分，证据不足或没有证据，索赔就不能成立。由于园林工程比较复杂，工期又长，工程文件资料多，如果文档管理混乱，许多资料得不到及时整理和保存，就会给索赔证据的获得带来极大的困难。因此，加强文档管理，为索赔提供及时、准确、有力的证据有重要意义。承包商应委派专人负责工程资料和各种经济活动的资料收集，并分门别类地进行归档整理，特别要学会利用先进的计算机管理信息系统，提高对文档工作的管理水平。

7.2.2 园林工程施工索赔的计算与处理

7.2.2.1 园林工程工期索赔计算

园林工程施工过程中，经常会发生一些不可预见的干扰事件促使施工不能够顺利进行，使预定的施工计划受到干扰，以至于造成工期延长。对此应先计算干扰事件对工程活动的影响，然后计算事件对整个工期的影响以及计算出工期索赔值。

（1）园林工程工期索赔因素

园林工程工期索赔是指取得发包人对于合理延长工期的合法性的确认。施工过程中，许多原因都可能导致工期拖延，但只有在某些情况下才能进行工期索赔，详见表7-7。

表 7-7 园林工程工期拖延与索赔处理

种类	原因责任者	处理
可原谅不补偿延期	责任不在任何一方 如:不可抗力、恶性自然灾害	工期索赔
可原谅应补偿延期	发包人违约 非关键线路上工程延期引起费用损失	费用索赔
	发包人违约 导致整个工程延期	工期及费用索赔
不可原谅延期	承包商违约 导致整个工程延期	承包商承担违约罚款并承担违约后,发包人要求加快施工或终止合同所引起的一切经济损失

《建设工程施工合同(示范文本)》(GF-2017-0201)第 7.5 项"工期延误"规定:

① 在合同履行过程中,因下列情况导致工期延误和(或)费用增加的,由发包人承担由此延误的工期和(或)增加的费用,且发包人应支付承包人合理的利润:

a. 发包人未能按合同约定提供图纸或所提供图纸不符合合同约定的。

b. 发包人未能按合同约定提供施工现场、施工条件、基础资料、许可、批准等开工条件的。

c. 发包人提供的测量基准点、基准线和水准点及其书面资料存在错误或疏漏的。

d. 发包人未能在计划开工日期之日起 7 天内同意下达开工通知的。

e. 发包人未能按合同约定日期支付工程预付款、进度款或竣工结算款的。

f. 监理人未按合同约定发出指示、批准等文件的。

g. 专用合同条款中约定的其他情形。

因发包人原因未按计划开工日期开工的,发包人应按实际开工日期顺延竣工日期，确保实际工期不低于合同约定的工期总日历天数。因发包人原因导致工期延误需要修订施工进度计划的，按照《建设工程施工合同（示范文本）》(GF-2017-0201)第7.2.2项"施工进度计划的修订"执行。

② 因承包人原因造成工期延误的，可以在专用合同条款中约定逾期竣工违约金的计算方法和逾期竣工违约金的上限。承包人支付逾期竣工违约金后，不免除承包人继续完成工程及修补缺陷的义务。

(2) 园林工程工期索赔原则

① 园林工程工期索赔的一般原则。园林工程工期延误的影响因素主要可以归纳为两大类：

a. 合同双方均无过错的原因或因素而引起的延误，主要指不可抗力事件和恶劣气候条件等。

b. 由于发包人或工程师原因造成的延误。

通常，根据工程惯例对于 a. 类原因造成的工程延误，承包商只能要求延长工期，很难或不能要求发包人赔偿损失；而对于 b. 类原因，如发包人的延误已影响了关键线路上的工作，承包商既可要求延长工期，又可要求相应的费用赔偿；若发包人的延误仅影响非关键线路上的工作，且延误后的工作仍属非关键线路，而承包商能够证明因此引起的损失或额外开支，则承包商不能要求延长工期，但完全有可能要求费用赔偿。

② 交叉延误的处理原则。交叉延误的处理通常会出现以下几种情况：

a. 在初始延误是由承包商原因造成的情况下，随之产生的任何非承包商原因的延误都不会对最初的延误性质产生任何影响，直到承包商的延误缘由和影响已不复存在。因而在该延误时间内，发包人原因引起的延误和双方不可控制因素引起的延误均为不可索赔延误。

b. 若在承包商的初始延误已解除后，发包人原因的延误或双方不可控制因素造成的延误依然在起作用，那么承包商可以对超出部分的时间进行索赔。

c. 若初始延误是由于发包人或工程师原因引起的，那么其后由承包商造成的延误将不会使发包人逃脱其责任。此时承包商将有权获得从发包人的延误开始到延误结束期间的工期延长及相应的合理费用补偿。

d. 若初始延误是由双方不可控制因素引起的，那么在该延误时间内，承包商只可索赔工期，而不能索赔费用。

(3) 园林工程工期索赔计算方法

① 网络分析法。网络分析法是通过分析延误发生前后的网络计划，并对比两种工期计算结果，计算索赔值。分析的基本思路为：假设某园林工程施工一直按原网络计划确定的施工顺序和工期进行。现发生了一个或多个延误，促使网络中的某个或某些活动受到影响。将这些活动受影响后的持续时间代入网络中，重新进行网络分析，得到一个新工期。则新工期与原工期之差即为延误对总工期的影响，即为工期索赔值。

通常，若延误在关键线路上，则该延误引起的持续时间的延长即为总工期的延长值。若该延误在非关键线路上，受影响后仍在非关键线路上，则该延误对工期无影响，故不能提出工期索赔。

考虑延误影响后的网络计划又作为新的实施计划，若有新的延误发生，则应在此基础上进行新一轮的分析，提出新的工期索赔。

这样在园林工程实施过程中的进度计划是动态的，会不断地被调整。而延误引起的工期索赔也会随之同步进行。

网络分析方法是一种科学的、合理的分析方法，适用于各种延误的索赔。然而，它以采用计算机网络分析技术进行工期计划和控制作为前提条件，因为较复杂的工程，网络活动可能有几百个，甚至几千个，因此，进行个人分析和计算几乎是不可能的。

② 比例分析法。

网络分析法虽然最科学，也是最合理的，然而在实际工程中，干扰事件常常仅影响某些单项工程、单位工程或分部分项工程的工期，因此，分析它们对总工期的影响，便可以采用更为简单的方法——比例分析法，即以某个技术经济指标作为比较基础，计算出工期索赔值。

a. 合同价比例法。对于已知部分工程的延期的时间：

$$工期索赔值 = \frac{受干扰部分工程的合同价}{原整个工程合同总价} \quad (7-1)$$
$$\times 该部分工程受干扰工期拖延时间$$

对于已知增加工程量或额外工程的价格：

$$工期索赔值 = \frac{增加的工程量或额外工程的价格}{原合同总价} \quad (7-2)$$
$$\times 原合同总工期$$

b. 按单项工程拖期的平均值计算。如有若干单项工程 A_1，A_2，$\cdots$，A_m，分别拖期 d_1，d_2，$\cdots$，d_m，求出平均每个单项工程拖期天数 $\bar{D} = \sum_{i=1}^{m} d_i / m$，则工期索赔值为 $T = \bar{D} + \Delta d$，Δd 为考虑各单项工程拖期对总工期的不均匀影响而增加的调整量（$\Delta d > 0$）。

③ 以上两种方法的比较。

当然也可按其他指标，如按劳动力投入量、实物工作量等的变化计算。比例分析的方法虽计算简单、方便，不需做复杂的网络分析，在意义上也容易接受，然而它也存在不合理、不科学的地方。而且此种方法对有些情况也不适用（如业主变更施工次序、业主指令采取加速措施等），因此，最好采用网络分析法，否则会得到错误结果，这在实际工期索赔中应予以注意。

7.2.2.2 园林工程费用索赔计算

费用索赔是指承包商根据合同条款的规定，向业主索取其应该得到的合同价以外的费用。承包商根据合同条款的有关规定从甲方处得到的该费用，是在合同中所规定的因签订合同时还无法确定的，应由业主承担的某些风险因素导致的结果。承包商投标时的报价中不含有业主承担的风险对报价的影响，因此，一旦该类风险发生并影响到承包商的工程成本时，承包商提出费用索赔的行为是一种正常现象。

(1) 园林工程费用索赔因素

引起园林工程费用索赔的原因主要有以下几个方面：
① 发包人违约索赔。
② 工程变更。
③ 发包人拖延支付工程款或预付款。
④ 工程加速。
⑤ 发包人或工程师责任造成的可补偿费用的延误。
⑥ 工程中断或终止。
⑦ 工程量增加（不含发包人失误）。
⑧ 发包人指定分包商违约。
⑨ 合同缺陷。
⑩ 国家政策及法律、法令变更等。
（2）园林工程可索赔费用分类
园林工程可索赔费用的分类见表7-8。

表7-8 园林工程可索赔费用的分类

序号	分类方式	类别	内容	备注
1	按可索赔费用的性质划分	损失索赔	损失索赔主要是由于发包人违约或监理工程师指令错误所引起，按照法律原则，对损失索赔，发包人应当给予损失的补偿，包括实际损失和可得利益或叫所失利益。这里的实际损失是指承包商多支出的额外成本。所失利益是指如果发包人或监理工程师不违约，承包商本应取得的，但因发包人等违约而丧失了的利益	计算损失索赔和额外工作索赔的主要差别在于：损失索赔的费用计算基础是成本，而额外工作索赔的计算基础价格是成本和利润，甚至在该工作可以顺利列入承包商的工作计划，而不会引起总工期延长，事实上承包商并未遭受到利润损失时也可计算利润在索赔款额内
		额外工作索赔	额外工作索赔主要是因合同变更及监理工程师下达变更令引起的。对额外工作的索赔，发包人应以原合同中的合适价格为基础，或以监理工程师确定的合理价格予以付款	

续表

序号	分类方式	类别	内容	备注
2	按可索赔费用的构成划分	直接费	直接费包括人工费、材料费、机构设备费、分包费	可索赔费用计算的基本方法是按上述费用构成项目分别分析、计算，最后汇总求出总的索赔费用 按照园林工程惯例，承包商的索赔准备费用、索赔金额在索赔处理期间的利息、仲裁费用、诉讼费用等是不能索赔的，因而不应将这些费用包含在索赔费用中
		间接费	间接费包括现场和公司总部管理费、保险费、利息及保函手续费等项目	

(3) 园林工程费用索赔原则

园林工程费用索赔是整个施工阶段索赔的重点和最终目标，因而费用索赔的计算就显得十分重要，必须按照以下原则进行：

① 赔偿实际损失的原则。实际损失包括直接损失和间接损失（可能获得的利益的减少）。

② 合同原则。通常是指要符合合同规定的索赔条件和范围，符合合同规定的计算方法，以合同报价为计算基础等。

③ 符合通常的会计核算原则。通过计划成本或报价与实际工程成本或花费的对比得到索赔费用值。

④ 符合工程惯例。费用索赔的计算必须采用符合人们习惯的、合理的、科学的计算方法，能够让发包人、监理工程师、调解人、仲裁人接受。

(4) 园林工程费用索赔计算方法

园林工程费用索赔计算方法见表 7-9。

表 7-9 园林工程费用索赔计算方法

序号	计算方法	内容
1	总费用法	（1）基本思路 总费用法的基本思路是把固定总价合同转化为成本加酬金合同，以承包商的额外成本为基点加上管理费和利润等附加费作为索赔值 （2）使用条件 这是一种最简单的计算方法，但通常用得较少，且不容易被对方、调解人和仲裁人认可，因为它的使用有几个条件： ①合同实施过程中的总费用核算是准确的；园林工程成本核算符合普遍认可的会计原则；成本分摊方法，分摊基础选择合理；实际总成本与报价总成本所包括的内容一致 ②承包商的报价是合理的，反映实际情况。如果报价计算不合理，则按这种方法计算的索赔值也不合理 ③费用损失的责任，或干扰事件的责任完全在于发包人或其他人，承包商在工程中无任何过失，而且没有发生承包商风险范围内的损失 ④合同争执的性质不适用其他计算方法。如由于发包人原因造成工程性质发生根本变化，原合同报价已完全不适用。这种计算方法常用于对索赔值的估算。有时，发包人和承包商签订协议，或在合同中规定，对于一些特殊的干扰事件，如特殊的附加工程、发包人要求加速施工、承包商向发包人提供特殊服务等，可采用成本加酬金的方法计算赔（补）偿值 （3）注意事项 在计算过程中要注意以下几个问题： ①索赔值计算中的管理费率一般采用承包商实际的管理费分摊率。这符合赔偿实际损失的原则。但实际管理费率的计算和核实是很困难的，所以通常都用合同报价中的管理费率，或双方商定的费率。这全在于双方商讨 ②在费用索赔的计算中，利润是一个复杂的问题，故一般不计利润，以保本为原则 ③由于园林工程成本增加使承包商支出增加，这会引起园林工程的负现金流量的增加。为此，在索赔中可以计算利息支出（作为资金成本）。利息支出可按实际索赔数额、拖延时间和承包商向银行贷款的利率（或合同中规定的利率）计算

续表

序号	计算方法	内容
2	分项法	分项法是按每个(或每类)干扰事件,以及这个事件所影响的各个费用项目分别计算索赔值的方法 (1)分项法的特点 ①它比总费用法复杂,处理起来困难 ②它反映实际情况,比较合理、科学 ③它为索赔报告的进一步分析评价、审核,双方责任的划分,双方谈判和最终解决提供方便 ④应用面广,人们在逻辑上容易接受 因此,通常在实际园林工程中费用索赔计算都采用分项法。但对具体的干扰事件和具体费用项目,分项法的计算方法又千差万别 (2)分项法的计算步骤 ①分析每个或每类干扰事件所影响的费用项目。这些费用项目通常应与合同报价中的费用项目一致 ②确定各费用项目索赔值的计算基础和计算方法,计算每个费用项目受干扰事件影响后的实际成本或费用值,并与合同报价中的费用值对比,即可得到该项费用的索赔值 ③将各费用项目的计算值列表汇总,得到总费用索赔值

7.2.2.3 园林工程施工索赔处理

园林工程施工索赔工作通常是按照以下的步骤进行。

(1) 索赔意向通知

索赔意向通知是维护自身索赔权利的一种文件。在工程实施过程中,承包人发现索赔或意识到存在潜在的索赔机会后,要做的第一件事,就是要在合同规定的时间内将自己的索赔意向采用书面的形式及时通知业主或工程师,即向业主或工程师就某一个或若干个索赔事件表示索赔愿望、要求或声明保留索赔的权利。

索赔意向通知,通常仅仅是向业主或工程师表明索赔意向,因此,应当简明扼要。索赔意向通知的内容通常包括以下几点:索赔事件发生的时间、地点、简要事实情况和发展动态,索赔所依据的合同条款和主要理由，索赔事件对工程成本以及工期产生的不利影响。

国际咨询工程师联合会（FIDIC）合同条件及我国园林工程施工合同条件规定：承包人应在索赔事件发生后的 28 天内，将其索赔意向以正式函件通知工程师。如果承包人没有在合同规定的期限内提出索赔意向或通知，承包人则会丧失在索赔中的主动权和有利地位，业主和工程师也有权拒绝承包人的索赔要求，这是索赔成立的有效的、必备的条件之一。所以，承包人应避免合理的索赔要求由于未能遵守索赔时限的规定而导致无效。在实际的园林工程承包合同中，对索赔意向提出的时间限制通常是不一样的，只要双方经过协商达成一致并写入合同条款即可。

（2）索赔证据的准备

索赔证据是当事人用来支持其索赔成立或与索赔有关的证明文件和资料。索赔证据作为索赔文件的组成部分，在很大程度上关系到索赔的成功与否。

承包商在正式报送索赔报告前，要尽可能地使索赔证据资料完整齐备，以免影响索赔事件的解决；索赔金额的计算要准确无误，符合合同条款的规定，具有说服力；力求文字清晰，简单扼要，要重事实、讲理由，语言婉转而富有逻辑性。

① 索赔证据的要求。

a. 真实性。索赔证据必须是在实施合同过程中确实存在和发生的，必须完全反映实际情况，能经得住推敲。

b. 全面性。所提供的证据应能说明事件的全过程。

c. 关联性。索赔的证据应当能够互相说明，具有关联性，不能互相矛盾。

d. 及时性。索赔证据的取得及提出应当及时。

e. 具有法律证明效力。通常要求证据必须是书面文件，有关记录、协议以及纪要必须是双方签署的；工程中重大事件及特殊情况的记录和统计必须由工程师签证认可。

② 索赔证据的种类。

索赔证据的种类见表 7-10。

表 7-10　索赔证据的种类

序号	种类	内容
1	投标文件	主要包括招标文件、工程合同及附件、业主认可的投标报价文件、技术规范、施工组织设计等。招标文件是承包商报价的依据，是工程成本计算的基础资料，也是索赔时进行附加成本计算的依据。投标文件是承包商编制报价的成果资料，对施工所需的设备、材料列出了数量和价格，也是索赔的基本依据
2	工程图纸	工程师和业主签发的各种图纸，包括设计图、施工图、竣工图及其相应的修改图，应注意对照检查和妥善保存，设计变更一类的索赔，原设计图和修改图的差异是索赔最有力的证据
3	施工日志	应指定有关人员现场记录施工中发生的各种情况，包括天气、出工人数、设备数量及其使用情况、进度、质量情况、安全情况、工程师在现场有什么指示、进行了什么实验、有无特殊干扰施工的情况、遇到了什么不利的现场条件、多少人员参观了现场等。这种现场记录和有利于及时发现和正确分析索赔，是索赔的重要证明材料
4	来往信件	对与工程师、业主和有关政府部门、银行、保险公司的来往信函必须认真保存，并注明发送和收到的详细时间
5	气象资料	在分析进度安排和施工条件时，天气是要考虑的重要因素之一，因此，要保持一份如实完整、详细的天气情况记录，包括气温、风力、湿度、降雨量、暴雨雪、冰雹等
6	备忘录	承包商对工程师和业主的口头指示和电话通知指示应随时用书面记录，并请签字给予书面确认。这些是事件发生和持续过程的重要情况记录
7	会议纪要	承包商、业主和工程师举行会议时要做好详细记录，对其主要问题形成会议纪要，并由与会各方签字确认
8	工程照片和工程音像资料	这些资料都是反映工程客观情况的真实写照，也是法律承认的有效证据，应拍摄有关资料并妥善保存
9	工程进度计划	承包商编制的经工程师或业主批准同意的所有工程总进度、年进度、季进度、月进度计划都必须妥善保管，任何与延期有关的索赔、工程进度计划都是非常重要的证据
10	工程核算资料	工人劳动计时卡和工资单，设备、材料和零配件采购单，付款收据，工程开支月报，工程成本分析资料，会计报表，财务报表，货币汇率，物价指数，收付款票据都应分类装订成册，这些都是进行索赔费用计算的基础资料

此外，还包括工程供电供水资料以及国家、省、市有关影响工程造价、工期的文件和规定等。

(3) 索赔报告的编写

索赔报告是承包商向工程师（或业主）提交的要求业主给予一定的经济（费用）补偿或工期延长的正式报告。

索赔报告书的质量和水平，与索赔成败的关系极为密切。对于重大的索赔事项，应聘请合同专家或技术权威人士担任咨询，并邀请资深人士参与活动，方能保证索赔成功。

索赔报告的内容构成见表 7-11。

表 7-11 索赔报告的内容

序号	构成部分	内容
1	总述部分	概要论述引起索赔的事件发生的日期和过程；承包商为该事件付出的努力和附加开支；承包商的具体索赔要求
2	论证部分	索赔报告的关键部分，其目的是说明自己有索赔权和索赔的理由，这是索赔能否成立的关键。立论的基础是合同文件并参照所在国法律。要善于在合同条款、技术规程、工程量表、往来函件中寻找索赔的法律依据，使索赔要求建立在合同、法律的基础上。如有类似的情况索赔成功的具体事例，无论发生在工程所在国或其他国际工程项目，都可作为例证提出 合同论证部分在写法上要按引发索赔的事件发生、发展、处理的过程叙述，使业主历史地、逻辑地了解事件的始末及承包商在处理该事件上做出的努力、付出的代价。论述时应指明所引证资料的名称及编号，以便于查阅。应客观地描述事实，避免用抱怨、夸张，甚至刺激、指责的用词，以免使读者反感、怀疑
3	索赔款项（或工期）计算部分	如果论证部分的任务是解决索赔权能否成立，那么款项计算则是为解决能得到多少补偿的问题。前者定性，后者定量 在写法上先写出计价结果（索赔总金额），然后再分条论述各部分的计算过程，引证的资料应有编号、名称。计算时切忌用笼统的计价方法和不实的开支款项，不要给人以漫天要价的印象
4	证据部分	要注意引用的每个证据的效力和可信程度，对重要的证据资料最好附以文字说明，或附以确认件。例如，对一个重要的电话记录或对方的口头命令，仅附上承包商自己的记录是不够有力的，最好附以经过对方签字的记录，或附上当时发给对方要求确认该电话记录或口头命令的函件，即使对方未复函确认或修改，亦说明责任在对方，按惯例应理解为其已默认

7 园林工程项目合同管理　311

（4）索赔报告的报送

索赔报告编写完毕后，应在引起索赔的事件发生后的28天内尽快提交给工程师（或业主），以正式提出索赔。索赔报告提交后，承包商不能被动等待，而应隔一定的时间，主动向对方了解索赔处理的情况，根据对方所提出的问题进一步做资料方面的准备，或提供补充资料，尽量为工程师处理索赔提供帮助、支持和合作。

若干扰事件对工程的影响持续时间长，承包人则应按照工程师要求的合理间隔（通常为28天）提交中间索赔报告，并在干扰事件影响结束后的28天内提交一份最终索赔报告。若承包人未能按时间规定提交索赔报告，那就失去了该项事件请求补偿的索赔权利，此时他所受到损害的补偿，将不超过工程师认为应主动给予的补偿额，或把该事件损害提交仲裁解决时，仲裁机构依据合同和同期记录可以证明的损害补偿额。

索赔的关键问题在于"索"，承包商不积极主动去"索"，业主没有任何义务去"赔"，因此，提交索赔报告虽然是"索"，但还只是刚刚开始，要让业主"赔"，承包商还有许多更艰难的工作要做。

（5）索赔报告的评审

工程师接到承包商的索赔报告后，应该马上仔细阅读其报告，并对于不合理的索赔进行反驳或提出疑问。工程师根据业主的委托或授权，对承包人索赔的审核工作主要分为判定索赔事件是否成立和核查承包人的索赔计算是否正确、合理两个方面，并可在业主授权的范围内做出自己独立的判断，例如：

① 索赔事件不是业主和工程师的责任，而是属于第三方的责任。

② 事实和合同的依据不足。

③ 承包商没能遵守索赔意向通知的要求。

④ 合同中的开脱责任条款已经免掉了业主补偿的责任。

⑤ 索赔是由不可抗力造成的，承包商没有划分和证明双方责任的大小。

⑥ 承包商没有采取合适的措施避免或减少损失。

⑦ 承包商必须给出进一步的证据。

⑧ 损失计算夸大。

⑨ 承包商曾经已经明示或暗示放弃了此次索赔的要求。

工程师提出意见和主张时，也应当具有充分的根据和理由。评审过程中，承包商应对工程师提出的各种质疑做出圆满的答复。

我国园林工程施工合同条件规定，工程师收到承包人送交的索赔报告和有关资料后应在 28 天内给予答复，或要求承包人进一步补充索赔理由和证据。如果工程师在 28 天内既未予答复也未对承包人做进一步要求，则视为承包人提出的该项索赔要求已被认可。

（6）索赔谈判与调解

经过工程师对索赔报告的评审，以及与承包商进行较充分的讨论后，工程师应提出对索赔处理决定的初步意见，并参与业主和承包商进行的索赔谈判，通过谈判，做出索赔的最后决定。通常，工程师的处理决定不是终局性的，对业主和承包人都不具有强制性的约束力。

在双方直接谈判未能取得一致解决意见时，为争取通过友好协商的办法解决索赔争议，可邀请中间人进行调解。该调解要举行一些听证会和调查研究，而后提出调解方案，若双方同意则可达成协议并由双方签字和解。

（7）索赔仲裁与诉讼

若承包人同意接受最终的处理决定，索赔事件的处理结束。若承包人不同意，则可根据合同约定，将索赔争议提交仲裁或诉讼，使索赔问题得到最终解决。在仲裁或诉讼过程中，工程师作为工程全过程的参与者和管理者，可以作为见证人提供证据，做答辩。

由于园林工程争议的仲裁或诉讼往往是非常复杂的，要花费大量的人力、物力、财力，对工程建设也会带来不利影响，有时甚至是严重的后果。因此，合同各方应该争取尽量在最早的时间、最低的层次，尽最大可能以友好协商的方式解决索赔问题，不要轻易提交仲裁或诉讼。

7.2.3　园林工程施工反索赔

按《合同法》和《通用条款》的规定，索赔应是双方面的。并且，在园林工程项目过程中，发包人与承包商之间，总承包商和分包商之间，合伙人之间，承包商与材料和设备供应商之间都可能有双向的索赔与反索赔。通常，把追回自方损失的手段称为索赔，把防止和减少向自方提出索赔的手段称为反索赔。

7.2.3.1 园林工程施工反索赔种类

（1）园林工程质量问题

发包人在园林工程施工期间和缺陷责任期（保修期）内认为工程质量没有达到合同要求，并且该质量缺陷是由于承包商的责任造成的，并且承包商又没有采取适当的补救措施，则发包人就可以向承包商要求赔偿，该赔偿通常采用从工程款或保留金（保修金）中扣除的办法。

（2）园林工程拖期

由于承包商自身原因，部分或整个园林工程未能按照合同规定的日期（包括已批准的工期延长时间）竣工，则发包人有权向承包商索取拖期赔偿。通常合同中已规定了园林工程拖期赔偿的标准，因此，在此基础上按拖期天数计算即可。若仅是部分园林工程拖期，而其他部分已颁发移交证书，则应按拖期部分在整个园林工程中所占价值比重进行折算。若拖期部分是关键工程，即该部分园林工程的拖期将影响整个园林工程的主要使用功能，则不应进行折算。

（3）其他损失索赔

根据合同条款，如果由于承包商的过失给发包人造成其他经济损失时，发包人也可提出索赔要求。常见的其他损失索赔主要有以下几个方面：

① 承包商运送自己的施工设备和材料时，损坏了沿途的公路或桥梁，引起相应管理机构索赔。

② 承包商的建筑材料或设备不符合合同要求而进行重复检验时，所带来的费用开支。

③ 园林工程保险失效，带给发包人员的物质损失。

④ 由于承包商的原因造成园林工程拖期时，在超出计划工期的拖期时段内的工程师服务费用等。

7.2.3.2 园林工程施工反索赔内容

依据园林工程承包的惯例和实践，常见的发包人反索赔及具体内容见表7-12。

表7-12 园林工程施工反索赔内容

序号	索赔内容	说明
1	园林工程质量缺陷反索赔	园林工程承包合同中对园林工程质量有着严格细致的技术规范和要求。因为工程质量的好坏与发包人的利益和园林工程的效益紧密相关。发包人只承担直接负责设计所造成的质量问题，监理工程师虽然对承包商的设计、施工方法、施工工艺工序以及对材料进行过批准、监督、检查，但只是间接责任，并不能因而免除或减轻承包商对园林工程质量应负的责任。在园林工程施工过程中，若承包商所使用的材料或设备不符合合同规定或园林工程质量不符合施工技术规范和验收规范的要求，或出现缺陷而未在缺陷责任期满之前完成修复工作，发包人均有权追究承包商的责任，并提出由承包商所造成的园林工程质量缺陷所带来的经济损失的反索赔。另外，发包人向承包商提出园林工程质量缺陷的反索赔要求时，往往不仅仅包括园林工程缺陷所产生的直接经济损失，也包括该缺陷带来的间接经济损失 常见的园林工程质量缺陷表现为： (1)由承包商负责设计的部分永久工程和细部构造，虽然经过工程师的复核和审查批准，仍出现了质量缺陷或事故 (2)承包商的临时工程或模板支架设计安排不当，造成了园林工程施工后的永久工程的缺陷 (3)承包商使用的园林工程材料和机械设备等不符合合同规定和质量要求，从而使园林工程质量产生缺陷 (4)承包商施工的分项分部园林工程，由于施工工艺或方法问题，造成严重开裂、下挠、倾斜等缺陷 (5)承包商没有完成按照合同条件规定的工作或隐含的工作，如对工程保护、安全及环境保护等
2	拖延工期反索赔	依据工程施工承包合同条件规定，承包商必须在合同规定的时间内完成园林工程的施工任务。如果由于承包商的原因造成不可原谅的完工日期拖延，则影响到发包人对该工程的使用和运营生产计划，从而给发包人带来经济损失。此项发包人的索赔，并不是发包人对承包商的违约罚款，而只是发包人要求承包商补偿拖期完工给发包人造成的经济损失。承包商则应按签订合同时双方约定的赔偿金额以及拖延时间长短向发包人支付这种赔偿金，而不再需要去寻找和提供实际

续表

序号	索赔内容	说明
2	拖延工期反索赔	损失的证据去详细计算。在有些情况下,拖期损失赔偿金若按该工程项目合同价的一定比例计算,在整个园林工程完工之前,工程师已经对一部分工程颁发了移交证书,则对整个园林工程所计算的延误赔偿金数量应给予适当的减少
3	发包人其他损失的反索赔	依据合同规定,除了上述发包人的反索赔外,当发包人在受到其他由于承包商原因造成的经济损失时,发包人仍可提出反索赔要求。比如由于承包商的原因,在运输施工设备或大型预制构件时,损坏了旧有的道路或桥梁;承包商的工程保险失效,给发包人造成的损失等
4	保留金的反索赔	保留金的作用是对履约担保的补充形式。园林工程合同中都规定有保留金的数额,为合同价的5%左右,保留金是从应支付给承包商的月工程进度款中扣下一笔合同价(百分比)的基金,由发包人保留下来,以便在承包商一旦违约时直接补偿发包人的损失。所以说保留金也是发包人向承包商索赔的手段之一。保留金一般应在整个园林工程或规定的单项园林工程完工时退还保留金款额的50%,最后在缺陷责任期满后再退还剩余的50%

7.2.3.3 园林工程施工反索赔程序

园林工程施工反索赔程序见表7-13。

表7-13 园林工程施工反索赔程序

序号	程序	内容
1	合同总体分析	园林工程施工反索赔同样是以合同作为反驳的理由和根据。分析合同的目的是分析、评价对方索赔要求的理由和依据。在合同中找出对对方不利,对己方有利的合同条文,以构成对对方索赔要求否定的理由。合同总体分析的重点是与对方索赔报告中提出的问题有关的合同条款,通常有合同的法律基础,合同的组成及其合同变更情况;合同规定的园林工程范围和承包商责任;园林工程变更的补偿条件、范围和方法;合同价格,工期的调整条件、范围和方法,以及对方应承担的风险;违约责任;争执的解决方法等

续表

序号	程序	内容
2	事态调查	反索赔仍然基于事实基础之上,以事实为根据。这个事实必须有己方对园林工程施工合同实施过程跟踪和监督的结果,即各种实际园林工程资料作为证据,用以对照索赔报告所描述的事情经过和所附证据。通过调查可以确定干扰事件的起因、事件经过、持续时间、影响范围等真实的详细的情况 在此应收集整理所有与反索赔相关的园林工程资料
3	三种状态分析	在事态调查和收集、整理园林工程资料的基础上进行合同状态、可能状态、实际状态分析。通过三种状态的分析可以达到: (1)全面地评价合同、合同实际状况,评价双方合同责任的完成情况 (2)对对方有理由提出索赔的部分进行总概括。分析出对方有理由提出索赔的干扰事件有哪些,索赔的大约值或最高值 (3)对对方的失误和风险范围进行具体指认,这样在谈判中有反制攻击点 (4)针对对方的失误作进一步分析,以准备向对方提出索赔。这样在反索赔中同时使用索赔手段
4	对园林工程施工索赔报告进行全面分析,对索赔要求、索赔理由进行逐条分析评价	分析评价园林工程施工索赔报告,可以通过索赔分析评价表进行。索赔分析表中应分别列出对方索赔报告中的干扰事件、索赔理由、索赔要求、提出己方的反驳理由、证据、处理意见或对策等
5	起草并向对方递交园林工程施工反索赔报告	园林工程施工反索赔报告也是正规的法律文件。在调解或仲裁中,对方的索赔报告和我方的反索赔报告应一起递交调解人或仲裁人。园林工程施工反索赔报告的基本要求与园林工程施工索赔报告相似。通常园林工程施工反索赔报告的主要内容有: (1)园林工程合同总体分析简述 (2)园林工程合同实施情况简述和评价。这里重点针对对方索赔报告中的问题和干扰事件,叙述事实情况,应包括前述三种状态的分析结果,对双方合同责任完成情况和工程施工情况作评价。目标是推卸自己对对方索赔报告中提出的干扰事件的合同责任

序号	程序	内容
5	起草并向对方递交园林工程施工反索赔报告	(3)反驳对方园林工程索赔要求。按具体的干扰事件，逐条反驳对方的索赔要求，详细叙述自己的反索赔理由和证据，全部或部分地否定对方的索赔要求 (4)提出园林工程施工索赔。对经合同分析和三种状态分析得出的对方违约责任，提出己方的索赔要求。对此，有不同的处理方法。通常，可以在本反索赔报告中提出索赔，也可另外出具己方的索赔报告 (5)总结。对反索赔作全面总结，通常包括如下内容： ①对园林工程合同总体分析作简要概括 ②对园林工程合同实施情况作简要概括 ③对对方索赔报告作总评价 ④对己方提出的索赔作概括 ⑤双方要求，即索赔和反索赔最终分析结果比较 ⑥提出解决意见 ⑦附各种证据。即本反索赔报告中所述的事件经过、理由、计算基础、计算过程和计算结果等证明材料 通常对方提出的索赔反驳处理过程如图 7-1 所示

7.2.3.4 园林工程施工反索赔报告

对于园林工程索赔报告的反驳，通常可以从以下几个方面着手。

(1) 索赔事件的真实性

对于园林工程施工对方提出的索赔事件，主要应从以下两个方面核实其真实性：

① 对方的证据。如果对方提出的证据不充分，可要求其补充证据，或否定这一索赔事件。

② 己方的记录。如果索赔报告中的论述与己方关于工程的记录不符，可向其提出质疑，或否定索赔报告。

(2) 索赔事件责任分析

认真分析索赔事件的起因，澄清责任。以下几种情况可构成对

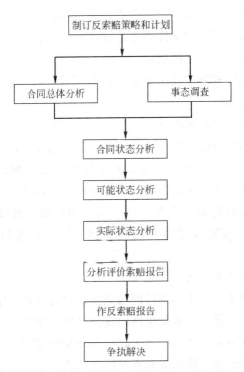

图 7-1　园林工程施工索赔反驳处理过程

索赔报告的反驳：

① 索赔事件是由索赔方责任造成的。

② 该事件应视作合同风险，且合同中未规定此风险由己方承担。

③ 该事件责任在第三方，不应由己方负责赔偿。

④ 双方都有责任，应按责任大小分摊损失。

⑤ 索赔事件发生以后，对方未采取积极有效的措施以降低损失。

（3）索赔依据分析

对于园林工程施工合同内索赔，可以指出对方所引用的条款不适用于此索赔事件，或者找出可为己方开脱责任的条款，以驳倒对方的索赔依据。对于园林工程施工合同外索赔，可以指出对方索赔依据不足，错解了合同文件的原意或者按合同条件的某些内容，不应由己方负责此类事件的赔偿。

另外，可以根据相关法律法规，利用其中对自己有利的条文，来反驳对方的索赔。

（4）索赔事件的影响分析

由于索赔事件的影响直接决定着索赔值的计算，因此分析索赔事件对园林工程工期和费用是否产生影响以及影响的程度至关重要。对于园林工程工期的影响，可分析网络计划图，通过每一工作的时差分析来确定是否存在园林工程工期索赔。通过分析施工状态，可以得出索赔事件对费用的影响。但不存在相应的各种闲置费。

（5）索赔证据分析

索赔证据不足、不当或片面的证据，都可导致索赔不成立。索赔事件的证据不足，对索赔事件的成立可提出质疑。对索赔事件产生的影响证据不足，则不能计入相应部分的索赔值。仅出示对自己有利的片面的证据，将构成对索赔的全部或部分的否定。

（6）索赔值审核

索赔值的审核工作量大，涉及的资料和证据多，需要花费许多时间和精力。对索赔值进行审核时主要应侧重于以下几点：

① 数据的准确性。对索赔报告中的各种计算基础数据均须进行核对。

② 计算方法的合理性。由于不同的计算方法得出的结果会有很大出入，因此，应尽可能选择最科学、最精确的计算方法。对某些重大索赔事件的计算，其方法往往需双方协商确定。

③ 是否有重复计算。索赔的重复计算可能存在于单项索赔与一揽子索赔之间，相关的索赔报告之间以及各费用项目的计算中。索赔的重复计算包括工期和费用两方面，应认真比较核对，剔除重复索赔。

7.3 思 考 题

1. 园林工程施工合同的类型有哪些？特点是什么？
2. 园林工程施工谈判的目的是什么？
3. 企业为搞好合同管理必须做好工作有哪些？
4. 什么是索赔？其本质特征有哪些？
5. 园林工程施工索赔反驳处理过程有哪些内容？

园林工程项目的竣工验收

8.1 园林工程项目竣工验收概述

园林工程竣工验收是施工单位按照园林工程施工合同的约定，按设计文件和施工图样规定的要求，完成全部施工任务并可供开放使用时，通过竣工验收后向建设单位办理的工程交接手续。

8.1.1 园林工程竣工验收的概念和作用

当园林建设工程按设计要求完成施工并可供开放使用时，承接施工单位就要向建设单位办理移交手续，这种接交工作就称为项目的竣工验收。因此竣工验收既是对项目进行接交的必须手续，又是通过竣工验收对建设项目的成果的工程质量（含设计与施工质量）、经济效益（含工期与投资数额等）等进行全面考核和评估。

园林建设项目的竣工验收是园林建设全过程的一个阶段，它是由投资成果转入为使用、对公众开放、服务于社会、产生效益的一个标志，因此竣工验收对促进建设项目尽快投入使用、发挥投资效益、全面总结建设过程的经验都具有很重要的意义和作用。

竣工验收一般是在整个建设项目全部完成后，一次集中验收，也可以分期分批组织验收，即对一些分期建设项目、分项工程在其建成后，只要相应的辅助设施能予配套，并能够正常使用的，就可组织验收，以使其及早发挥投资效益。因此，凡是一个完整的园林建设项目,或是一个单位工程建成后达到正常使用条件的就应及时地组织竣工验收。

8.1.2 园林工程竣工验收的内容和方法

园林建设项目竣工验收的内容因建设项目的不同而有所不同,一般包括以下 3 个部分。

(1) 工程资料验收

工程资料验收包括工程技术资料、工程综合资料和工程财务资料的验收。

① 工程技术资料验收的内容

a. 工程地质、水文、气象、地形、地貌、建筑物、构筑物及重要设备安装位置、勘察报告、记录。

b. 初步设计、技术设计或扩大初步设计、关键的技术试验、总体规划设计。

c. 土质试验报告、基础处理。

d. 园林建筑工程施工记录、单位工程质量检验记录、管线强度和密封性试验报告、设备及管线安装施工记录及质量检查、仪表安装施工记录。

e. 验收使用、维修记录。

f. 产品的技术参数、性能、图纸、工艺说明、工艺规程、技术总结。

g. 设备的图纸、说明书。

h. 涉外合同、谈判协议、意向书。

i. 各单项工程及全部管网竣工图等资料。

j. 永久性水准点位置坐标记录。

② 工程综合资料验收内容。其内容包括项目建议书及批件、可行性研究报告及批件、项目评估报告、环境影响评估报告书、设计任务书,以及土地征用申报及批准的文件、承包合同、招标投标文件、施工执照、项目竣工验收报告、验收鉴定书。

③ 工程财务资料验收内容

a. 历年建设资金供应(拨、贷)情况和应用情况。

b. 历年批准的年度财务决算。

c. 历年年度投资计划、财务收支计划。

d. 建设成本资料。

e. 支付使用的财务资料。

f. 设计概算、预算资料。

g. 施工决算资料。

(2) 工程验收条件及内容

国务院 2000 年 1 月发布的《建设工程质量管理条例》(第 279 号国务院令)规定,建设工程进行竣工验收时应当具备以下条件。

a. 完成建设工程设计和合同约定的各项内容。

b. 有完整的技术档案和施工管理资料。

c. 有工程使用的主要建筑材料、建筑构配件和设备的进场试验报告。

d. 有勘察、设计、施工、工程监理等单位分别签署的质量合格文件。

e. 有施工单位签署的工程保修书。

工程内容验收包括建筑工程验收、安装工程验收、绿化工程验收。

① 建筑工程验收内容。建筑工程验收,主要是运用有关资料进行审查验收,具体如下。

a. 检查建筑物的位置、尺寸、标高、轴线、外观是否符合设计要求。

b. 对基础及地上部分结构的验收,主要查看施工日志和隐蔽工程记录。

c. 对装饰装修工程的验收。

② 安装工程验收内容。安装工程验收是指建筑设备安装工程验收,主要包括园林中建筑物的上下水管道、暖气、燃气、通风、电气照明等安装工程的验收。应检查这些设备的规格、型号、数量、质量是否符合设计要求,检查安装时的材料、材质、材种,检查试压、闭水试验、照明。

③ 园林工程竣工验收主要检查内容

a. 对道路、铺装的位置、形式、标高的验收。

b. 对建筑小品的造型、体量、结构、颜色的验收。

c. 对游戏设施的安全性、造型、体量、结构、颜色的验收。

d. 检查场地平整是否满足设计要求。

e. 检查植物的栽植，包括种类、大小、花色等是否满足设计及施工规范的要求。

（3）竣工验收方法

① 工程竣工项目和数量验收。园林工程建设单位组织的竣工验收组织，首先要对完工的竣工工程项目及工程量进行现场实地测量、计数验收。验收常用的方法如下。

a. 使用钢尺、测绳等器具测量。

b. 使用精密仪器，如罗盘、水准仪、经纬仪和全站仪等现场实况测量。

c. 人工对工程竣工成果进行现场实地详细的清点和计数。

不论使用哪种方法或器具验收，项目部都应该给予密切配合、积极合作，并与甲方验收组保持相同的验收详细记录内容。

② 工程质量验收方法。根据建设单位对园林工程招投标和工程承包施工合同的规定，以及竣工工程必须达到的质量等级要求，并参照国家或地方园林工程质量等级的评定标准，甲方工程竣工验收组会对待验收工程质量采用严格、分阶段、分项、分部位详细的现场勘测、验收和认定。

a. 隐蔽工程质量验收方法。园林工程属于隐蔽施工作业的项目贯穿于整个施工过程，其质量验收项目与内容繁多。如各类基础工程的地质、土质、标高、断面结构、地基、垫层等；混凝土工程的钢筋质量、规格、数量、布排结构、焊接接口工艺与位置，预埋件构造、操作工艺、质量、位置等；水电管网铺设的水电管线规格、作业工艺、质量、接口对接、管线防水保护等；绿化工程的挖坑换土规格、施放肥药量、乔木移植土球规格、栽植深度等。

对隐蔽工程施工质量各项目的验收方法有以下两方面。

• 项目部各施工队在对诸多隐蔽工程项目施工作业过程，要严格按照设计标准要求作业操作，并提前通知监理人员现场监督，若工序质量合格应请监理人员确认并签字,及时办理隐蔽工程施工现场签证手续。隐蔽工程施工作业现场记录应存档保管,竣工验收时以备查阅。

• 验收组对隐蔽工程施工的关键项目、部位要进行现场重点抽查和复验。具体方法很多,如人工挖开土层后进行观测和测量,或者采用仪器进行均匀布点取样探测、分析化验和数据统计,最后依据数据运算结果得出质量等级结论。

b. 单项、分项与分部工程质量验收方法。甲方竣工验收组对竣工工程的单项、分项与分部工程质量验收方法,属于隐蔽工程工艺、工序部分的质量验收一般参照上述隐蔽工程质量验收方法进行;属于非隐蔽的单项、分项和分部工程的质量验收,通常采取以下三种综合方法进行现场验收。

• 采用现场实体外表观测、测量与逐个计数等验收方式,并作详细记录。

• 对各项目实体实物的规格尺寸、结构构造、功能参数、安全系数和运行状态等质量数据,进行现场验证并作详细的验收记录。

• 查阅项目部各施工队的全部作业操作工序、工艺等技术管理记录。

验收组最后把所有的有关工程质量验收情况全部资料综合汇总,并对照有关国家或地方的工程质量标准,经综合评判或打分,即可得出该项园林工程竣工质量验收的等级结论。

8.1.3 园林工程竣工验收的依据和标准

(1) 园林工程竣工验收的基本条件

① 完成建设工程设计和合同约定的各项内容,达到使用要求,环境条件具备安全和绿化要求。

② 有完整的技术档案和施工管理资料。

③ 有工程使用的主要建筑材料、构配件、设备的进场实验报告。

④ 有勘察、设计、施工、监理等单位分别签署的质量合格

文件。

⑤ 有施工单位签署的工程保修书。

(2) 园林工程竣工验收的依据

① 已被批准的计划任务书和相关文件。

② 双方签订的工程承包合同。

③ 设计图样和技术说明书。

④ 图样会审记录、设计变更与技术核定单。

⑤ 国家和行业现行的施工技术验收规范。

⑥ 有关施工记录和构件、材料等合格证明书。

⑦ 园林管理条例及各种设计规范。

(3) 园林工程竣工验收的标准

园林建设项目涉及多种门类、多种专业，且要求的标准也各异，加之其艺术性较强，故很难形成国家统一标准。因此对工程项目或一个单位工程的竣工验收，可采用分解成若干部分，再选用相应或相近工种的标准进行。一般园林工程可分解为两个部分，即园林建筑工程和园林绿化工程。

① 园林建筑工程的验收标准。凡园林工程、游憩、服务设施及娱乐设施等建筑应按照设计图样、技术说明书、验收规范及建筑工程质量检验评定标准验收，并应符合合同所规定的工程内容及合格的工程质量标准。不论是游憩性建筑，还是娱乐、生活设施建筑，不仅建筑物室内工程要全部完工，而且室外工程的明沟、踏步斜道、散水以及应平整建筑物周围场地，都要清除障碍物，并达到水通、电通、道路通。

② 绿化工程的验收标准。施工项目内容、技术质量要求及验收规范和质量应达到设计要求、验收标准的规定及各工序质量的合格要求，如树木的成活率、草坪铺设的质量、花坛的品种、纹样等。

a. 园林绿化工程施工环节较多，为了保证工作质量，做到以预防为主，全面加强质量管理，必须加强施工材料（种植材料、种植土、肥料）的验收。

b. 必须强调中间工序验收的重要性，因为有的工序属于隐蔽性质，如挖种植穴、换土、施肥等，待工程完工后已无法进行检验。

c. 工程竣工后，施工单位应进行施工资料整理，做出技术总结，提供有关文件，于一周前向验收部门提请验收。提供有关文件如下。

- 土壤及水质化验报告。
- 工程中间验收记录。
- 设计变更文件。
- 竣工图及工程预算。
- 外地购入苗检验检疫报告。
- 附属设施用材合格证或试验报告。
- 施工总结报告。

d. 验收时间，乔灌木种植原则上定为当年秋季或翌年春季进行。因为绿化植物是具有生命的，种植后须经过缓苗、发芽、长出枝条，经过一个年生长周期，达到成活方可验收。

e. 绿化工程竣工后，是否合格、是否能移交建设单位，主要从以下几方面进行验收。

- 树木成活率达到95%以上。
- 强酸、强碱、干旱地区树木成活率达到85%以上。
- 花卉植株成活率达到95%。
- 草坪无杂草，覆盖率达到95%。
- 整形修剪符合设计要求。
- 附属设施符合有关专业验收标准。

8.1.4 园林工程竣工验收的准备工作

竣工验收前的准备工作是竣工验收工作顺利进行的基础，承接施工单位、建设单位、设计单位和监理工程师均应尽早做好准备工作。

（1）工程档案资料的内容

园林工程档案资料是园林工程的永久性技术资料，是园林工程项目竣工验收的主要依据。因此，档案资料的准备必须符合有关规定及规范的要求，必须做到准确、齐全，能够满足园林建设工程进行维修、改造和扩建的需要。一般包括以下内容。

① 部门对该园林工程的有关技术决定文件。

② 竣工工程项目一览表，包括名称、位置、面积、特点等。

③ 地质勘察资料。

④ 工程竣工图、工程设计变更记录、施工变更洽商记录、设计图样会审记录。

⑤ 永久性水准点位置坐标记录，建筑物、构筑物沉降观察记录。

⑥ 新工艺、新材料、新技术、新设备的试验、验收和鉴定记录。

⑦ 工程质量事故发生情况和处理记录。

⑧ 建筑物、构筑物、设备使用注意事项文件。

⑨ 竣工验收申请报告、工程竣工验收报告、工程竣工验收证明书、工程养护与保修证书等。

(2) 施工单位竣工验收前的自验

施工自验是施工单位资料准备完成后在项目经理组织领导下，由生产、技术、质量、预算、合同和有关的工长或施工员组成预验小组，根据国家或地区主管部门规定的竣工标准、施工图和设计要求、国家或地区规定的质量标准的要求，以及合同所规定的标准和要求，对竣工项目按工程内容，分项逐一进行全面检查。预验小组成员按照自己所主管的内容进行自检，并做好记录，对不符合要求的部位和项目，要制订修补处理措施和标准，并限期修补好。施工单位在自验的基础上，对已查出的问题全部修补处理完毕后，项目经理应报请上级再进行复检，为正式验收做好充分准备。

① 种植材料、种植土和肥料等，均应在种植前由施工人员按其规格、质量分批进行验收。

② 工程中间验收的工序应符合下列规定。

a. 种植植物的定点、放线应在挖穴、槽前进行。

b. 种植的穴、槽应在未换种植土和施基肥前进行。

c. 更换种植土和施肥，应在挖穴、槽后进行。

d. 草坪和花卉的整地，应在播种或花苗（含球根）种植前进行。

e. 工程中间验收，应分别填写验收记录并签字。

③ 工程竣工验收前，施工单位应于一周前向绿化质检部门提供下列有关文件。

a. 土壤及水质化验报告。

b. 工程中间验收记录。

c. 设计变更文件。

d. 竣工图和工程决算。

e. 外地购进苗木检验报告。

f. 附属设施用材合格证或试验报告。

g. 施工总结报告。

（3）编制竣工图

竣工图是如实记录园林场地内各种地上、地下建筑物及构筑物，水电暖通信管线等情况的技术文件。它是工程竣工验收的主要文件。园林施工项目在竣工前，应及时组织有关人员根据记录和现场实际情况进行测定和绘制，以保证工程档案的完备，并满足维修、管理养护、改造或扩建的需要。

① 竣工图编制的依据。其依据为原设计施工图、设计变更通知书、工程联系单、施工洽商记录、施工放样资料、隐蔽工程记录和工程质量检查记录等原始资料。

② 竣工图编制的内容要求

a. 施工中未发生设计变更、按图施工的施工项目，应由施工单位负责在原施工图纸上加盖"竣工图"标志，可将其作为竣工图。

b. 施工过程中有一般性的设计变更，但没有较大结构性的或重要管线等方面的设计变更，而且可以在原施工图上进行修改和补充的施工项目，可不再绘制新图纸，由施工单位在原施工图纸上注明修改或补充后的实际情况，并附以设计变更通知书、设计变更记录和施工说明，然后加盖"竣工图"标志，也可作为竣工图。

c. 施工过程中凡有重大变更或全部修改的，如结构形式改变、标高改变、平面布置改变等，不宜在原施工图上修改补充时，应重新绘制实测改变后的竣工图。由设计原因造成的，由设计单位负责重新绘制；由施工原因造成的，由施工单位负责重新绘图；由其他原因造成的，由建设单位自行绘制或委托设计单位绘制。施工单位负责在新图上加盖"竣工图"标志，并附以有关记录和说明，可作为竣工图。

竣工图必须做到与竣工的工程实际情况完全吻合，不论是原施工图还是新绘制的竣工图，都必须是新图纸。必须保证竣工图绘制质量完全符合技术档案的要求。坚持竣工图的校对、审核制度，重新绘制的竣工图，一定要经过施工单位主要技术负责人审核签字。

（4）进行工程与设备的试运转和试验的准备工作

一般包括：安排各种设施、设备的试运转和考核计划；各种游乐设施，尤其关系到人身安全的设施，如缆车等的安全运行，应是试运行和试验的重点；编制各运转系统的操作规程；对各种设备、电气、仪表和设施做全面的检查和校验；进行电气工程的全面试验，管网工程的试水、试压试验；喷泉工程试水试验等。

8.1.5 园林工程竣工验收程序

（1）工程竣工验收程序

根据园林工程施工规模大小及复杂程度，具体竣工程序可以适当调整，一般竣工验收的程序如图8-1所示。

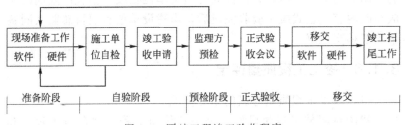

图8-1 园林工程竣工验收程序

（2）工程项目竣工验收

工程项目竣工验收工作通常分两个阶段，即初验（预验收）、正式验收。对于小型工程可直接进行正式验收。

① 初验（预验收）。当工程项目达到竣工验收条件后，施工单位在自检（自审、自查、自评）合格的基础上，填写工程竣工报验单，并将全部竣工资料报送监理单位，申请竣工验收。

监理单位在接到施工单位报送的工程竣工报验单后，由总监理工程师组织专业监理工程师依据有关法律、法规、工程建设强制性标准、设计文件、施工合同，对竣工资料进行审查，并对工程质量进行全面检查，对检查出的问题督促施工单位及时整改。对需要进行功能实验的工程项目，监理工程师应督促施工单位及时进行实验，并对实验情况进行现场监督、检查。在监理单位预验收合格后，由总监理签署工程竣工报验单，并向建设单位提出质量评估报告。

② 正式验收。建设单位在接到项目监理单位的质量评估报告和竣工报验单后，经过审查，确认符合竣工条件和标准，即可组织正式验收。

正式验收由建设单位组织设计单位、施工单位、监理单位组成验收小组进行竣工验收，对工程进行检查，并签署竣工验收意见。若是大中型项目，还要邀请计划、项目主管部门、环保、消防等有关单位及专家组成施工、设计、生产、决算、后勤等验收组进行验收。对验收中发现必须进行整改的质量问题，施工单位进行整改完成后，监理单位应进行复检。对某些剩余工程和缺陷工程，在不影响使用的前提下，由四方协商规定施工单位在竣工验收后限期内完成整改内容。正式竣工验收完成后，由建设单位和项目总监共同签署竣工移交证书。

8.1.6　竣工工程质量评定

（1）竣工工程质量等级的划分标准

我国对园林工程建设质量分为"优质工程""合格工程"和"不合格工程" 3 个等级。经竣工验收，质量等级评为"优质"与"合格"的工程可履行办理竣工总结算手续，属于质量验收"不合格工程"的，甲方不予或延期进行工程款总结算。

① 优质工程质量标准：经现场对工程内、外部的系统检验、测量、测试、分析和验证，并查阅技术资料，竣工工程所有项目的结构、性能、功能、美观指标等，100%符合和超过国家或地方政府颁布的质量标准、规程，工程施工技术与管理资料档案系统规范且完整，在施工全过程自始至终规范执行安全文明施工作业的各项的规定要求，并且达标。

② 合格工程的质量标准：经现场对工程内、外部的系统验收检验、测量、测试、分析和验证，查阅技术资料，竣工工程所有项目的结构、性能、功能、美观指标等，其中15%以上超过国家或地方政府颁布的质量标准、规程，85%以上符合或达到国家和地方政府颁布的质量标准、规程的要求，工程施工技术与管理资料档案基本做到系统、规范和完整，在施工作业全过程基本上能够执行安全文明施工作业的规定要求，未发生过严重的安全文明事故。

③ 不合格工程的质量标准：通过对工程内、外部的系统验收检验、测量、测试、分析和验证，查阅技术资料，包括工程的结构、性能、功能、美观指标等，其中14%（含14%）以上不符合和未达到国家和地方政府颁布的有关质量标准、规程和要求，且安全文明施工管理存在极大疏漏，发生和出现过违反安全文明施工规定的现象和事故。应评为质量"不合格工程"。

(2) 竣工工程质量评定

对竣工的园林工程进行质量等级评定，一般由工程竣工验收组全体成员在对工程现场及其技术资料档案等全面验收后，根据收集到的竣工工程综合信息和对信息统计、分析、计算结果，按施工技术工艺的水平、工程整体质量水平、隐蔽工程质量、工期进度、植物成活保存、安全文明施工、技术资料档案等项目，分别对其质量效果进行打分及评定。

在施工技术与管理全过程，对全部施工项目都做到了认真负责，注重施工细节、工作到位、措施得力，工程质量各项指标数据都超过设计或国家质量标准或规定，并且始终做到了安全文明施工，竣工工程质量应为"优质工程"；如果全部工程完成的符合设计要求和现行质量标准，且做到了安全文明施工，竣工工程质量应为"合格工程"；如果全部施工项目整体质量上与设计、合同规定的质量要求有较大出入，且14%（含14%）以上的质量指标不能满足使用功能的需求，还有过不安全文明施工的行为或记录，工程质量应评定为"不合格工程"。

园林工程竣工验收组成员对竣工工程质量等级进行评定打分的办法是：采取无记名打分方式，"优质工程"打5分；"合格工程"打4分；"不合格工程"打3分。最后按加权统计，通过计算即可获得各项竣工工程的质量等级评定结果。

8.2 园林工程项目的交接

园林工程竣工验收及质量评定工作结束后，园林建设单位的投资建设已经完成，园林工程即将投入使用，发挥预期的功能作用。在这一阶段，承接施工单位应抓紧处理工程遗留的问题，尽快将合格的工程交给建设单位；建设单位也应积极准备接收的条件，完善有关接收手续；监理公司应督促双方尽快完成收尾和移交工作。

园林工程项目的交接具体包括工程移交、技术资料移交和其他移交工作。

（1）工程移交

工程通过验收后，在实际工作中验收委员会发现的一些存在的漏洞需要完善。因此，监理工程师要与施工单位协商有关收尾的工作计划，以便确定正式办理移交。当移交清点工作结束后，监理工程师签发工程移交证书（表8-1），工程移交证书一式三份，建设单位、承接施工单位、监理单位各一份。工程交接结束后，承接施工单位即应在合同规定的时间内撤离工地，临时建设设施、工具、机械要撤走或拆迁，并对现场做好环境清理。

表 8-1 竣工移交证书

工程名称＿＿＿＿＿＿＿合同号＿＿＿＿＿＿监理单位＿＿＿＿＿＿

致＿＿＿＿＿建设单位：

兹证明＿＿＿＿＿＿＿＿＿号竣工报验单所报工程＿＿＿＿＿＿＿＿＿，工程已按合同和监理工程师的指示完成，从＿＿＿＿＿＿＿＿＿＿＿开始，该工程进入保修阶段。

附注：(工程缺陷和未完工程)

监理工程师： 　　　　　　日期：

总监理工程师的意见：

签名： 　　　　　　日期：

注：本表一式三份，建设单位、承接施工单位和监理单位各一份。

(2) 技术资料移交

园林工程建设的技术资料是工程档案的重要部分，因此在正式验收时应该提供完整的技术档案。技术资料包括建设单位、监理单位和施工单位三方面的来源，统一由施工单位整理，交给监理工程师校对审阅，确认符合要求后，再由承接施工单位按要求装订成册，备足份数，统一验收保存，具体内容见表 8-2。

表 8-2 工程移交档案资料

序号	工程阶段	移交档案资料内容
1	项目准备及施工准备	①申请报告、批准文件 ②有关建设项目的决议、批示、会议记录 ③可行性研究、方案论证资料 ④征用土地、拆迁、补偿等文件 ⑤工程地质(含水文、气象)勘察报告 ⑥概预算 ⑦承包合同、协议书、招投标文件 ⑧企业执照及规划、园林、消防、环保、劳动等部门审核文件

续表

序号	工程阶段	移交档案资料内容
2	项目施工	①开工报告 ②工程测量定位记录 ③图纸会审、技术交底 ④施工组织设计等材料 ⑤基础处理、基础工程施工文件 ⑥施工成本管理的有关资料 ⑦建筑材料、构配件、设备质量保证单及进场试验记录,绿化苗木、花草质量检验单 ⑧栽植的植物材料名录、栽植地点及数量清单 ⑨各类植物材料已采取的养护措施及方法 ⑩古树名木的栽植地点、数量、已采取的保护措施等 ⑪假山等非标工程的养护措施及方法 ⑫水、电、暖、气等管线及设备安装工程记录和检验记录 ⑬工程变更通知单、技术核定单及材料代用单 ⑭工程质量事故的调查报告及所采取的处理措施记录 ⑮分项、单项工程(包括隐蔽工程)质量验收、评定记录 ⑯项目工程质量检验评定及当地工程质量监督站核定的记录。其他材料(如施工日志、施工现场会议记录)等 ⑰竣工验收申请报告
3	竣工验收	①竣工项目的验收报告 ②竣工决算及审核文件 ③竣工验收的会议文件、会议决定 ④竣工验收质量评价 ⑤工程建设的总结报告 ⑥工程建设中的照片、录像以及领导、名人的题词等 ⑦竣工图(含土建、设备、水、电、暖、绿化种植等平面图、效果图、断面图)

(3) 其他移交

为确保工程在生产或使用中保持正常运行，监理工程师还应督促做好以下移交工作。

① 提供使用保养提示书，园林工程中的一些设施、仪器设备等的使用性能和正确使用的操作、维护措施。

② 各类使用说明书以及装配图纸资料。

③ 交接附属工具配件及备用材料。

④ 厂商及总、分包承接单位明细表，以便以后在使用过程中出现问题能找到施工人员了解情况或维修。

⑤ 抄表，工程交接中，监理工程师应协助建设单位与承接施工单位做好水表、电表以及机电设备内存油料等数据的交接，以便双方财务往来结算。

8.3 思 考 题

1. 工程项目竣工验收工作通常分为哪两个阶段？
2. 工程竣工验收都包含哪些内容？
3. 如何编制竣工图？
4. 竣工工程质量评定的标准是什么？
5. 工程移交档案资料应该包含哪些内容？

园林绿化工程项目管理

9.1 园林绿化工程施工管理的原则

园林绿化工程施工前必须认真阅读园林种植设计图并了解施工要求，细致勘察施工场地，掌握施工的基础材料，为了保证施工质量，应遵循以下原则。

（1）符合设计要求

施工人员应了解设计意图，理解和识读设计图纸，并严格按照设计图纸进行施工，这样才能取得最佳效果。

（2）必须熟知施工对象

掌握各种乔、灌木及花草的生物学特性及施工现场的状况，因为不同植物对环境条件的要求和适应能力各不相同。根系再生力强的植物（如杨、柳等）栽植后容易成活，一般可裸根栽植，管理可粗放些；而一些常绿植物，尤其是常绿针叶树种，根再生能力差一些，则必须带土坨栽植，管理上要求更严格。又如土质条件好，即土层深厚、水分条件好，栽后易成活；反之如土质条件差、土层薄或碱性大的地块，则采取相应措施方能取得成效。

（3）抓住适宜的栽植季节，合理安排施工进度

各种花草树木均有其最适合的栽植季节，不能随意确定栽植时间。在北方地区，栽植一般以春季为佳，但因栽植种类不同，也有先后早晚的差异。如栽植针叶树在早春至土层将化未化时带土坨栽

植最好，而阔叶树可以稍晚，草花类可在 5 月后定植，草坪铺栽可延后 6 月乃至 7～8 月均可。

（4）严格执行施工操作规程

对临时施工人员要予以培训。施工时技术人员要亲临现场进行技术指导，发现不规范操作，要及时纠正。

（5）在施工和管理过程中要做到生态功能与艺术功能的统一

在保证植物移植成活率的前提下，不能忽视园林艺术功能的发挥，园林绿化工程区别于普通植树造林的关键是要实现园林设计者的艺术思想。在后期管理阶段更要注重园林树木、花、草的观赏价值的发挥，通过种植设计、造型修剪等技术来渲染园林作品的多种功能。

（6）加强施工工序的质量管理

绿化工程对象是活的有生命力的材料，在工序设计上必须实事求是，不能随意套用其他工程管理程序。在质量管理上绿化工程已走上了工程监理制度，但许多工程还没有达到这一水平。为了保证工程的质量，必须分步质量管理，及时发现不足，以免造成更大损失。

城市建设综合工程中的绿化种植应在主要建筑物、地下管线、道路工程等主体工程完成后进行，但从绿化工程建设周期和养护阶段的再创造特点出发，部分绿化工程应先行建筑工程验收，以保证建筑附属绿化工程的施工质量，验收由绿化主管部门、施工单位和工程监理公司或监察部门共同参与。绿化工程先行开工建设，建设成型后与建筑物同时发挥作用，防止建筑使用多年而留作绿化的用地杂草丛生或是牵强附会，达不到总体设计效果。

总体来看，绿化工程施工及养护的是有色彩、有生命的工程，不同的施工对象、不同的施工时间和地点有不同的技术措施。但大体上是统一的，在宏观上应加强对绿化工程施工的调控，微观上加强施工技术管理，从而保证绿化工程的施工质量，创造出既符合生态要求，又注重景观建设，同时体现人文关怀的高质量、高品位的优质绿化工程。

9.2 园林绿化养护管理

9.2.1 乔灌木栽植后的养护管理

树木定植结束后,应尽快开展栽后养护管理工作。养护管理工作是树木成活的后期保障,主要包括支撑、浇水、围护等。

(1) 固定支撑

绿化工程施工中,胸径 5cm 以上的乔木需要设置支撑固定,固定物应整齐、美观、实用。由于各地的风向不同,风力大小也不同,要根据当地的风力实际情况采取支撑固定方式。一般采用支柱固定,有的地方采用拉绳固定。不管采用何种方式,都应达到固定树干的目的。支撑物一般需要设置到树木完全成活、靠自生根能固定位置后才可以撤走,防台风、海风的水泥桩则是永久设置。

支柱的材料各地不同,一般采用当地比较廉价、生长快的杨柳枝干为主,也可用竹竿、水泥柱、铁管等材料。单支柱一般是在台风来向立水泥杆或在下风方向立斜柱支撑;双立柱用横杆与树干固定;三脚架或三角拉绳要根据风向设计角度(图 9-1)。不管何种支撑物,与树干接触的部位抗风能力最强,接触部位(图 9-1)须用胶皮或麻片包裹,防止摩擦刻伤树皮。

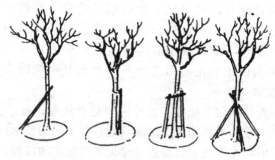

图 9-1 树木支架方式示意

(2) 浇水

也称浇定根水,水是树木栽植后第一需要的成分,树木栽植后

24h内必须浇定根水，且要浇透。定植后要浇3次透水，每次间隔2～3天，之后稍缓，使土壤增加通气，但不能出现干旱，树坑表层土壤略干即可再次浇水，等树木地上地下水分通畅后再间隔一段时间给水。头三次水每次都要检查围堰和树干，围堰不能漏水，浇水前检查补漏，由于浇水后土壤下沉，树根松动，树干歪斜，要及时调整，及时填土扶正。

已绑缚草绳的树干，浇根水同时也要给干皮浇水。绿篱及片林绿植图案可以按沟灌、畦灌方式给水，也要做好畦埂，畦内高度一致，浇水均匀。

（3）干冠保护

落叶乔木树干是失水的重要渠道，定植后要将树干用湿草绳缠绕或用塑料条绑缚，减少水分散失，同时也减少人为、机械、动物意外损伤。常绿树木在气温较高的季节栽植时，树冠需用遮阳材料围拢，以减少蒸腾。

绿篱及片林绿植图案的冠幅上面用遮阳网或草帘覆盖，减少光照和蒸腾，提高空气湿度。

在干旱地区，为了减少蒸腾，栽植后在树干、树冠上喷施抗蒸腾剂，对提高树木移栽成活率也很有利。

（4）地面保护

浇完头三次水后，需要一次中耕，用锄头或铁锹对围堰内的表层土壤浅层松动，切除土壤毛细管，减少蒸发。在缺水干旱地区适宜地膜覆盖技术，在浇完一次透水后，培土扶正，保留围堰，在树坑上面用地膜封盖，上面填浮土压风，一方面保水，另一方面可以提高地温，加快根系活动。

在人流量较大的街道或游览区域，树木栽植后的树穴经常被践踏踩实，应加设树穴护盖或树池透气护栅，避免人为践踏，既防践踏又保持树穴通气的材料有水泥护板、铁箅子、塑胶合成树栅、河卵石等。

秋季植树施工随天气渐冷，土壤需水减少，在浇完防冻水后，应将围堰土填到树坑内，可以高出地面20～30cm，既可保持土壤水分又能保护树根，防止风吹根系失水。

(5)清理验收

树木栽植工程从场地清理到树木栽植成活需要很长时间，短则3个月，长则3年，根据承包合同，进入养护阶段后，可以初步验收。验收前要对施工场地的枯枝残树彻底清走，假植备用树也要采取保活措施，树木浇水围堰整齐，养护时间较长的可以封堰，支撑物结合紧密牢固。

在树木栽植工程中，验收主要看设计意图实现情况及树木栽植成活率。

除了现场验收外，施工过程也是重要的验收内容。因此，只有严格按施工工序操作，每道工序完工后，经监理检查认可签字后，方可移交下一道工序继续施工。逐道工序交接、检查环环相扣，才能保证施工质量。

9.2.2 大树移植后的养护管理

大树栽植后第一年是其能否成活的关键时期，移植后的合理养护是促进树木吸收水分和养分、正常进行生理活动的关键环节，在成活阶段越早恢复生理活动的大树，成活机会越大，发挥景观作用也越早。

(1)支撑固定

定植完毕后应及时进行树体固定，即设立支柱支撑，以防地面土层湿软，大树遭风袭导致歪斜、倾倒，根系与土层的紧密接触有利于根系生长、提高根系的固持能力和吸收能力。一般采用三柱支架三角形支撑固定法，确保大树稳固。支架与树皮交接处可用厚胶皮或麻包片等作为隔垫，以免磨伤树皮。通常在2年后大树根系恢复良好再撤除支架。

(2)浇水与控水

大树移栽后应立即浇一次透水，以保证树根与土壤密实接触，促进根系发育。一般春季栽植后，应视土壤墒情每隔5~7天浇一次水，连续浇3~5次。生长季节移栽的大树则应缩短间隔时间、增加浇水次数，如遇特别干旱天气，进一步增加浇水次数。

浇水要掌握"不干不浇，浇则浇透"的原则，水不是越多越好,如浇水量过大,反而因土壤的透气性差、土温低和有碍根系呼吸等缘故影响生根,严重时还会出现沤根、烂根现象,因此要适当控水,见干见湿。对排水不良的种植穴,可在穴底铺10~15cm沙砾或铺设渗水管、盲沟,以利排水,提高土壤中的氧气含量。

为了有效促发新根,可结合浇水加施2mg/kg的NAA或ABT生根粉。

(3) 树体保湿及遮阳

大树移栽后树木开始进行生理活动,根系吸水同时枝干树叶在蒸腾水分,由于蒸腾方式与温度、光照、湿度等关系密切,蒸腾量大于吸水量是大树死亡的重要原因。通过控制蒸腾,增加地上干冠的湿度,可以有效抑制水分过度散失。主要方法有以下几种。

① 包裹树干。为了保持树干湿度,减少树皮水分蒸发,可用浸湿的草绳从树干基部缠绕至顶部,再用调制好的泥浆涂糊草绳,以后时常向树干喷水,使草绳始终处于湿润状态。干旱地区可以先用草帘将树干包好,然后用细草绳将其固定在树干上,接着用水管或喷雾器将稻草喷湿,继之用塑料薄膜包于草帘或稻草外,最后将薄膜捆扎在树干上。树干下部靠近土球处让薄膜铺展开来,再将基部覆土浇透水后,连同干莞一并覆盖地膜。地膜周边用土压好,这样可利用土壤温度的调节作用,保证被包裹树干空间内有足够的温度和湿度,省去补充浇水之劳作。

② 架设荫棚。天气变暖气温回升后,树体的蒸发量逐渐增加,此时,应在树体的三个方向(留出西北方,便于进行光合作用)和顶部架设荫棚,荫棚的上方及四周与树冠保持50cm左右的距离,既避免了阳光直射和树皮灼伤,又保持了棚内的空气流动以及水分、养分的供需平衡。为不影响树木的光合作用,荫棚可采用70%的遮阳网。10月以后天气逐渐转凉,可适时拆除荫棚。实践证明,在条件允许的情况下,搭荫棚是生长季节移栽大树最有效的树体保湿和保活措施。

③ 树冠喷水。移栽后如遇晴天,可用高压喷雾器对树体实施喷水,每天喷水2~3次,一周后,每天喷水一次,连喷15天即可。对名优和特大树木,可每天早晚各向树木喷水一次,以增湿降

温。为防止树体喷水时造成移植穴土壤含水量过高,应在树盘上覆盖塑料薄膜。如条件许可,可采用自动或半自动喷灌设施,在大树的树冠内膛或外缘安装喷头,连接胶管,用水泵或高压喷雾器供水,效果更好。

④ 喷抑制剂。蒸腾抑制剂能减少枝叶的蒸腾量,市场上有各类园林植物的适用剂型和用量,农业上常用的抗旱剂(如"旱地龙"等)也具有抑制植物蒸腾的功用。蒸腾抑制剂不能过量或频繁使用,否则蒸腾作用的降温能力受到严重抑制,叶面就会出现日灼伤害。

(4) 地面覆盖

覆盖栽植穴表面也是减少水分蒸发的一个措施,主要是减缓地表蒸发,防止土壤板结,以利通风透气。通常采用麦秸、稻草、锯末等覆盖树盘,在干旱缺水地区,地膜覆盖是较好的措施,既保水又提高地温,但要控制浇水量,改善地下通气条件。大面积移植工程可以采用"生草覆盖",即在移栽地种植豆科牧草类植物,在覆盖地面的同时,既改良了土壤,又可抑制杂草,一举多得。

(5) 抹芽去萌

移栽的大树成活后会萌出大量枝条,此时要根据树种特性及树形要求及时抹除干及主枝上不必要的萌芽。经过缩剪处理的大树,可从不同角度保留3～5个粗壮主枝,在每一主枝上保留3～5个侧枝,以便形成丰满的树冠,达到理想的景观效果。部分落叶乔木靠树干自身养分能萌发大量枝叶,叶片过多蒸腾量大,消耗养分多,可摘叶的应摘去部分叶片,但不得伤害幼芽。

(6) 松土除草

浇水、降雨以及游人践踏等因素可导致树盘土壤板结,影响树木根系环境通透性。应定期进行适度松土,但松土不能太深,以不伤及根为准。特殊名木古树应在定植时埋设氧气输送管,定期向根系深处供氧,提高根系活动能力。

经过几个月的养护后,在树木根盘以上会长出许多杂草,应及时除掉,时间长了也会与树木争夺水分和养分,部分藤本植物还会攀爬到树干上,与树木争夺阳光和养分。结合松土除草及施肥浇水是比较好的联合操作，将除下的草覆盖在树盘上，既遮阳又肥土。

(7) 施肥打药

移栽后的大树萌发新叶后，可结合浇水施入以氮肥为主的氮磷钾复合肥，浓度一般为 0.2%～0.5%，如施尿素每株用量为 0.1～0.25kg，当年施肥 1～2 次，9 月初停止施肥。也可喷施叶面肥，将 0.2kg 尿素溶入 100kg 水中，喷施时间要选择在晴天的 7:00～9:00 进行，此时段的树叶活力强，吸收能力好。

栽后的大树因起苗、修剪造成各种伤口，加之新萌的树叶幼嫩，树体抵抗力弱，故较易感染病虫害，若不注意防范，很可能置树木于死地。可用"多菌灵"或"托布津"、"敌杀死"等农药混合喷施，病虫联防，在芽萌动期和展叶期及时喷施一次，基本能达到防治目的。例如，春季移栽大桧柏时，一定要在栽后喷药防治双条杉天牛及柏肤小蠹等。

(8) 越冬防寒

北方的树木特别是带冻土移栽的树木，移栽后需要泥炭土、腐殖土或树叶、秸秆以及地膜等对定植穴树盘进行土面保温，早春土壤开始解冻时，再及时将保温材料撤除，以利于土壤解冻，提高地温，促进根系生长。此外，大树移栽后，两年内应配备工人进行修剪、抹芽、浇水、排水、设风障、包裹树干、防寒、防病虫、施肥等一系列养护管理，在确认大树成活后，才能进行正常管理。

正常季节移栽的树木要在封冻前浇足浇透封冻水，并及时进行干基培土（培土高度 30～50cm）。9～10 月份进行干基涂白，涂白高度 1.0～1.2m。涂白剂配方为：新鲜生石灰 5kg，盐 2.5kg，硫黄粉 0.75kg，油 100mg，水 20kg。立冬前用草绳将树干及大枝缠绕包裹保暖，既保湿又保温。对新植的雪松等抗寒性较差的大树，移栽当年冬季必须搭防风障进行防寒保护。新植大树的防寒抗冻措施必须精心操作，尤其是南树北移的树种，更应格外注意，以防前功尽弃。遇有冰雪天气，要及时扫除穴内积雪，特别寒冷时，还可采用覆盖草木灰等办法避寒，针叶树可在树冠喷洒聚乙烯树脂等抗蒸腾剂。

(9) 输液促活

对栽后的大树可采用输液方法进行树体内部给水，能解决移栽大树的水分供需矛盾，促其成活。输入的液体既可使植株恢复活力，又可激发树体内原生质的活力，从而促进生根萌芽，提高移栽成活率。

在植株基部用木工钻由上向下成45°的输液孔3~5个，深至髓心。输液孔的数量和孔径大小应与树干粗细及输液器插头相匹配，输液孔水平分布均匀，垂直分布交错。输液溶液配制应以水为主，同时加入微量植物激素和矿质元素，每升水溶入ABT6号生根粉0.1g和磷酸二氢钾0.5g，注入型活力素也可用作输液剂。将装有液体的瓶子悬挂在高处，并将树干注射器针头插入输液孔，将安装好的针头插入髓心层或形成层，再用胶布贴严插孔，拉直输液管，打开输液开关，液体即可输入树体。待液体输完后，拔出针头，用消毒后的棉花团塞住输液孔（再次输液时夹出棉塞即可）。输液次数及间隔时间视天气情况和植株需水情况确定，大部分地区从4月份就可开始输液，9月份植株完全脱离危险后结束输液，并用波尔多液涂封输液口。

所输溶液的配制要先进行分析，大树生长不良是缺乏何种营养引起，然后对症下药。输液的时间在树木生长期的各个阶段均可进行，最好在根系生长期或大树生长不良时，如枝叶枯黄卷曲萎蔫、树势弱、不萌芽或不抽枝时进行抢救治疗，切记在症状表现的初期输液效果明显。

9.2.3 草坪的养护管理

绿化工程施工中的草坪养护管理主要是成坪管理，即从草坪播种或栽植完成后，经过一系列养护管理，使草坪草萌发、分蘖发枝长成幼坪，继而形成具有观赏或运动功能的成熟草坪的过程。俗话说"三分种，七分管"，也体现了草坪施工的特点，草坪建植是"种"的过程，其后的成坪管理是"管"的过程。"管"的过程相对"种"来讲具有时间长、工序多的特点，建植工作都做好了，轻视养护管理，草坪也很难成型；同样，如果种植环节不到位，养护管理工作难度就大，有的时候很难成坪。一般来讲，草坪的养护管理工作主要有浇水、覆盖物揭盖、除杂草、施肥、修剪、病虫防治等项目。

（1）浇水

浇水是草坪养护管理的首要措施，不管采用哪种方法建植后，都要及时浇水，浇水量以不形成径流为度，尤其刚播完或栽完的草坪，浇水强度必须小，防止降水对种子种苗的冲刷移位，待种子萌发或种苗生根后可以适当加大强度。人工水管或水枪喷灌式浇水，必须做好雾化处理，防止出水口直接冲刷播种面。雨季要结合天气调整浇水次数，以土壤保持湿润为度。在出苗的几天内要小心浇水，不能用大水冲刷，也不要浇水过多，以免延迟出苗。出苗后适当控制浇水次数，利于蹲苗，促进根系通气环境改善，利于分蘖。

随着幼苗的成长，根系吸水能力提高，草坪浇水量加大，但次数应减少，适度干旱地表。浇水一般不要在中午进行，以清晨或上午为好。

（2）覆盖物揭盖

覆盖在草坪出苗阶段是重要的保护措施，尤其干旱地区覆盖物是必不可少的，对保水、保温、遮阳、防冲刷都具有重要作用，但出苗或发根后，覆盖物就成为障碍因素。因此，覆盖物在播种幼坪草苗达到立针阶段或70%草已长出时覆盖草帘就应揭去。揭覆盖物时尽可能向上抬起，不要拖曳，防止折断幼苗。揭覆盖物的时间以下午或晚上为好，揭后第2天上午要喷水保湿。对于局部未出齐的地块可以延后揭除。

（3）除杂草

杂草是草坪管理工作中比较长期而艰难的任务，施工养护阶段的除杂对日后草坪的管理非常重要，同时对成坪质量也有非常大的影响。因此，无论从哪方面考虑，除杂草都是重要且必须及时开展的一项工作。杂草比草坪长得快，因此，揭掉覆盖物后马上就应开展一次幼苗期除杂，做到"除早、除小、除了"，为以后的除杂减轻压力。由于杂草萌发的分期分批性，要求除杂工作也要分期开展。一般情况下草坪除杂的幼苗期以人工除杂最彻底，即使到成坪后期，人工除杂也是效果最好的。双子叶杂草可以采用化学除草措施，营养繁殖建坪可以采用机械结合人工除草措施。

（4）施肥

成坪养护阶段一般要施肥3～4次，习惯上分别称为"断奶肥""分蘖肥""镇压肥""壮枝壮蘖肥"等。

"断奶肥"是出苗后的立针阶段，帮助幼苗自胚乳（或子叶）供给养分过渡到幼苗"自养"阶段施的一次速效肥，主要作用是补充这一阶段幼苗扎根壮苗的养分，有利于根系发育和幼叶扩展，提高自养能力，此时肥量不能过大，以叶面喷施速效肥料为好。如尿素、磷酸二氢钾按1∶1混合，配制成0.1%～0.2%的水溶液，揭去覆盖物后于上午9:00前或下午15:00后喷施，喷后遇到雨天应补喷一次。

"分蘖肥"是在草坪草3～4片叶期施用的促进分蘖的肥料，此阶段是次生根形成和根颈分蘖芽的重要阶段，适时追肥有利于幼坪快速覆盖地面。这一阶段的肥料仍以速效肥为好，肥量适当增加，按$5～8g/m^2$施用，叶面喷施以尿素、磷酸二氢钾按1∶1混合，配制成0.1%～0.2%的水溶液为好，如果结合土壤进行，可以将硝酸铵和磷酸二氢钾按1∶1比例混合后与细沙土混拌一起，再撒施到草坪表面，施肥后要浇水。

"镇压肥"是指草坪镇压后，草坪草根、茎、叶受到创伤，适量补充肥料利于草坪草恢复生长，促发新枝叶。以氮肥为主，施用尿素、硝酸铵均可，按$5～8g/m^2$粒施后配合浇水。

"壮枝壮蘖肥"于分蘖分枝中期草坪覆盖率在70%左右时施用，此时草坪生长加快，需要养分多，适当补充肥料有利于分枝壮苗。这阶段的肥料以复合肥为好，不能单纯施用氮肥，防止徒长或局部旺长，出现"深绿斑"。施肥量根据原来土壤肥力情况控制，一般按$5～10g/m^2$施用。

（5）修剪、滚压

在幼坪阶段一方面要促进草坪草的快速生长，同时也要考虑地上地下营养调控措施，抑制枝叶旺长，促进网络层和植绒层的发育,加速幼坪向成坪发展。幼坪采用滚压在先,通常在3~4叶时开始第一次滚压,压滚重控制在50~200kg,滚压前适度控水,土壤干湿适度,以后每长1~2片叶可进行一次滚压。

首次剪草应掌握好时间,一方面看草坪覆盖情况,达到80%以上才能进行;另一方面看草坪高度,一般草坪留茬高度在3~6cm,根据草种品种特点,确定留茬高度,超过标准留茬高度达1/3时即可进行修剪。首次修剪留茬高度选适宜留茬范围上限为好,利于草坪恢复生长,促发新枝。待草坪覆盖度达到或接近100%后,按设计高度再剪一次,在两次修剪之间可以加一次滚压。每次修剪后要结合浇水和施肥。

(6) 病虫防治

幼苗阶段是草坪草发生病虫害较多的一个时期,尤其雨季建坪更易出现病虫害。幼坪阶段的病虫害仍以防为主,应密切观察幼草的地上和地下发育情况,及时发现病虫发生的苗头,及早对症下药才能见效。管理措施是抑制病害发生的关键,防止积水、防止施肥过多、及时拔除杂草等措施是预防病虫害发生的有利前提。幼苗期要注意地下害虫发生,通常夜间出来活动的害虫不易发现,因此要进行夜间观察。

9.2.4 屋顶绿化的养护管理

(1) 浇水

屋顶绿化的灌溉要根据具体情况来定,检查基质的湿润情况或直接看植物材料的叶部表现来判断是否缺水,一般3~5d补充一次水分,如果有蓄水装置,浇水间隔时间还可更长。要根据季节和气候确定浇水时间和次数。

(2) 施肥

屋顶绿化一般施肥较少,多数情况下采用控肥控制生长的措施,防止植物生长过旺,以便减少养护成本。但屋顶绿化与普通园林绿地有差异,基质中营养缺乏,无法从地下吸收营养物质,只有外来施肥才能解决营养不足的问题。多数采用无机肥料,如硝酸铵、过磷酸钙、硫酸亚铁、磷酸二氢钾等。

(3) 整形修剪

屋顶绿化植物材料不能让其随意生长,多数情况下要进行整形处理,控制基本形态,剪除多余枝叶,要根据植物的生长习性而定。

(4) 病虫防治

应采用对环境无污染或污染小的防治措施,人工结合化学防治措施进行,生物防治如果应用得当是最好的方法。

(5) 防风防寒

应根据植物抗风性和耐寒性的不同,采取搭风障、设防寒罩和包裹树干等措施进行防风防寒处理。

(6) 补充轻质培养土

由于风大,雨水多,栽培基质会逐渐减少,因此,过一定时间后,要补添基质材料,达到原来设计高度。

9.3 园林绿化植物保护的综合管理

(1) 园林绿地植物保护效果要求

① 现场面貌。植物体各组织、器官完整、健壮(无咬口、蛀孔、缺刻、穿孔、坏死或变色病斑等),表面没有排泄物、煤污、菌丝体、子实体,外形不畸变(瘿瘤、萎缩、扭曲)。

地面没有致病菌丝体(白绢病、紫纹羽病),无明显土道、甬道(根颈部),无排泄物,无附着病原物、害虫休眠体的枯枝落叶,无病原、虫原的枯死或垂死的朽木或待处理的立木。

土壤根系无病态根瘤、根结、腐朽病菌和高等担子菌的子实体等。

不存在病虫残余活体,不同休眠状态的菌丝体、子实体,不同虫态的休眠体。

不存在恶性杂草,任意生长杂草,无香附子、莲子草(水花生)等。

② 综合效益,保护生态环境,对空气、土壤、水质、天敌以

及有益生物的影响。

维护社会效益，对群众生活、行业内外的相处和反应。

耗物耗资，在完成同一任务中，用工用物量，增产增值数对机具的维修保养程度。

(2) 园林绿地植物保护的考核计量

① 受害程度的表达。不分病原，不分害虫种类，只考核植物本身受害、受损、影响观瞻者，以及有重大影响的病虫休眠体基数。

② 计量依据。植物各部位的受害状，由食叶性害虫造成的缺刻、穿孔、黏缀；刺吸性害虫引起的失绿、白斑、排泄物、煤污；钻蛀性害虫引起的蛀孔、排泄物、枯萎；根部害虫造成的萎蔫；真菌引起的病斑（溃疡、枯萎、腐烂）；细菌形成的腐烂；根、根颈（含露根）及根际松土层的休眠病、虫原。

③ 计量单位。分受害叶率（%）、受害株率（%）及病虫休眠体和活虫头数。难以叶、株率计算者，以造成空、秃面积或比例计量。

(3) 园林绿地植物保护的取样方法和评价

① 取样方法。每一单位或每一个地区（处）从有代表性的好、中、差3处取样。

取样方法有随机取样、对角线或棋盘式取样、行植者定距间隔取样3种。取样数依树木、花卉种类和考核内容而定。

② 记分和得分。将各级记分相加，除以记分的次数，即为考核的得分；将各类（树坛、花坛等）得分平均，即为该单位或该地区的园林植保得分。

③ 分级。分3个等级。一级：在允许受害范围内，得保护分90~100分；二级：有一定受害程度要扣分，得保护分60~89；三级：为保护不合格，得59分以下。

(4) 园林绿地植物保护分类考核标准

根据上海市《园林植物保护技术规程》，植物保护分类考核可分为3级。园林绿地植物保护管理可以参考以下标准记分和得分。一级为允许范围，可得满分，二级为要扣分的等级，三级为不合格。

① 行道树和树坛植保：取样取有代表性的好、中、差3条道路，任意取或等距间隔取，如每隔5～10株取1株；树坛，每单位取3个不同树种组合或地区的树坛；取样数，总数在50株以下者取1/4～1/2。也适用于孤立乔木。

② 花坛和花灌木植保考核标准：定量间隔取样，或棋盘式取样；少于取样数时全取。也适用于草、木本、一年生、二年生、多年生球、宿根花卉。

③ 绿篱植物植保考核标准：取样以主要绿篱树种为主，分3处，每处定量间隔或连续取样。绿篱含落叶、常绿、观花、观果用作绿篱的植物。

④ 地被、草坪植保考核标准：取样应取好、中、差3处有代表性的植物，任意取或等距间隔取，或在总数在规定数以下全取。地被植物含矮生、匍匐性花灌木。

⑤ 藤本、攀缘植物植保考核标准：取样方法应取好、中、差3处。害虫活体包括休眠的茧、蛹、卵等。

⑥ 专用绿地植保考核标准：为便于群众掌握，考核以株害率为主。取样取好、中、差3处平均。记分以程度衡量。

9.4 园林工程的回访、保活养护与保修

园林工程项目交付使用后，在一定期限内施工单位应到建设单位进行工程回访，对该项园林建设工程的相关内容实行养护管理和维修。在回访、养护和保修的同时，进一步发现施工中的薄弱环节，以便总结施工经验，提高施工技术和质量管理水平。

(1) 回访

回访是指在工程交付使用后，承建单位为了了解工程项目在使用过程（保修期内）中存在的问题，进行的后续服务工作。回访的一般程序是由建设单位派相关技术人员、生产施工人员参加，并委派部门领导带队，到使用单位通过座谈会或现场查问、落实措施等

形式开展，根据回访发现问题、协商解决办法，并将回访过程和发现问题登记存档。

回访的主要方式有季节性回访、技术性回访、保修期满前的回访、绿化工程的日常管理养护回访等。

（2）保活养护

园林绿化工程栽植的树木、花卉、草坪等植物材料，除了竣工验收时必须达到一定指标外，一般还要进行后续 1~3 年的保活养护，一般是技术指导为主，少数工程要求全面具体养护，在保活期内出现的效果减退、枯萎、死亡等现象，要进行鉴定分析，属于施工单位的原因就需重新补植，属于使用单位的原因则另当别论。对于签订保养 3 年后再验收决算的项目，除使用单位造成的不良后果外，出现问题都应由承建单位负责。

（3）保修

凡是园林施工单位的责任或者由于施工质量不良而造成的问题，都应该实行保修。

保修时间应从竣工验收完毕的次日算起，保修期限因工程项目而定，具体按承包合同为准。

保修期内的经济责任要根据修理项目的性质、原因、内容以及合同要求的标准来定，多方因素造成的损失，要由施工单位、建设单位及使用单位会同监理工程师共同协商，特殊情况还需行业鉴定评估部门认定责任。

9.5 思 考 题

1. 园林绿化工程施工管理的原则是什么？
2. 园林绿化为什么要进行养护管理？
3. 大树移植后应该如何进行浇水与控水管理？
4. 草坪养护应该如何进行病虫防治？
5. 大树移植后应该如何进行树体保湿及遮阳？

参 考 文 献

[1] 刘义平. 园林工程施工组织管理. 北京:中国建筑工业出版社,2009.
[2] 李永红. 园林工程项目管理. 北京:高等教育出版社,2014.
[3] 王良桂. 园林工程施工与管理. 南京:东南大学出版社,2009.
[4] 吴立威. 园林工程施工组织与管理. 北京:机械工业出版社,2010.
[5] 龙岳林. 园林建设工程管理. 北京:中国林业出版社,2009.
[6] 李忠富. 建筑施工组织与管理. 北京:机械工业出版社,2010.
[7] 刘邦治. 管理学原理. 上海:立信会计出版社,2008.
[8] 王瑞祥. 现代企业班组建设与管理. 北京:科学出版社,2008.
[9] 李敏,周琳洁. 园林绿化建设施工组织与质量安全管理. 北京:中国建筑工业出版社,2008.
[10] 高健丽,张义勇. 园林工程项目管理[M]. 北京:中国农业大学出版社,2019.
[11] 王慧忠. 市政与园林工程项目管理[M]. 北京:中国建筑工业出版社,2017.